North Carolina
1850 Agricultural Census

Volume 6

Transcribed and Compiled by
Linda L. Green

WILLOW BEND BOOKS
2008

WILLOW BEND BOOKS
AN IMPRINT OF HERITAGE BOOKS, INC.

Books, CDs, and more—Worldwide

For our listing of thousands of titles see our website
at
www.HeritageBooks.com

Published 2008 by
HERITAGE BOOKS, INC.
Publishing Division
100 Railroad Ave. #104
Westminster, Maryland 21157

Copyright © 2008 Linda L. Green

All rights reserved. No part of this book may be reproduced or transmitted in any form or by any means, electronic or mechanical, including photocopying, recording or by any information storage and retrieval system without written permission from the author, except for the inclusion of brief quotations in a review.

International Standard Book Numbers
Paperbound: 978-0-7884-4628-3
Clothbound: 978-0-7884-7736-2

Introduction

This census names only the head of the household. Often times when an individual was missed on the regular U. S. Census, they would appear on this agricultural census. So you might try checking this census for your missing relatives. Unfortunately, many of the Agricultural Census records have not survived. But, they do yield unique information about how people lived. There are 48 columns of information. I chose to transcribe only six of the columns. The six are: Name of the Owner, Improved Acreage, Unimproved Acreage, Cash Value of the Farm, Value of Farm Implements and Machinery, and Value of Livestock. Below is a list of other types of information available on this census.

Linda L. Green
217 Sara Sista Circle
Harvest, AL 35749

Other Data Columns

Column/Title

6. Horses
7. Asses and Mules
8. Milch Cows
9. Working Oxen
10. Other Cattle
11. Sheep
12. Swine
14. Wheat, bushels of
15. Rye, bushels of
16. Indian Corn, bushels of
17. Oats, bushels of
18. Rice, lbs of
19. Tobacco, lbs of
20. Ginned cotton, bales of 400 lbs each
21. Wood, lbs of
22. Peas and beans, bushels of
23. Irish potatoes, bushels of
24. Sweet potatoes, bushels of
25. Barley, bushels of
26. Buckwheat, bushels of
27. Value of Orchard products in dollars
28. Wine, gallons of
29. Value of Products of Market Gardens
30. Butter, lbs of
31. Cheese, lbs of
32. Hay, tons of
33. Clover seed, bushels of
34. Other grass seeds, bushels of
35. Hops, lbs of
36. Dew Rotten Hemp, tons of
37. Water Rotted Hemp, tons of
38. Other Prepared Hemp
39. Flax, lbs of
40. Flaxseed, bushels of
41. Silk cocoons, lbs of
42. Maple sugar, lbs of
43. Cane Sugar, hunds of 1,000 lbs
44. Molasses, gallons of
45. Beeswax, lbs of
46. Honey, lbs of
47. Value of Home Made Manufactures
48. Value of Animals Slaughtered

Table of Contents

County	Page
Surry	1
Tyrrell	26
Union	30
Wake	48
Warren	73
Washington	83
Watauga	91
Wayne	98
Wilkes	111
Yancey	133
Index	153

Surry County, North Carolina
1850 Agricultural Census

The University of North Carolina at Chapel Hill filmed the 1850 agricultural census for Surry County from originals at the North Carolina State Department of Archives and History under a grant from the National Science Foundation in 1961.

Columns 1, 2, 3, 4, 5, and 13 represent the following information on the census:
1. Name of Owner, Agent or Manager of Farm
2. Acres of Improved Land
3. Acres of Unimproved Land
4. Cash Value of the Farm
5. Value of Farming Implements and Machinery
13. Value of Livestock

Turner Hudspeth, 40, -, 200, 75, 22
Allen Woodruff, 200, 130, 1345, 100, 356
William Nichols, 50, 50, 160, 35, 202
William Jinings, 150, 150, 600, 100, 200
William Hurt, 50, 90, 1350, 97, 340
Silas Pendry, 100, 200, 700, 12, 88
Anderson Jinings, 50, 70, 250, 15, 90
William McBride, 55, 188, 300, 12, 102
Robt. B. McGuire, 30, -, 150, 12, 88
Moses Woodruff, 120, 330, 1220, 90, 175
Johnathan Jones, 200, 220, 3400, 66, 374
John Reece, 100, 340, 2500, 93, 440
Saml. Caloway, 50, -, 250, 15, 90
William Dobbins, 75, 340, 400, 25, 256
Alvis Dobbins, 10, 54, 100, 8, 40
Abram Dobbins, 50, 300, 650, 50, 162
Joshua Dobbins, 60, 152, 215, 30, 161
Absalum Roby, 40, 80, 250, 12, 70
Richard Hudson, 40, 60, 150, 8, 2
Hadley Reynolds, 80, 170, 400, 15, 40
Daniel Calloway, 50, 83, 300, 10, 50
Joseph Brown, 40, 60, 200, 110, 240
John Angel, 75, 225, 600, 55, 190
Jones Davis, 35, 63, 200, 37, 123
Catharine Calloway, 40, 60, 250, 15, 51
John Waggoner, 50, 50, 200, 15, 160
Jacob Brown, 50, 50, 150, 15, 150
James Vestol, -, -, -, 5, 40
Jacob Pinkley, 50, 150, 200, 30, 127
Adam Waggoner, 50, 50, 20, 50, 100
John Briant, 57, 58, 125, 10, 114
Moses Briant, 80, 36, 150, 25, 83
James Calloway, 35, 243, 325, 60, 207
Amos Calton, 15, 12, 40, 8, 35
William Brantle, 40, 20, 100, 10, 75
Moses Carlton, 60, 40, 170, 12, 35
William Castevens, 100, 286, 600, 60, 227
John Castevens, 80, 120, 350, 15, 137
Mekins Castevens, 33, 170, 300, 50, 127
Drury Eldridge, 100, 91, 275, 25, 263
Simon Gross, -, -, -, 10, 37

Jesse Vestol Jr., 60, 190, 375, 30, 111
Isaac Williams, 410, 567, 2620, 150, 265
Thomas Davis, 55, 150, 350, 60, 219
William Cordell, 35, 95, 130, 55, 224
Milton Cain, -, -, -, 25, 110
Joel Adams, 75, 195, 550, 75, 234
James Godfrey, 30, 60, 200, 54, 173
Joshua Sprinkle, -, -, -, 8, 25
Thomas Patterson, 150, 385, 1100, 107, 412
Joseph F. Johnson, 30, 90, 150, 5, 95
Ashley Johnson, 60, 90, 300, 30, 205
James D. Grant, 110, 125, 300, 125, 455
Alfred N. Tomlinson, 60, 53, 500, 5, 52
Hutchens Johnson, 80, 120, 1500, 52, 176
Jacob Whitlock, 68, 30, 100, 8, 66
Juda Minish, 55, 27, 150, 10, 73
John W. Goforth, 16, 14, 70, 2, 35
Josiah L. Boughton, 65, 156, 600, 7, 81
Juliver Briant, 25, 45, 65, 5, 40
Samuel Wallice, 50, 150, 400, 25, 183
Roland Jones, 50, 162, 300, 20, 145
George D. Holcomb, 75, 75, 650, 75, 320
Frederic Wagoner, 16, 76, 190, 10, 54
Lewis Shore, -, -, -, 10, 28
Henry Shore, 100, 140, 400, 40, 335
Alexander Vestol, 40, 70, 200, 50, 120
James Holcomb, 50, 80, 260, 55, 145
Adam Wagoner, 50, 270, 450, 40, 255
Lewis Swaim, 25, 25, 50, 5, 105
William S. Arnold, 60, 55, 200, 12, 116
Joshua Sheck, 20, 15, 75, 15, 79
James Wetherman, 95, 30, 200, 15, 96
Nathan Long, 75, 72, 441, 10, 234
Rachael Gross, 40, 42, 150, 30, 126
Sally Gross, 90, 28, 350, 45, 129
George Holcomb, 100, 350, 800, 95, 302
Thomas Gross, 15, 15, 25, 6, 67
Thomas S. Goff, 35, 23, 106, 57, 75
James H. Goff, 35, 81, 200, 60, 59
Thomas Vestol, 40, 110, 151, 40, 105
Nancy Nichols, 50, 150, 250, 37, 116
John Hinshaw, 50, 125, 300, 55, 135
Daniel Moxley, 20, 70, 150, 12, 103
Thomas D. Cartwright, 60, 140, 200, 47, 165
Daniel Hough, 66, 50, 300, 55, 129
Joshua Huff, 50, 70, 300, 40, 108
John Cockerham, 110, 222, 750, 86, 208
George W. Greenwood, -, -, -, 15, 54
James Davis, 60, 96, 500, 18, 158
William Davis, 150, 300, 1000, 75, 520
Aquilla Spear, 75, 175, 800, 25, 375
George Colbert, 30, 90, 360, 12, 45
Solomon J. Cordle, 30, 20, 140, 10, 93
Noah Reece, 100, 125, 400, 50, 183
Daniel Martin, 50, 25, 150, 15, 54
John Crommell, 25, 75, 250, 60, 224
Moses Cordle, 20, -, 100, 12, 62
Aaron Cordle, 68, 65, 250, 65, 185
Nicholas Johnson, 30, -, 150, 45, 121
Caroline Shugart, -, -, -, -, 62
Aqulla S. Spear, 60, 210, 600, 15, 120
Henry Brown, 25, 54, 125, 5, 160
William Reece, 150, 65, 275, 75, 210
Levi Reece Jr., 40, 60, 225, 45, 100
James Spear, 75, 127, 400, 18, 208
Barsilla Spear, 40, 35, 250, 15, 86
William H. Spencer, 49, 33, 450, 12, 156
Ruel R. Davis, 30, 120, 200, 10, 30

Jacob Davis, 60, 170, 325, 40, 229
Samuel Reece, 60, 110, 700, 15, 105
Isaac Burch, 28, 62, 350, 15, 90
John Burch, 50, 100, 800, 10, 152
Jesse Burch, 30, 30, 150, 5, 120
Joel Reece, 150, 300, 1750, 30, 317
Thomas H. Reece, 50, 75, 600, 32, 265
Joshua Reece, 100, 175, 400, 75, 464
Isaac Davis, 30, 60, 300, 15, 55
Abraham L. Reece, 130, 110, 600, 30, 291
Martin Reece, 30, 64, 200, 10, 54
Daniel Reece, 40, 70, 400, 15, 125
John D. York, 30, 53, 140, 35, 180
Thomas York, -, -, -, 30, 44
Simon Reece, 80, 120, 500, 145, 289
Winston Fleming, 6, 64, 125, 8, 86
Jesse Reece, 100, 116, 332, 30, 95
Barnet Myres, 25, 45, 200, 12, 99
Willie Reece, 30, 160, 400, 12, 85
George Norman, 20, 60, 150, 10, 22
Isaac Stinson, 100, 300, 630, 65, 267
James Smith, 30, 50, 150, 15, 121
Joseph Keys, 100, 97, 200, 10, 48
Anthony Woodhouse, 200, 160, 600, 40, 310
Moses Stinson, 20, 24, 50, 10, 56
Abraham Reece Sr., 100, 140, 75 30, 426
Francis Willard, 25, 25, 75, 8, 45
Greenbury Patterson, 300, 650, 2500, 75, 312
Eli Smith, 100, 25, 225, 12, 148
Solomon Vestol, 200, 439, 1000, 180, 380
Morgan Carlton, 25, -, 100, 8, 42
Joel Whitehead, 14, 15, 50, 10, 81
James Sheck, 100, 200, 600, 73, 188
Christian Sheck, 60, 62, 250, 65, 139
Jacob Faircloth, 100, 150, 400, 20, 185
John Holcomb, 100, 150, 500, 215, 280
Asa Lewis, 70, 130, 400, 20, 180
Drury Holoman, 12, -, 60, 6, 3

John Hanes (Harris), 100, 205, 625, 100, 261
William White, 100, 300, 1600, 60, 438
Frederick Long, 100, 510, 2000, 67, 500
Joseph B. Helton, 50, -, 250, 10, 82
William Ireland, 20, 17, 75, 15, 52
Lawson G. Pinnix, 35, -, 175, 10, 159
Catharine Lewis, -, -, -, 10, 64
Malinda Pinnix, 30, 100, 300, 7, 80
James Carter, 50, 59, 250, 15, 20
Jacob Waggoner, 75, 165, 450, 35, 240
Drury Kenady, -, -, -, 5, 61
Paul Brinegar, 43, 100, 125, 15, 75
Moses Adams, -, -, -, 5, 177
William Waggoner, 80, 70, 300, 62, 200
David Waggoner, 40, 60, 200, 12, 220
Robert Sims, 36, 14, 125, 12, 85
Michael Swaim, 50, 50, 200, 10, 130
William S. Farrington, 75, 75, 300, 12, 61
Bennet Smith, 70, 38, 216, 15, 48
John Swaim, 70, 130, 300, 45, 300
Free Calloway, 35, 184, 250, 78, 77
Johnathan Adams, 60, 78, 200, 45, 105
William Calloway, 30, 34, 160, 12, 78
Hugh Briant, 35, 100, 200, 50, 146
Thomas Brown, 40, 137, 177, 10, 148
David Bates, 30, 123, 205, 10, 112
Eliza McBride, 15, 15, 45, 5, 13
John Brown, 115, 115, 230, 100, 279
Robert McGuire, 30, 365, 500, 20, 108
Bennet Smith, 15, 50, 125, 10, 50
Moses Waggoner, 44, 200, 366, 60, 116
Daniel Waggoner, 30, 120, 225, 15, 179

George Brown, 60, 125, 300, 10, 82
John Dobbins, 40, 345, 577, 60, 128
Lewis Carrinder, 100, 181, 525, 52, 259
John Hudspeth, 100, 200, 375, 45, 246
Adam Brown, 60, 100, 200, 10, 100
Samuel Johnson, 100, 450, 1100, 45, 172
John Collins, 150, 173, 400, 35, 103
John Swaim, 60, 72, 300, 20, 224
Henry Waggoner, 30, 45, 150, 15, 193
William G. Brown, 70, 23, 100, 10, 118
John D. Holcomb, 100, 118, 436, 65, 212
Levi Collins, 30, 70, 200, 15, 121
Moses Gross, 150, 450, 1200, 100, 269
Martin Ashley, 50, 60, 200, 15, 63
William Barber, 30, 10, 105, 12, 34
Richard Ray, 30, 40, 200, 10, 58
Sherel Chappel, 75, 211, 800, 75, 545
Samuel Brooks, 20, 80, 200, 10, 99
John S. Holcomb, 40, 260, 900, 20, 325
Micajah Holcomb, 20, -, 108, 8, 70
Simon Gross, 18, 92, 220, 60, 86
William Brooks, 200, 180, 700, 70, 250
Fletcher Harris, 100, 300, 800, 25, 163
Solomon D. Swaim Jr., 25, -, 125, 10, 20
Jesse Morrison, 10, 11, 30, 7, 38
Daniel Gross, 50, 35, 180, 12, 127
George Briant, 25, 75, 200, 15, 85
Charles Briant, 20, 63, 100, 12, 70
William Edwards, 140, 467, 1214, 60, 205
Alexander Bullard, 14, -, 70, 6, 28
Anna Hendricks, 6, 16, 50, 6, 14
Samuel Edwards, 100, 300, 800, 40, 225
Nancy Casey, 25, 100, 125, 12, 100
Abednego Sparks, 30, 32, 62, 7, 75
Sanford J. Miller, 200, 400, 2800, 100, 435
Isaac Austill, 25, -, 125, 10, 32
Martha Spencer, 50, 50, 700, 12, 130
Aaron Woodruff, 200, 800, 3000, 100, 240
Joseph Carrender, 40, 220, 400, 6, 100
Abner Baggley, 60, 96, 350, 37, 142
Alfred Pendry, 20, -, 100, 10, 94
William S. Nicholson, 80, 135, 500, 12, 130
Ephraim Nicholson, 50, 200, 450, 35, 200
John Brown, 15, 80, 250, 12, 86
William Adams, 50, 100, 200, 45, 200
Robert Sprouse, 230, 177, 4000, 105, 700
Henry Robertson, 100, 330, 1500, 125, 414
Michael Swaim, 70, 116, 300, 55, 170
Elisabeth Philips, 60, 170, 300, 40, 180
Michael Sears, 60, 115, 300, 15, 75
Nancy Philips, 250, 344, 2000, 60, 325
Isaac Logan, -, -, -, 12, 100
Henry Kelly, -, -, -, 45, 100
Henry Binkley, -, -, -, 12, 6
Markland Kelly, -, -, -, 70, 165
George Logan, 50, 150, 300, 15, 70
Thomas Flin, -, -, -, 10, 65
William Pettit, -, -, -, 5, 10
S. R. Doss, 25, 25, 100, 10, 95
Larkin Linch, 200, 400, 2000, 200, 617
John Carter, 118, 200, 1209, 40, 204
Jesse F. Lakey, 20, 93, 191, 15, 207
Robert Sears, -, -, -, 10, 65
William J. Colvert, 10, 38, 100, 15, 56
Nancy Carter, 100, 276, 950, 30, 257

Jesse Patterson, 80, 225, 800, 53, 120
Lovel Spilman, 20, 79, 250, 55, 226
Lace Spilman, -, -, -, 12, 76
Abraham Lakey, 90, 335, 1350, 108, 520
David Hobson, 150, 140, 1200, 80, 210
Solomon Lakey, 59, 650, 1350, 25, 275
William Matthews, -, -, -, 60, 90
John Logan, 40, 10, 60, 10, 40
Tyra Glenn, 742, 1870, 20000, 850, 3490
Christain Henning, 75, 75, 465, 50, 45
Thomas Williams, 300, 400, 1940, 295, 742
Sarah Binkley, 95, 33, 800, 45, 220
Joseph J. Conrad, 300, 1018, 8268, 380, 952
John Logan, -, -, -, 10, 35
John Stewart, 25, 20, 75, 10, 150
Giles Joiner, 65, 350, 1500, 125, 450
Joseph Sprinkle, 40, 110, 500, 12, 130
Isaac Jarret, 500, 737, 8800, 3000, 1498
Jesse Stuart, -, -, -, 80, 175
Abraham Philips, 41, 180, 800, 15, 170
Ruth B. Spilman, 80, 58, 3000, 150, 592
Thomas J. Carter, 20, 39, 106, 12, 177
Leroy C. Davis, 30, 90, 420, 15, 180
Nicholass Ball, 60, 48, 216, 12, 150
William Hunter, 79, 75, 77, 20, 22
Henry Norman, 125, 200, 600, 80, 433
Sterlin Hail, -, -, -, 10, 13
A. P. & R. Poindexter, 30, 35, 500, 60, 456
George Newman, -, -, -, 40, 60
Levi Spease, 50, 275, 325, 80, 200
John H. Spease, 125, 475, 1500, 90, 309
Milly Davis, 205, 200, 2500, 90, 507
Charlott Poindexter, 57, 300, 2000, 80, 154
William Miller, 70, 130, 1800, 65, 285
Henry Martin, 60, 140, 1800, 111, 296
John G. Poindexter, 150, 450, 3000, 150, 201
Adam Houser Jr., 75, 100, 1250, 160, 284
Adam Houser, Sr., 125, 425, 3000, 220, 443
Isaac Spease,-, -, -, 60, 122
Samuel Spease, 30, 270, 300, 75, 153
William W. Patterson, 9, 47, 200, 12, 90
William Shore, -, -, -, 60, 133
Uriah Glenn, 60, 80, 300, 80, 340
Adam Henning, -, -, -, 25, 97
Ann Glenn, 100, 31, 600, 60, 113
Susanah D. Shore, 200, 495, 2800, 110, 604
John Shore, 200, 603, 4000, 140, 716
William Philips, 80, 240, 800, 60, 259
John Tate, 68, 400, 1133, 98, 401
Edwin Johnson, 50, 150, 200, 12, 62
James Fletcher, 50, 150, 350, 70, 117
Robert Burchett, -, -, -, 7, 83
Major Hunter, 120, 262, 495, 30, 123
Enoch Prim, 100, 400, 800, 20, 13
James Spillman, 80, 108, 250, 15, 100
John Spear, 30, 88, 118, 60, 110
Bennet Creed, 30, 70, 100, 30, 65
John Joiner, 75, 175, 250, 15, 151
Tyrel Poindexter, 65, 300, 390, 60, 338
George Potts, 20, 170, 280, 35, 153
William Stuart, -, -, -, 10, 50
Joshua C. Creson, 40, 100, 500, 12, 50

Charls Creson, 80, 125, 1000, 75, 185
James Flinn, 30, -, 150, 15, 100
John C. Linch, 15, 35, 125, 15, 80
Daniel Davis, 60, 65, 450, 20, 276
Jesse Mitchael, 25, 35, 150, 12, 36
Jemima Coe, 200, 500, 1500, 15, 60
David C. Norman, 300, 523, 1200, 40, 172
John Norman, 125, 350, 700, 10, 166
William Leaman, 35, 53, 100, 37, 175
James Flin, 25, 35, 50, 12, 65
Eldred Thornton, 40, 60, 150, 15, 107
Hezekiah Mathews, 10, 120, 175, 10, 10
William Michael, 50, 70, 210, 50, 150
Nicholas Hutchins,-, -, -, 25, 100
Thomas Wooten, 125, 852, 2000, 80, 275
Absalem Mathews, 100, 147, 350, 65, 177
Thomas Dinkins, 4, 456, 40, 8, 30
George Bovender, 6, 114, 125, 7, 40
Jacob Gester, 100, 150, 500, 85, 240
Thomas Hall, 150, 775, 1200, 95, 200
Evan Benbow, 35, 20, 200, 70, 223
William Flin, 50, 50, 150, 15, 120
James Mathews, 100, 292, 400, 60, 173
Susanah Taylor, 12, 65, 120, 12, 50
Thomas Evans, 20, 100, 100, 120, 110
Henry Angel, 40, 107, 125, 10, 68
George W. Evans, 60, 110, 150, 30, 70
James York, 40, 60, 250, 80, 177
Sallythial Brown, 25, 25, 75, 10, 73
Jefferson Poindexter, 33, 67, 600, 25, 115
John Hall, 50, 90, 1000, 75, 161
Denson Poindexter, 100, 550, 1654, 170, 230
Thomas Poindexter, 80, 132, 800, 10, 100
Alfred Starlin, 15, 83, 170, 12, 65
William A. Poindexter, 40, 75, 700, 10, 167
James York, -, 112, 175, 8, 40
Jacob Hall, 15, 85, 100, 12, 28
William D. Spencer, 25, 105, 350, 9, 30
Daniel Vestol, 80, 250, 1800, 35, 235
William Kittle, 30, 110, 200, 10, 55
Andrew Hancock, -, -, -, 12, 25
William Hall, 30, 130, 610, 12, 62
John Vestol, 15, 75, 200, 10, 63
Jesse Michael, 20, 30, 125, 8, 40
Lucinda Smotherman, 60, 115, 300, 15, 75
Wesly M. Carr, 20, 80, 300, 12, 44
Hugh Martin, 30, 70, 150, 10, 30
Mary Goff, 3, 83, 100, 12, 80
William Martin, 12, 36, 500, 14, 115
Rebecca Truelove, 40, 200, 300, 10, 22
Robert Choplin, 75, 200, 275, 15, 120
Gillam Kear, 60, 60, 170, 15, 35
Frederick Myres, 35, 87, 175, 50, 65
John Martin, 70, 230, 270, 80, 195
Joseph Philips, -, -, -, 15, 101
Biding & Philips, 25, 117, 545, -, 394
Spencer Potts, 15, 60, 150, 45, 78
Johnathan Davis, -, -, - 12, 65
Thomas Taylor, 50, 117, 400, 15, 519
Francis Taylor, 50, 50, 200, 15, 197
Sampson Fleming, 50, 175, 350, 80, 200
Thomas Kerr, 80, 120, 150, 35, 100
Susan Taylor, 100, 107, 150, 10, 80
Mary W. Marler, 12, 185, 200, 12, 65
James Allen, 40, 102, 150, 25, 50
Richard Poindexter, 30, 150, 300, 47, 48

James Lewis, 20, 40, 110, 12, 65
William A. Poindexter, 20, 60, 100, 10, 60
Thomas Eperson, 60, 271, 500, 69, 263
John Norman, 30, 79, 175, 12, 80
John Head, 60, 140, 275, 18, 115
Hezekiah Jackson, 40, 40, 100, 25, 35
Robert Mills, -, -, -, 10, 18
John J. Poindexter, 25, 80, 100, 30, 91
Peter Poindexter, -, -, -, 25, 60
Elisha Allen, 25, 50, 140, 12, 59
Martin Baker, 50, 450, 400, 55, 100
Absalem Baker, -, -, -, 10, 138
William Hartgrave, 25, 75, 300, 35, 115
John Kirk, 66, 261, 500, 62, 290
Sarah Head, 100, 125, 225, 75, 90
Zachariah Joiner, 100, 228, 600, 55, 120
Thomas Davis, 100, 263, 500, 72, 297
William Philips, 80, 120, 250, 35, 110
William Burgess, 60, 174, 400, 50, 120
Thomas Lindley, 100, 233, 1000, 35, 185
Uriah J. Douthet, 223, 285, 1400, 200, 267
Johnson Lindsey, 50, 80, 275, 5, 65
John Reese, 300, 165, 1162, 50, 228
Lewis Cash, 50, 80, 390, 25, 160
Hiram Felts, 100, 56, 200, 15, 125
William M. Lindsey, 35, 31, 200, 45, 100
David J. Fleming, 80, 220, 600, 80, 430
Hardin Williams, 70, 237, 600, 125, 465
Walter Copley, 12, 45, 90, 5, 175
Calvin M. Harris, -, -, -, 3, 10
Shadrach Myres, 50, 68, 260, 70, 165
Daniel Hutchens, 35, 65, 200, 3, 30
William Johnson, 20, 68, 200, 7, 127
James Denney, 50, 50, 150, 3, 25
William Jefferson, 40, 60, 275, 7, 141
Reuben Johnson, -, -, -, 5, 27
Anderson Campbell, 50, 125, 225, 45, 191
Jesse Johnson, 100, 348, 800, 75, 274
James Denney, 60, 82, 200, 7, 40
Elisha Roughton, 60, 161, 300, 40, 169
Moses Mahaffee, -, -, -, 6, 95
Sally Mabury, 122, 244, 500, 40, 50
James Armstrong, 150, 120, 600, 60, 333
James Windsor, 75, 49, 150, 6, 83
Jesse Windsor, 70, 135, 400, 71, 179
Samuel B. Windsor, 7, 43, 75, 5, 20
John Johnson, 50, 97, 212, 60, 70
William Ladd, 20, 45, 125, 10, 75
John Johnson Sr., 75, 102, 289, 60, 150
Elisha Windsor, 75, 85, 320, 10, 88
Robert Bell, 65, 172, 250, 10, 70
Henry W. Casey, 40, 37, 150, 8, 140
Louisa Whitlock, -, -, -, 5, 44
Stephen Denney, 50, 53, 200, 10, 90
Walter Bell, 50, 25, 200, 7, 60
Cranbury A. Bell, 75, 100, 250, 25, 82
Thomas Benbo, 50, 45, 500, 65, 350
Thomas B. Johnson, -, -, -, 6, 16
Shadrach Gentry, 150, 132, 800, 51, 302
Margaret Craft, 25, 117, 400, 5, 88
Bennet Windsor, 100, 260, 100, 120, 450
Iley Denney Sr., 30, 30, 75, 5, 85
William Denney, 100, 130, 250, 40, 148
Leonard Messic, 55, 138, 350, 54, 159
Joseph Horton, 25, 240, 250, 6, 91

John Mattison, 100, 125, 800, 134, 665
Larkin Howard, 80, 129, 430, 48, 234
Nancy Mitchel, 20, 84, 104, 5, 132
Francis Wood, 30, 48, 100, 8, 113
Alexander Sparks, 25, 75, 100, 18, 61
Ashley Johnson Jr., 40, 207, 375, 60, 260
William Tulbot, 75, 196, 1000, 60, 248
Benjamin H. Johnson, 100, 60, 300, 55, 139
Robert Jones, 15, -, 100, 5, 54
Enoch Samons, 75, 155, 465, 12, 167
Henry Tulbot, 60, 152, 500, 10, 156
Sarah Tulbot, 62, 30, 130, 6, 175
Elisabeth Tulbot, 75, 175, 450, 8, 96
James Welborn, 100, 111, 350, 25, 72
William Sails, 100, 207, 600, 56, 305
William Armstrong, 50, 54, 200, 5, 103
William J. Messick, 20, 75, 300, 5, 83
Willie Felts, 150, 226, 800, 60, 348
Henry Tucker, 15, 25, 80, 8, 42
Kincheon Goss, -, 98, 75, 10, 30
William G. Pinnix, 47, 30, 125, 5, 72
James Harvel, 55, 59, 250, 50, 127
Elisha Felts, 44, 75, 170, 42, 100
William Purdew, 25, 73, 150, 40, 142
Thomas Purdew, 14, 37, 120, 10, 50
James W. Purdew, 15, 50, 100, 8, 20
William Purdew, 45, 59, 250, 40, 150
Nelson Messick, 45, 94, 600, 90, 189
Joshua Finney, 35, 65, 250, 10, 65
Henry P. Messick, 35, 95, 400, 37, 84
Elsey Messick, 55, 85, 350, 30, 122
Isaac Brown, 80, 200, 450, 15, 160
Thomas D. Messick, -, -, -, 5, 53
James Green, 40, 60, 175, 15, 163
James Gross, 25, 137, 200, 5, 45
Beverly Purdew, 40, 10, 100, 7, 117
Overton Pinnix, 30, 66, 200, 10, 114
Samuel Stokes, 70, 200, 200, 15, 186
Elisabeth Anthony, 50, 130, 300, 10, 12
Hesahiah Freeman, 45, 111, 450, 65, 227
James Elmore, 90, 210, 600, 31, 160
Littlebury Mathews, 10, 90, 201, 8, 21
Alfred Mathews, 25, 35, 215, 8, 100
Bradley Mathews, 50, 75, 225, 25, 161
Daniel Shores, 30, 72, 140, 10, 54
Giles Driver, 80, 120, 300, 40, 79
Clayton Vanhoy, 30, 70, 150, 40, 188
James Vanhoy, 20, 30, 75, 5, 73
Edward Vanhoy, 20, 30, 75, 12, 70
Peggy Barber, 30, 20, 100, 7, 60
Elisabeth Shaver, 25, 18, 50, 5, 44
William Ashley, 30, 32, 200, 20, 125
Samuel Shore, 80, 220, 800, 35, 176
William Durham, 15, 15, 75, 6, 28
Alexander Farington, 100, 200, 600, 20, 120
Raleigh Holcomb, 60, 200, 700, 85, 383
Henry Cheek, 35, 65, 300, 5, -
William W. Windsor, 75, 69, 300, 70, 228
Thomas Blackman, 9, 21, 75, 6, 50
Sarah Vanhoy, 50, 300, 400, 25, 115
Obadiah Collins, 20, 30, 75, 18, 100
Triplet Day, 15, 76, 200, 8, 58
Thomas Pettyjohn, 50, 150, 200, 50, 95
Henry Stokes, 40, 10, 100, 12, 70
Stephen Evans, 100, 95, 400, 50, 273
Major Money, 20, 50, 150, 6, 5
James Ashley, 20, 30, 200, 12, 67
David Money, 35, 35, 200, 10, 112
Tryon Ray, 35, 35, 200, 5, 40
Bebadee Money, 100, 195, 600, 50, 75

William Vaneaton, 100, 200, 3000, 60, 365
Henry Adridge, 25, 75, 150, 35, 100
N. D. Hunt, 40, -, 100, 100, 197
Bilson B. Benham, 50, 130, 1000, 100, 776
John J. Woodruff, 150, 371, 2200, 55, 400
William Money, 60, 225, 500, 10, 12
Elisha Messick, 100, 114, 700, 40, 211
Jones Messick, 40, 100, 300, 45, 88
Willie Messick, 50, 110, 400, 32, 132
Ira Messick, 15, 35, 200, 5, 59
James Brown, 100, 410, 600, 10, 185
Lewis Messick, 40, 52, 250, 7 60
John Felts, 50, 68, 236, 10, 107
Henry Wysong, 50, 240, 500, 8, 70
James Stokes, 25, -, 75, 6,121
David Day, 20, 60, 100, 8, 29
Abednego Stokes, 40, 100, 600, 92, 339
Joseph Hendricks, 30, 10, 100, 10, 75
Elisabeth Wells, 125, 375, 1300, 111, 412
James Wells, 50, 100, 350, 25, 229
Sheriden Arnold, 70, 30, 200, 50, 182
Levi Chappel, 40, 185, 500, 50, 130
Russel Sparks, 66, 110, 500, 25, 293
Ambrose Chappel, 75, 125, 400, 8, 50
Solomon Denney, 80, 70, 250, 12, 67
Bennet Holomon, 14, -, 75, 6, 52
Daniel Greear, 100, 115, 300, 6, 42
Eli Denney, 40, 10, 100, 10, 95
Elisabeth Creekmore, 30, 20, 75, 8, 65
John Cheeks, 60, 40, 300, 10, 116
Isaac Cook, 40, 22, 100, 18, 118
Elisabeth Holomon, 45, 68, 113, 10, 87
Asel Holomon, 30, 70, 110, 25, 66
William Norman, 50, 50, 150, 25, 51
Levi Johnson, 100, 90, 450, 34, 240
Benjamin Sparks, 100, 184, 800, 35, 450
Joseph Sparks, 40, 20, 100, 10, 130
William Carter, 25, -, 75, 5, 44
Pleasant Dobbins, 100, 100, 350, 70, 209
Robert Pinnix, 93, 90, 200, 50, 223
William Pinnix, 45, -, 100, 5,-
Jackson Ray, 30, 137, 250, 5, 98
William Pettyjohn, 60, 165, 700, 120, 470
William West, 15, 37, 200, 70, 50
Richard Sammons, 20, 80, 200, 8, 66
Anderson Ashley, 21, 40, 108, 5, 35
Merideth Armstrong, 30, 35, 120, 40, 80
Wiseman Alvery, 35, 65, 150, 10, 68
John Holden, 25, 45, 150, 6, 135
Avery Norman, 12, 53, 100, 5, 25
Thomas Rose, 60, 169, 300, 15, 105
Starlin Rose, 30, 70, 200, 10, 97
Howell Money, 40, 60, 150, 12, 78
George Chambers, 30, 30, 100, 50, 48
Solomon Swaim, 100, 514, 500, 15, 235
Thomas Howel, 30, 70, 150, 7, 116
William J. Howel, 8, 42, 75, 7, 50
John Rose, 30, 127 150, 20, 124
Lucky Longbottom, 30, 81,100, 22, 125
Merideth Martin, 60, 60, 200, 50, 90
Benjamin Rose, 50, 50, 150, 10, 71
R. G. Howel, 50, 110, 250, 10, 14
Ashley Crews, 60, 90, 400, 110, 224
Robert Howel, 30, 30, 120, 6, 62
Joseph Naylor, 50, 75, 300, 7, 30
Harrison Sisk, 25, 25, 75, 10, 25
Benjamin Naylor, 30, 90, 500, 5, 60
Thomas B. Naylor, 30, 65, 175, 40, 175
Irvin E. Naylor, 20, 27, 100, 5, 18
E. L. Hamby, 50, 50, 200, 50, 69
Hezekiah Johnson, 50, 390, 800, 70, 480

Henry G. Hampton, 100, 35, 400, 67, 180
Mary A. Hicks, 60, 256, 700, 15, 75
Hampton Brown, 6, 34, 40, 5, 24
David Morrison, 30, 40, 100, 7, 80
Benjamin Cissle, 25, 60, 115, 40, 50
Francis Jinkins, 50, 65, 200, 25, 65
John Parson, 15, 25, 60, 5, 7
Allen Cissle, 40, 25, 100, 5, 77
William Z. Sparks, 117, 80, 150, 10, 58
John R. Welborn, 30, 125, 250, 8, 56
Anna Castevens, 100, 250, 600, 12, 120
Charles Ray, 57, 50, 150, 10, 94
Susannah Shore, 50, 75, 209, 9, 88
Hardy Money, 100, 223, 400, 100, 100
John Edwards, 50, 150, 300, 15, 138
Champion Harris, 50, 412, 365, 20, 148
Alston Poplin, 30, 60, 125, 7, 31
Henry Gross, 20, 63, 150, 12, 67
Braxton Ray, 65, 70, 230, 10, 104
William Collins, 200, 200, 800, 15, 220
Thomas Money, 35, 95, 300, 10, 100
Moses Austil, 30, 80, 200, 12, 125
Thomas Day, 120, 80, 400, 10, 146
Alverson Day, 30, 40, 105, 5, 44
Sidney Collins, 25, 50, 150, 5, 60
David Hudspeth, 20, 60, 150, 10, 80
Leonard Swink, 85, 85, 340, 5, 9
Philip Holcomb, 100, 290, 1000, 60, 155
Morgan Martin, 60, 176, 350, 60, 147
William Chamberlin, 40, 40, 250, 27, 60
Samuel Weatherman, -, -, -, 7, 12
James T. Johnson, 70, 145, 1000, 140, 192
William Willard, 30, 80, 200, 8, 30
Willie Dickerson, 125, 125, 250, 86, 209
Charity Lindsey, 50, 80, 200, 12, 190
Franklin Hays, 30, 90, 300, 10, 83
Henry Bunting, 40, 20, 120, 8, 35
William Bunting, 40, 90, 200, 10, 75
John Brittain, 50, 113, 337, 50, 102
Edmond York, 12, 38, 100, 8, 27
William Wilkins, 50, -, 100, 10, 53
Davis Vestol, 30, 107, 350, 20, 62
William H. Branom, 30, 68, 250, 12, 185
John Gross, 50, 34, 200, 42, 81
Frederic Long Jr., 100, 212, 450, 25, 118
Isaac Long, 50, -, 200, 35, 181
Daniel Long, 54, 300, 700, 55, 255
George Nix, 60, 30, 300, 12, 37
James West, -, -, -, 10, 68
William Martin, 70, 120, 285, 10, 85
John Martin, 30, -, 60, 5, 80
William Martin, 40, 303, 685, 8, 75
Frederic Rhinehart, 150, -, 250, 75, 281
Christian Rhinehart Jr., 50, 50, 200, 50, 210
William Holcomb, 100, 95, 1400, 65, 220
L. P. Holcomb, 40, 84, 250, 8, 92
Peter Claywell, 40, 27, 250, 30, 405
Antonietta Conrad, 400, 100, 10000, 250, 1080
Abraham Prewet, 200, 500, 2200, 110, 375
William W. Rutledge, 175, 220, 2000, 184, 573
Henry P. Clingman, 35, 135, 350, 90, 351
Ellis Hutchens, 85, 80, 315, 30, 90
Henry Allgood, 50, 100, 200, 15, 155
Jesse Jenkins, 30, 100, 250, 90, 375
John Clingman, 25, 100, 150, 60, 194
Richard C. Puryear, 450, 900, 15300, 400, 1665
Messers A. Vestol, 80, 100, 1000, 50, 209
John Howman, 50, 133, 365, 45, 78
Abner Russel, -, -, -, 30, 30

Samuel L. Davis, 80, 140, 700, 120, 457
Joshua Davis, 10, 52, 200, 5, 128
Rachael Davis, 200, 110, 1250, 100, 226
William Hardin, 150, 450, 1600, 150, 583
John Dixon, 50, 50, 200, 15, 150
Abraham Dixon, 63, 100, 700, 15, 155
George Davis, 20, 145, 150, 50, 140
James Warren, 50, 330, 600, 18, 175
William Keton, -, -, -, 8, 45
Elisha Chin, 250, 450, 4000, 160, 475
Carles King, -, -, -, 30, 60
Alvin Wooten, -, -, -, 10, 70
William Davis, 248, 700, 1650, 75, 683
Isaac Vestol, 150, 213, 624, 90, 166
Joseph Sulman, -, -, -, 55, 80
William Casort, 20, 50, 10, 50, 45
Henry Jenkins, 100, 100, 250, 45, 210
Reuben Foot, 6, 94, 100, 40, 65
Thomas Wilds, -, -, - 10, 55
William Truman, -, -, -, 12, 50
George Steelman, 150, 542, 1600, 60, 287
Enoch Wilds, -, -, -, 8, 45
James Reavis, 70, 86, 433, 50, 95
Thomas Brandon, 75, 183, 600, 65, 133
Andrew Axom, 25, 75, 225, 7, 54
Isaac Shore, 100, 150, 600, 60, 135
William Goff, 40, 78, 300, 69, 160
John Shermer, 50, 77, 500, 65, 165
Joseph Steelman, 200, 1100, 2600, 80, 265
Isaac Gross, 40, 520, 1000, 45, 312
David Shore, 350, 600, 1800, 100, 422
Adam Danner, 50, 90, 200, 10, 85
Charles Steelman, -, -, -, 40, 90
Samuel May, 30, 82, 100, 12,110

Moses Harvel, 100, 315, 500, 35, 112
Joseph Renegar, 40, 60, 130, 10, 57
Alexander Hall, 30, 183, 250, 30, 50
James Norman, -, -, -, 28, 48
Frederick Miller, 40, 160, 800, 45, 131
Robert Fair, -, -, -, 30, 34
Willie C. Houser, 75, 100, 300, 12, 50
William A. Roby, 75, 225, 600, 35, 162
William Melton, 30, 85, 200, 8, 112
Andrew Crankfield, 40, 80, 180, 10, 120
James Dixon, 22, 25, 100, 5, 51
David Baity, 20, 107, 128, 10, 147
John Baity, 40, 97, 137, 10, 95
Isham Baity, 50, 34, 93, 40, 204
Nathan Cranfield, 140, 150, 250, 40, 148
Mark May, 30, 340, 300, 12, 75
Amy Garner, 100, 405, 600, 15, 245
Samuel Danner, 35, 65, 175, 12, 30
Alexander Hutchens, 20, 50, 100, 12, 70
Daniel Hoots, 35, 65, 135, 40, 175
William May, 30, 182, 300, 45, 71
Samuel Wishon, 50, 100, 200, 15, 105
Joel Reavis, 12, 21, 533, 10, 86
Hinton Comer, 50, 300, 450, 69, 150
David Reavis, 100, 77, 300, 45, 150
Isaac Lasster, 45, 192, 300, 45, 130
William Gabard, 75, 457, 700, 50, 225
James Allgood, -, -, -, 10, 115
Abner Hair, 40, 57, 125, 12, 100
Pleant Baity, 30, 70, 125, 15, 55
Frederick Miller, 35, 55, 100, 12, 60
Nancy Mires, -, -, -, 15, 55
Joel Hauser, 156, 400, 1556, 90, 610
Michael C. Norman, 50, 182, 500, 55, 180
Christine Nading, 52, 296, 75, 215

Abraham M. Stow, 50, 150, 300, 90, 150
Thomas Cove, 25, 105, 450, 10, 100
Tyre Dumegar, 50, 300, 700, 100, 200
Saml. Fults, 100, 125, 150, 10, 100
Wilson Laffoon, 25, 190, 400, 100, 175
Pleasant Hodges, 25, 440, 1000, 80, 300
Levy Gillaspy, 60, 110, 450, 10, 100
Thos. Nations, 40, 123, 600, 100, 350
Math. Laffoon, 100, 140, 600, 50, 250
James Nations, 60, 50, 600, 60, 256
Jeremiah Marion, 50, 80, 150, 10, 100
Geo. A. Jarvis, 20, 350, 800, 150, 200
Harden Copeland, 100, 400, 700, 10, 150
Danl. Riggs, 70, 65, 420, 60, 200
Wm. Marion, 35, 270, 250, 5, 90
Jas. D. Bray, 30, 175, 200, 50, 100
Danl. Jones, 25, 50, 1000, 50, 200
Jesse Riggs, 50, 225, 450, 60, 160
Drury Hodges, 50, 629, 1250, 120, 375
Tyre Gallaspy, 80, 400, 1450, 50, 200
Wm. Walker, 100, 170, 150, 10, 55
John J. McMickle, 30, 600, 200, 75, 300
Eleanor Lewis, 200, 131, 350, 4, 130
James M. Gordon, 30, 120, 267, 6, 75
Isaac Norman, 80, 240, 350, 5, 200
Wm. C. Golding, 60, 350, 500, 10, 60
Wm. Burge, 50, 170, 400, 3, 150
John Letliff, 30, 35, 100, 10, 50
Jas. Mankins, 25, 300, 850, 150, 500
Jas. Dumiegan, 100, 243, 640, 100, 225
Jesse Venable, 60, 90, 450, 25, 100
Wm. Butcher, 60, 265, 300, 75, 150
Albert White, 35, 140, 800, 10, 200
Jas. Golding, 60, 650, 450, 60, 275
George Burruss, 50, 65, 115, 10, 100
John Vaughn, 45, 60, 75, 5, 75
Wm. Gates, 40, 300, 320, 100, 200
John B. Snow, 65, 150, 300, 10, 150
J. H. Bledsoe, 40, 30, 800, 5, 30
Ambrose Jones, 50, 964, 600, 15, 175
Harden White, 35, 59, 100, 100, 73
Jesse Huff, 32, 475, 250, 40, 75
Wm. Snow, 60, 143, 225, 5, 140
Saml. Walker, 30, 170, 200, 10, 300
Wm. Draughn, 20, 100, 100, 3, 50
Henry Denton, 30, 100, 100, 10, 150
Robert Marion, 25, 200, 300, 100, 200
John Draughn, 20, 80, 75, 5, 30
John Creed, 100, 332, 500, 75, 250
Elijah Gillaspy, 35, 118, 500, 80, 170
Wiley Lewis, 40, 40, 350, 10, 130
Alex. Freeman, 125, 275, 1000, 160, 400
Robert Gentry, 30, 95, 112, 10, 75
John W. Stewart, 100, 100, 200, 10, 100
Ruth Jones, 60, 650, 600, 3, 65
Anderson Fults, 100, 700, 2000, 40, 300
John Luffman, 40, 110, 300, 30, 200
More Snow, 25, 130, 150, 5, 80
Charles G. Fults, 20, 290, 81, 10, 115
Kimbrough Johnson, 30, 170, 200, 15, 250
Joseph Phillips, 60, 367, 800, 75, 400
John Bemer, 50, 280, 500, 10, 200
Giles Hodges, 50, 170, 400, 10, 85
Isaac Love, 50, 103, 200, 5, 250
Nehemiah Vernum, 75, 367, 500, 100, 100
James Gallean, 100, 500, 600, 15, 300

James Norman, 75, 825, 715, 60, 40
Wm. Norman, 20, 120, 100, 2, 20
Jeremiah Barker, 40, 210, 325, 20, 150
Robert Hawks, 13, 100, 150, 40, 100
Leander Barker, 15, 230, 150, 5,100
Saml. Gallian, 16, 130, 150, 5, 200
Hamelton Blevin, 30, 120, 100, 20, 475
Joseph Ramey, 250, 560, 2000, 70, 190
John Low, 80, 680, 700, 100, 200
Nancy Gallian, 30, 260, 500, 20, 75
Saml. Low, 30, 260, 150, 15, 250
Jesse Williams, 60, 260, 325, 30, 300
Harrison Johnson, 100, 350, 450, 100, 200
David Edwards, 50, 150, 200, 5, 150
Etheldred Dickons, 30, 290, 225, 10, 300
Wm. Hodges, 50, 290, 300, 75, 500
Angel Williams, 100, 400, 800, 100, 275
Elijah Ramey, 35, 265, 625, 40, 250
John Sexton, 15, 85, 75, 75, 80
Saml. Kirby, 25, 125, 75, 5, 225
Sanford Munkers, 17, 180, 125, 5, 80
James Bartley, 25, 275, 150, 20, 200
John Ramey, 50, 650, 500, 50, 150
Wm. Brannock, 50, 190, 240, 5, 50
A. A. Oglesby, 150, 500, 150, 150, 790
Ambrose Dickens, 20, 40, 75, 25, 200
Wm Carpenter, 30, 150, 75, 8, 90
Wm. Carpenter, 30, 70, 100, 65, 160
St. Clair McMickle, 250, 1050, 3500, 15, 284
Jo: Isaacs, 30, 270, 300, 25, 100
Saml. Calloway, 40, 160, 300, 75, 250
Thos. Nixon, 350, 365, 500, 10, 150
Nathan Nixon, 200, 2000, 2000, 415, 667
Giles Harriss, 80, 700, 225, 10, 85
Jesse Davis, 75, 200, 400, 40, 140
Jesse Thompson, 50, 225, 850, 100, 225
Mary Hodges, 50, 140, 500, 20, 150
John Hodges, 50, 262, 330, 20, 100
Barth: Smith, 50, 2365, 400, 10, 100
Dorcas Cave, 30, 170, 500, 10, 100
Jacob Bemer, 60, 240, 700, 55, 300
Elijah Thompson, 100, 800, 2000, 150, 660
James Thompson, 100, 200, 2000, 100, 300
Jackson Thompson, 35, 130, 250, 6, 150
Joseph Cockerman, 150, 1100, 3600, 300, 600
Gideon Bryant, 200, 600, 2500, 400, 600
Shadrack Franklin, 60, 300, 500, 600, 300
Calvin Gentry, 50, 248, 350, 110, 100
Stephen Thompson, 35, 290, 1300, 125, 330
Geo. W. Thompson, 50, 150, 500, 75, 200
Hend. Thompson, 70, 110, 700, 80, 338
Joseph Thompson, 65, 185, 1200, 100, 400
Calvin Thompson, 30, 44, 300, 5, 100
Isham Edwards, 20, 80, 75, 5, 100
Stokes Edwards, 70, 130, 300, 6, 75
Danl. Douglas, 75, 150, 350, 15, 285
John C. Thompson, 100, 600, 800, 70, 430
Wesley Upchurch, 20, 80, 200, 4, 10
Hend. Harriss, 20, 130, 200, 5, 140
Eliz. Thompson, 40, 127, 400, 25, 200
C. H. Thompson, 150, 1000, 1300, 50, 500
Jos. Richeson, 150, 150, 800, 30, 315
John Richeson, 30, 270, 300, 25, 125
Wm. Marsh, 75, 425, 550, 20, 75

H. Thompson, 100, 350, 300, 100, 300
John Douglas, 25, 50, 125, 5, 100
John Cockerham, 50, 125, 400, 25, 150
John Marsh, 25, 48, 200, 5,100
Vaherita (Vaheritce) Lewis, 50, 125, 500, 10, 200
Nancy Poe, 30, 100, 300, 5, 200
Rawley Poe, 100, 100, 2000, 75, 200
James Harriss, 50, 200, 225, 100, 230
Thomas Smith, 30, 470, 400, 25, 125
Thomas Norman, 20, 130, 150, 25,100
Saml. Isaacs, 30, 30, 250, 30, 100
Nancy Isaacs, 25, 37, 150, 20, 100
Henry Woll, 20, 250, 150, 20, 150
John Kenedy, 30, 371, 500, 100, 290
Ruffin Kenedy, 50, 80, 300, 25, 200
Wesley Phillips, 30, 170, 100, 5, 20
C. H. Kenedy, 40, 156, 600, 5, 200
Jona. Golding, 30, 190,700, 10, 100
Zadock Wright, 20, 130, 150, 30, 75
Nathan Williams, 30, 130, 150, 5, 50
Wm. Norman, 50, 150, 400, 25, 250
Pleasant Moody, 70, 200, 300, 75, 250
John B. Moody, 60, 140, 400, 30, 300
Abner Golding, 15, 85, 300, 5, 100
John V. Franklin, 30, 100, 400, 5, 100
Harden C. Mermon, 25, 125, 100, 125, 250
Algiers Golding, 50, 32, 660, 5, 200
David Cockerham, 30, 220, 300, 20, 100
Wm. Southard, 40, 300, 300, 5, 40
R. H. Maxwell, 90, 1000, 610, 50, 250
Wiley Gentry, 85, 85, 340, 80, 400
John Krowe, 65, 80, 250, 75, 228
Wm. Darnell, 60, 55, 220, 40, 150
Wm. Darnell, 30, 125, 150, 15, 75
Richard Wright, 40, 130, 150, 30, 125
Henry Wood, 50, 285, 550, 60, 155
Richard Guynn, 300, 1480, 3500, 100, 850
Columbus Franklin, 75, 225, 2500, 50, 250
William Bryant, 60, 146, 1100, 60, 184
Wm. Woodruff, 50, 100, 1600, 50, 200
Merida Greenwood, 40, 227, 1010, 5, 200
Robert Perdue, 45, 90, 150, 60, 100
Charles Tilly, 25, 125, 500, 20, 150
East Mosely, 40, 385, 425, 5, 165
Richard Woodruff, 50, 175, 650, 10, 200
Susan Phillips, 50, 150, 600, 20, 200
Firman Adams, 75, 125, 500, 40, 350
John Greenwood, 100, 115, 2100, 40, 250
Gideon McMickle, 60, 100, 800, 30, 250
John Hurt, 250, 400, 3000, 150, 300
Hiram Reece, 50, 150, 600, 50, 150
Henry Mosely, 100, 160, 1000, 120, 535
William Wytcher, 100, 375, 1100, 20, 325
Robert Welborne, 100, 986, 2200, 75, 450
Wm. Burch, 45, 205, 400, 5, 90
John Roberts, 80, 133, 800, 25,150
John Roberts, 60, 190, 400, 5, 80
Wilborn Marshall, 35, 120, 200, 30, 20
John Southard, 50, 400, 500, 40, 200
Levy Southard, 50, 650, 1000, 100, 110
Abner Waller, 60, 140, 200, 10, 73
Lucinda Franklin, 50, 280, 300, 10, 100
Abner Phillops, 75, 225, 500, 4, 180
Job. Southard, 25, 175, 600, 35, 100

Pleasant Cockerham, 150, 250, 1000, 40, 250
Geo. Brandle, 25, 275, 250, 5, 100
Henry Brandle, 30, 85, 275, 100, 100
John Nixon, 40, 460, 1000, 50, 350
Thomas Nixon, 200, 800, 3000, 250, 300
Fielding Snow, 100, 138, 5000, 100, 250
Lot. Wilmoth, 30, 50, 200, 10, 50
Henry Creed, 30, 152, 175, 5, 100
Christly Wetly, 20, 82, 150, 5, 150
Bird Snow, 80, 510, 800, 30, 250
Calvin Snow, 30, 120, 150, 5, 100
James Calloway, 100, 347, 380, 50, 250
Jesses Norton, 30, 70, 100, 5, 60
Milborn Key, 50, 250, 300, 20, 250
Peter Key, 40, 60, 150, 10, 40
Thos. Steel, 30, 70, 250, 5, 125
Wm. Cockerham, 100, 350, 700, 75, 350
Thos. Moore, 75, 50, 200, 20, 100
David Cockerham, 100, 200, 300, 50, 200
Hughes Cockerham, 50, 650, 700, 20, 250
Pleasant Robins, 100, 400, 1600, 100, 560
Danl. Cockerham, 100, 772, 1500, 100, 500
Moses Marshall, 100, 500, 1600, 30, 375
Thos. Stanley, 20, 80, 100, 20, 50
John E. Stanley, 25, 75, 100, 40, 75
Wilson Gillaspy, 30, 70, 200, 5, 250
Thos. F. Anthony, 50, 165, 300, 10, 150
Joseph Axsum, 50, 225, 270, 50, 125
John Woodruff, 75, 97, 270, 5, 120
James Jones, 60, 90, 1000, 50, 200
Jesse Stanley, 30, 100, 200, 10, 100
Leml. B. Jones, 60, 215, 1232, 10, 230
Thos. Burch, 30, 20, 600, 5, 100
Joseph Greenwood, 40, 150, 400, 25, 100
Micajah Nicholson, 75, 75, 300, 30, 150
Richard Critchfield, 30, 450, 1000, 50, 250
Jesse Ann Critchfield, 30, 35, 300, 10, 150
Sally Rutledge, 50, 75, 350, 10, 150
John Bowles, 30, 95, 250, 5, 100
Aley Bowles, 60, 240, 600, 30, 200
Valentine Holyfield, 20, 82, 125, 13, 30
James Badgett, 50, 200, 500, 45, 200
Jeremiah Phillips, 50, 150, 650, 40, 200
Wm. White, 20, 280, 250, 2, 100
Wiley Tucker, 100, 100, 400, 5, 100
Wm. Marsh, 100, 685, 1000, 20, 200
Sarah Bledsoe, 75, 100, 800, 20, 150
Louis Bledsoe, 30, 40, 65, 10, 50
Arthur Bledsoe, 40, 69, 100, 8, 100
Frances Bledsoe, 40, 40, 85, 5, 40
Elizabeth Brown, 50, 60, 110, 15, 100
Martin Axsum, 50, 362, 470, 75, 200
Robert White, 30, 120, 400, 25, 150
James S. Snow, 40, 229, 337, 10, 250
Bannen Bray, 15, 105, 100, 5, 100
Caleb Haines, 30, 60, 90, 10, 75
Lewis Bray, 40, 110, 324, 10, 75
John Butcher, 60, 140, 480, 20, 150
John Walker, 16, 134, 150, 10, 75
Nathan Albody, 50, 105, 400, 20, 150
Martin Whitaker, 50, 227, 500, 100, 250
John More, 30, 180, 200, 60, 70
Wm. Holyfield, 25, 65, 100, 5,115
Wm. Ashburn, 100, 332, 450, 100, 200
Solomon Graves, 100, 180, 200, 100, 250
Freemon Copeland, 200, 466, 1550, 150, 300

Pleasant Evans, 70, 300, 363, 115, 200
Linsey Ashburn, 20, 180, 600, 50, 200
Denson Ashburn, 20, 200, 300, 7, 70
Isaac Marion, 40, 53, 200, 5, 200
Daniel Marion, 30, 20, 150, 5, 30
Sally Key, 50, 200, 250, 80, 40
Erasmus Canter, 200, 150, 600, 75, 400
Russel Jones, 25, 55, 75, 10, 60
Thos. Ayres, 25, 175, 300, 15, 75
Elizabeth Albody, 20, 89, 50, 10, 80
Ashley Draughn, 50, 120, 200, 50, 120
Eli Draughn, 20, 40, 100, 25, 100
David Jones, 30, 45, 100, 10, 125
Jno. A. Taylor, 100, 75, 300, 40, 100
Micheal Wall, 30, 120, 300, 10, 150
Martin Hyatt, 60, 144, 30, 5, 125
Daniel Stultz, 20, 638, 1550, 120, 250
John Harris, 100, 75, 2500, 65, 250
Mathew Johnson, 100, 425, 400, 12, 230
Samuel Wall, 75, 75, 200, 25, 200
William Key, 100, 325, 300, 30, 200
John Nichols, 40, 364, 300, 25, 140
Vincent Simpson, 25, 225, 250, 8, 100
Simeon McCollum, 80, 130, 250, 35, 250
Dudley Nichols, 15, 100, 125, 7, 150
James Simpson, 250, 650, 800, 200, 300
William Snow, 50, 150, 300, 30, 200
Isaac Wall, 30, 276, 175, 100, 300
Isham Edwards, 50, 525, 500, 50, 100
Robert Brinkley, 50, 150, 200, 15, 300
John Reed, 15, 35, 25, 5, 150
John Jones, 45, 145, 142, 10, 150
John Jones, 60, 110, 400, 30, 150
James Reed, 40, 400, 396, 30, 294
David Renolds, 45, 115, 265, 5, 100
James McKiney, 50, 50, 200, 5, 75
Richard Beason, 50, 214, 200, 25, 150
Lewis Key, 50, 242, 300, 10, 225
Joel White, 23, 325, 400, 30, 136
Enoch Johnson, 30, 62, 150, 50, 125
Joel Bray, 30, 580, 500, 50, 225
Isaac Whitaker, 100, 84, 200, 40, 70
Silas Whitaker, 125, 200, 285, 100, 220
Joshua Venerable, 40, 160, 150, 5, 60
Elizabeth Walker, 50, 117, 150, 50, 250
Phillip McCarter, 30, 120, 150, 10, 75
Jefferson Doss, 25, 75, 150, 20, 100
John Whitaker, 40, 120, 160, 12, 100
David Holeyfield, 15, 105, 125, 65, 100
Leah Burrus, 60, 80, 200, 10, 60
William Ring, 60, 80, 300, 20, 50
Rebecca Evans, 60, 340, 400, 30, 150
Linzy Key, 50, 150, 400, 20, 220
John Reeves, 50, 160, 260, 25, 250
Peter C. Journey, 30, 150, 260, 24, 200
Jonathan Whitaker, 100, 158, 700, 50, 330
Wm. R. Lovell, 50, 140, 500, 50, 250
Elizabeth Reaves, 125, 400, 5000, 75, 400
Benj. Shore, 40, 360, 400, 10, 100
Davis S. Cooper, 100, 545, 5000, 100, 900
Jesse Copeland, 40, 210, 500, 50, 200
Isaac Copeland, 250, 1250, 3500, 200, 100
James Bowls, 40, 84, 150, 4, 120
Mary Bray, 40, 400, 300, 6, 150
James Wood, 25, 25, 100, 3, 60
Joshua Venerable, 15, 130, 165, 10, 60
Garet Stanley, 50, 210, 300, 20, 200

Wm. Bowles, 20, 50, 100, 5,100
Anthony Collins, 100, 298, 850, 150, 315
Thomas Hamlin, 40, 1560, 200, 125, 100
William Ellis, 14, 78, 113, 5, 50
John Ellis, 30, 45, 150, 35, 235
James Childers, 25, 38, 50, 5, 120
Josiah Roberts, 60, 20, 600, 100, 322
John H. Dobson, 200, 1000, 5000, 500, 1226
Henry Bray, 15, 140, 155, 60, 110
Mary Dobson, 150, 50, 1500, 5, 400
Paul Worth, 50, 250, 300, 20, 100
William Kelly, 150, 645, 2500, 200, 600
Lewis Whitaker, 75, 225, 600, 200, 330
Samuel Key, 50, 225, 500, 30, 200
Harden Holeyfield, 100, 777, 1000, 100, 565
William Bullin, 65, 185, 200, 25, 175
Daniel Shintall, 80, 220, 250, 20, 430
John Holeyfield, 120, 380, 500, 20, 400
William Stanly, 30, 320, 250, 25, 160
Thomas Wood, 60, 190, 250, 20, 280
Wesley Whitaker, 50, 570, 480, 3, 340
Alexander Draper, 30, 75, 150, 25, 150
Thos. C. Coe, 30, 120, 300, 75, 75
James Ellis, 75, 125, 250, 30, 200
John Jarvis, 100, 200, 1700, 30, 423
Watson Holeyfield, 75, 625, 1200, 50, 125
Anderson Whitaker, 40, 190, 600, 40, 150
F. K. Armstrong, 50, 200, 850, 80, 350
Mark York, 300, 1150, 4800, 100, 95
John Hamlen, 300, 450, 5000, 500, 150

Drury McGee, 30, 280, 310, 50, 175
Saml. Dollahite, 150, 750, 200, 10, 210
Jehue Simmons, 20, 184, 50, 100, 100
James Greenwood, 75, 325, 525, 30, 155
Winston Fulton, 100, 750, 1500, 100, 425
Elisha Banner, 175, 175, 4000, 1155, 700
Jacob W. Brower, 200, 245, 5000, 125, 700
Allen Dumes, 200, 470, 4700, 100, 410
Saml. Griffin, 80, 220, 2000, 12, 200
Iredell Jackson, 75, 190, 1200, 50, 300
Richard Marshall, 150, 2850, 2500, 75, 200
Murlin Lssarger, 75, 100, 1500, 200, 283
Wm. Fleming, 150, 3000, 2000, 25, 200
James Lssarger, 75, 250, 1200, 15, 125
Moses Tilley, 75, 325, 1200, 25, 150
John Tuttle, 70, 385, 1250, 150, 312
Elizabeth Leak, 50, 350, 1100, 20, 150
Jesse Roberts, 100, 940, 1700, 100, 445
Francis Roberts, 60, 60, 500, 20, 125
S. D. Moore, 150, 250, 300, 100, 400
F. B. McRamy, 80, 120, 1000, 100, 700
Edwin Banner, 300, 490, 3950, 125, 400
Wm. Fleming, 50, 637, 600, 8, 336
Allen McGraw(McCraw), 50, 300, 800, 10, 235
Mordecai Fleming, 50, 300, 1500, 6, 90
Ewall Belton, 75, 100, 1000, 50, 200
Anderson Simmons, 70, 400, 1000, 50, 225

Berryman Booker, 75, 225, 750, 60, 250
Henry Booker, 75, 207, 750, 25, 200
Elbridge Carter, 50, 160, 900, 10, 135
A. G. McCraw, 65, 150, 500, 10, 230
Hugh Guynn, 550, 2100, 6200, 150, 1600
Reubin Bemer, 40, 60, 300, 10, 200
Henry Bemer, 125, 200, 1800, 35, 250
Frost Bemer, 30, 78, 375, 10, 150
Ruth Hammock, 50, 100, 600, 40, 250
Ice Snow, 60, 300, 600, 50, 200
Reuben Golding, 40, 100, 300, 25, 150
Isham Puckett, 45, 325, 400, 25, 175
Wm. Golding, 100, 40, 550, 40, 325
Forester Booker, 50, 350, 750, 86, 100
William Johnson, 50 240, 400, 100, 100
Waring Stewart, 25, 75, 200, 10, 175
Shadrack Stewart, 50, 250, 450, 15, 200
Wm. Cockerham, 25, 75, 100, 10, 100
Susan Smith, 30, 50, 100, 10, 150
Martin Paine, 80, 120, 300, 40, 300
Christopher Young, 50, 373, 275, 75, 460
George Martin, 100, 550, 800, 150, 300
Wiley Franklin, 100, 6540, 1600, 20, 280
Mary Tucker, 300, 440, 1400, 250, 835
Nancy Christman, 100, 1000, 3000, 20, 250
Elizabeth Moore, 100, 100, 800, 25, 275
Charles Whitlock, 100, 787, 1750, 300, 700
Wm. Johnson, 300, 519, 3825, 200, 940
Wm. Davis, 200, 800, 3600, 80, 595
Wm. Rawley, 100, 100, 1800, 250, 470
Jeremiah Feilds, 60, 50, 500, 6, 227
Jonathan Roberts, 200, 1200, 8000, 125, 624
Phillip Johnson, 100, 420, 1000, 50, 535
Hardin Aeren(Heren), 100, 150, 2000, 45, 500
Elisha Creed, 75, 75, 350, 10, 250
Robert Creed, 30, 100, 150, 5, 100
King Creed, 80, 60, 150, 5, 100
Robt. Moore, 50, 60, 350, 10, 170
Jesse Kidd, 20, 83, 375, 65, 175
Winafred Davis, 60, 137, 1400, 75, 350
Siamese Twins, 200, 400, 4000, 300, 600
James Haynes, 80, 115, 600, 50, 210
Winna Davis, 100, 150, 1400, 25, 150
Enoch Creed, 100, 500, 1000, 100, 185
Leml. Doss, 125, 400, 2000, 100, 400
Edward McKinny, 100, 200, 800, 125, 350
Virginia Zachery, 75, 125, 500, 50, 260
Miley McKinney, 75, 125, 300, 25, 200
Francis Cox, 100, 200, 800, 75, 300
Harden Hickman, 50, 100, 190, 30, 130
Saml. Jones, 60, 640, 700, 30, 140
Wm. Staton, 100, 158, 400, 120, 200
Thomas Snow, 30, 140, 200, 10, 50
Richard Snow, 50, 300, 600, 15, 200
James Snow, 30, 60, 200, 40, 100
Adam Marion, 80, 325, 1000, 50, 250
Isaac Pettiford, 25, 75, 200, 30, 40
Wm. Danathan, 29, 80, 200, 5, 30
Joseph Fulk, 40, 60, 200, 20, 150

Richard E. Marion, 40, 225, 325, 20, 175
Abram Whitaker, 35, 75, 150, 25, 70
Ephraim More, 10, 40, 50, 2, 60
Thomas Gammon, 8, 45 70, 3, 30
Wm. Ashburn, 20, 45, 70, 5, 50
John Ashburn, 100, 227, 600, 100, 300
Henry More, 30, 20, 50, 5, 25
Zadock Combs, 40, 60, 100, 10, 50
Jackson Hunt, 40, 60, 150, 15, 5
Arter Laster, 50, 100, 200, 10, 30
James Moore, 10, 40, 50, 3, 50
Jeremiah Glenn, 150, 250, 2500, 100, 375
Henry Scott, 40, 160, 400, 40, 200
Peyton Owen, 25, 100, 250, 50, 100
Solomon Color, 15, 67, 82, 15, 100
Archd. Lane, 30, 70, 100, 10, 100
Saml. Houser, 75, 125, 500, 100, 370
Leonard Scott, 75, 175, 1200, 75, 230
Elijah Warden, 40, 60, 400, 50, 300
Danl. Griffin, 40, 60, 400, 50, 300
Pleasant Martin, 150, 1100, 4000, 50, 495
John Hauser, 100, 180, 900, 40, 240
Eliza Lovell, -, -, -, -, 13
Solomon Sawyer, 15, 35, 100, -, 30
John Allen, 15, 68, 250, 8, 185
Wm. W. Wolff, 300, 2700, 5000, 500, 1909
Samuel Scott, 75, 175, 600, 60, 125
Emon Spainhour, 50, 118, 400, 200, 290
Jacob Mica, 30, 110, 400, 50, 200
William Color, 15, 185, 300, 10, 150
Wm. Gilliam, 200, 9500, 4875, 205, 310
Benj. Color, 20, 30, 100, 5, 60
James Lovell, 60, 75, 500, 30, 100
C. G. Lovell, 50, 120, 400, 10, 125
Henry Krowe, 75, 150, 500, 75, 120
Andrew Krowe, 50, 158, 400, 10, 75
Wm. Gordon, 100, 250, 100, 75, 310
Wesley Stone, 30, 160, 200, 30, 130
William Stone, 5, 50, 100, 1, 10
Calvin Stone, 20, 10, 500, 10, 62
Enoch Stone, 100, 130, 450, 100, 262
Edmund Denny, 30, 135 35, 75, 180
Martin Denny, 75, 140, 350, 65, 125
Azariah Denny, 100, 300, 600, 100, 200
James Gibbons, 30, 40, 100, 25, 100
Jordan Denny, 30, 250, 650, 100, 200
A K. Armstrong, 50, 100, 130, 20, 70
Richard Hill, 50, 150, 500, 75, 6
Irvin Marrion, 45, 5, 30, 5, 10
Joel Fulk, 25, 58, 256, 50, 145
James Fulk, 20, 130, 300, 5, 75
Jacob L. Fulk, 200, 175, 2350, 460, 614
Joel Denny, 60, 183, 118, 100, 130
Bryson Fulk, 25,125, 300, 45, 125
Judith Flipping, 130, 400, 640, 230, 395
Augustis Stone, 40, 160, 325, 75, 86
Armstead Shelton, 40, 220, 500, 50, 170
Michael Draughn, 50, 250, 500, 25, 80
Thomas Simmons, 100, 118, 1000, 100, 225
Wm. R. Bitting, 150, 800, 3040, 687, 1215
John Cox, 40, 100, 150, 50, 50
Isaac Null, 40, 160, 600, 100, 150
Enoch Stone, 30, 95, 250, 5, 120
Wm. Stone, 60, 165, 450, 130, 275
Seth Harriss, 60, 76, 300, 20, 60
Thos. B. King, 300, 600, 800, 800, 500
Wm. Hill, 817, 681, 11786, 1140, 1530
Joel Hill, 40, 150, 300, 20, 62
William Jackson, 60, 190, 900, 50, -
Hardin P. Gorden, 30, 170, 700, 15, 166

Nicholas Farriss, 50, 300, 565, 100, 125
Coleman Farriss, 250, 175, 1000, 50, 175
Moses Linville, 75, 150, 400, 50, 175
Archd. Farris, 50, 130, 200, 10, 150
John Hill, 5, 53, 18, 5, 75
Robert Hill, 100, 100, 200, 75, 125
Wm. Mathews, 25, 175, 200, 5, 60
Hugh Calaham, 30, 100, 150, 10, 75
Willie Cumbo, -, -, -, 12, 120
Alfred Snow, -, -, -, 50, 75
Joshua Miller, 150, 283, 2500, 105, 199
Gabriel Black, 100, 200, 1000, 45, 225
Yancy Howerton, -, -, -, 50, 65
Morrison Donnel, 60, 80, 750, 50, 80
Fleming Wall, 50, 90, 750, 45, 100
Robert Rose, 50, 30, 200, 25, 175
William Wall, 39, 300, 300, 12, 100
Thomas Houser, 75, 77, 250, 30, 150
Riley Howerton, 100, 80, 125, 15, 170
Richard Bran, 80, 112, 225, 12, 90
Thomas Motton, 30, 70, 500, 15, 230
Alexander Hauser, -, -, -, 55, 110
Nicholass L. Williams, 800, 2280, 15500, 300, 2321
William McBride, -, -, -, 12, 65
Sally Scott, -, -, -, 12, 170
Marmaduke Howard, 215, 200, 1500, 175, 568
Pleasant Hunt, 150, 227, 5500, 140, 691
John Kimbro, 100, 42, 2000, 150, 386
John Barlow, -, -, -, 50, 6
Sarah Kimbro, 30, 70, 700, 55, 130
Thomas S. Martin, 100, 366, 2000, 85, 600
Thomas Chapman, 80, 370, 800, 25, 189
Sarah Dolton, 150, 280, 1200, 75, 450

John Turner, 175, 176, 4000, 85, 310
John McGill, 35, 15, 450, 60, 60
Benjamin Turner, 90, 73, 2800, 95, 320
John Armsworthy, 100, 124, 400, 60, 251
Robert Armsworthy, -, -, -, 10, 16
John Gross, 4,-, 40, 8, 52
Abm. Gross, 75, 95, 400, 15, 95
James Goff, 32, 140, 600, 55, 165
John Hoots, 50, 125, 175, 20, 115
Samuel Jones, 50, 191, 420, 65, 271
Sally H.P. Arnold, 100, 330, 725, 55, 130
Ephraim Hough, 100, 85, 500, 40, 305
Josiah Cowles, 200, 300, 1000, 200, 995
Thompson Hutchens, 40, 187, 400, 37, 159
John Hutchens Sr., 50, 150, 400, 60, 188
John Hutchens Jr., 20, 100, 350, 22, 72
Zachery Adams, 25, 50, 140, 12, 75
William Michael Jr., 50, 110, 600, 10, 50
Vestol Hutchens, 56, 110, 600, 75, 158
Zachariah Hutchens, 60, 44, 150, 10, 70
Charles Hutchens, 40 150, 600, 60, 151
Johnathan Millsap, 20, 50, 100, 35, 95
Jacob Shore, 50, 50, 150, 40, 93
James Dickerson, 50, 150, 250, 82, 112
Ellis Hanes, 100, 400, 1500, 80, 292
Thomas Hanes (B), 40, 260, 400, 100, 159
James Hanes, 50, 114, 300, 20, 100
John E. Goff, 25, 65, 200, 40, 115
William T. Hanes, 30, 45, 125, 15, 55
James Sturdivant, -, -, -, 10, 150

Pleasant M. Nix, 20, 60, 180, 6, 80
William Mackey Sr., 50, 80, 500, 75, 165
David Rhodes, 70, 257, 1000, 15, 114
Mire Russel, 150, 300, 900, 70, 275
Joshua L. Williams, 75, 225, 950, 90, 357
Benjamin Shields, 30, 300, 500, 10, 112
Thomas Williams, 170, 530, 1400, 100, 740
Jacob Bovender, 80, 20, 100, 10, 65
David Hobson, 100, 280, 700, 20, 330
Julia Williams, 30, 22, 400, 15, 30
Temperance Williams, 40, 60, 200, 12, 204
William Philips, 100, 200, 1200, 100, 190
C. M. Williams, 50, 58, 216, 20, 160
Thomas Philips, 50, 100, 586, 15, 115
Susanah Bruce, 60, 140, 400, 45, 190
Mary Norman, -, -, -, 10, 85
Richard Warden, 35, 38, 250, 15, 125
Johnathan North, 38, 104, 530, 45, 247
Miram Logan, 100, 300, 2000, 150, 284
David Hobson, 140, 720, 3000, 75, 268
Joshua Patterson, 150, 350, 1100, 105, 340
Jesse Williams, 100, 220, 500, 90, 340
David Hutchins, 125, 364, 1500, 70, 320
Amos Hutchens, 250, 315, 1650, 110, 261
Winston Brown, 15, 35, 75, 10, 85
Alfred Brown, 50, 56, 150, 5, 99
Hugh Warden, 40, 124, 200, 50, 85
James Adams, 25, 75, 250, 55, 101
Robert Fletcher, -, -, -, 15, 88

William Adams, 40, 132, 350, 45, 155
James Cordle, -, -, -, 15, 107
Abraham H. Reece, 50, 75, 250, 14, 70
Nicholass Angel, 55, 58, 250, 64, 206
James York, 45, 155, 500, 20, 166
Matilda Barna, 20, 30, 100, 8, 41
Alfred E. Lynn, 100, 180, 1200, 30, 99
Phillip Walker, -, -, -, 20, 206
Lewis Gadbury, 70, 220, 400, 60, 343
John Campbell, 80, 235, 1600, 45, 109
Lemuel Fleming, 40, 180 250, 80, 125
John Fleming, 140, 115, 180, 12, 85
Benj. Hinshaw, 90, 134, 500, 80, 485
Anderson Fleming, 40, 187, 330, 15, 101
Daniel Adams, 80, 94, 800, 12, 184
Isaac Williams, 94, 310, 620, 115, 225
Chafin Paschal, 4, 96, 100, 30, 58
James Jester, 100, 350, 400, 110, 336
William Jester, 50, 69, 154, 70, 115
John Jester, 50, 80, 200, 60, 192
William Jester Jr., 25, 25,100, 50, 98
Abraham Fleming, 35, 65, 200, 60, 100
Henry Baily, 5, 45, 50, 6, 70
Richdmond M. Pierson, 70, 230, 1500, 80, 360
Joseph Williams, 130, 170, 2000, 200, 590
Robert Williams, 200, 600, 2000, 150, 383
Nimrod York, 60, 240, 1000, 40, 128
James Johnson, 60, 240, 1000, 18, 104
James R. Dodge, 90, 410, 1600, 70, 250
Martin Cooper, 5, 95, 100, 10, 48
John Cooper, 5, 95, 100, 5, 60

Uriah Fleming, 60, 522, 582, 20, 24
William Parnal, 10, 90, 100, 35, 71
David Baker, 6, 214, 200, 12, 46
Nicholas Hobson, 100, 325, 450, 80, 301
Elijah Stanly, 30, 152, 300, 25, 240
William Royal, 18, 15, 75, 18, 64
Robert Whitaker, 15, 40, 180, 10, 20
William Swaim, 12, 88, 100, 10, 25
T. C. Houser, 300, 1000, 4000, 200, 806
Jane Mainard, 25, 490, 75, 5, 35
Isaac Cook, 25, 5, 40, 5, 45
Alvis Reece, 90, 125, 700, 105, 206
Robert W. Mackey, 60, 115, 250, 50, 85
John Mackey, 50, 39, 300, 50, 82
Robert Mackey, 150, 216, 725, 300, 290
John Mackey Jr., 40, 117, 300, 15, 73
John Davis, 40, 112, 600, 75, 148
Benj. Hutchens, 170, 70, 600, 12, 80
Isam Sizemore, 40, 130, 600, 50, 314
Joel Sizemore, 13, 17, 75, 10, 22
Merrith Farrington, 20, 30, 150, 10, 75
Joab Carter, 20, 10, 75, 10, 80
Thomas Thornton, 50, 200, 640, 15, 78
Leonard Shugart, 35, 35, 150, 60 80
Dow. Whitaker, 35, 115, 200, 50, 61
William Mackey Jr., 50, 150, 400, 60, 106
Christian Royal, 4, 10, 50, 8, 75
Ellis Sheeks, 25, 41, 132, 155,167
John A. Long, 150, 275, 450, 20, 221
John Whitaker, 30, 95, 215, 50, 110
Sarah Waggoner, 30, 70, 175, 8, 35
Thomas Poindexter, 50, 10, 120, 20, 61
Levi Swaim, 65, 60, 200, 10, 16
John Mires, 65, 50, 200, 12, 265
Bennet Steelman, 65, 18, 300, 10, 68
John Winfrey, 45, 28, 150, 45, 158
James Reece, -, -, -, 150, 122
Lewis Brown, -, -, -, 8, 63
Josiah Davis, 30, 54, 200, 50, 127
Nathan B. Dozier, 60, 758, 550, 40, 186
Thomas F. Daniel, 50, 100, 250, 45, 65
Allen Willard, 200, 270, 600, 15, 173
Samuel Irvin, 15, 35, 100, 8, 90
Daniel Allgood, 20, 80, 100, 12, 80
Jesse A. Allgood, 40, 110, 150, 10, 70
Dorothy Hobson, 53, 50, 250, 14, 75
John B. Shores, 68, 192, 770, 39, 180
Iredell Warden, 12, 11, 72, 42, 150
William Willard, 30, 20,100, 6, 5
John Weaver, -, -, -, 5, 13
John Adams, 150, 200, 650, 100, 174
Eli Warden, 100, 32, 375, 15, 188
Henry Yarborough, -, -, -, 5, 5
Carlton Hutchens, -, -, -, 8, 60
Spencer Hadley, 75, 155, 800, 80, 385
Nicolass Williams, 20, 34, 120, 10, 90
Simon H. Martin, 80, 80, 500, 48, 220
Jacob Dobbins, 40, 100, 200, 18, 175
Joel Hurt, 150, 300, 1200, 80, 342
Abel Bond, -, -, -, 12, 88
John Bond, 80, 160, 760, 30, 85
Joshua Bond, 50, 200, 500, 65, 259
Jesse Vestol, 160, 336, 1025, 70, 255
Hugh Carter, 200, 818, 2000, 225, 588
John Vestol, 75, 190, 500, 50, 222
Johnathan Brown, 650, 138, 400, 40, 185
Robert W. Martin, 70, 30, 300, 50, 143
Elam Jessop, -, -, - 10, 178
John Bovender, 75, 125, 300, 15, 60
Cary Warden, -, -, -, 10, 50
Stephen Hobbson, 390, 450, 1800, 150, 1575

John P. Zachery, 40, 182, 500, 100, 173
John Stallion, -, -, -, 10,-
John Martin, 60, 120, 900, 110, 211
Joel Brown, 60, 78, 200, 10, 99
Hugh Brown, 35, 45, 150, 8, 30
Jesse Wooten, -, -, -, 5, 17
William Tucker, -, -, -, 5, 63
Jackson Bovender, 40, 60, 200, 160, 318
Eli Mills, 40, 20, 150, 12, 114
Spruce M. Park, 150, 225, 700, 70, 250
Uriah Huffman, 125, 125, 700, 20, 210
C. W. Williams, 350, 720, 1500, 100, 493
George Hobson, 85, 300, 800, 15, 131
John Adams, 78, 78, 425, 112, 110
George Parker, 60, 367, 500, 30, 173
David Adams, 40, 45, 100, 15, 52
John B. Holcomb, 50, 43, 150, 5, 130
Samuel Holcomb, 16, 65, 150, 5, 70
William B. Holcomb, 40, 30, 150, 8, 138
Willie Long, 40, 70, 500, 55, 108
Lydia Wetherman, 15, 10, 60, 5, 25
John Long, 179, 141, 2500, 80, 470
Isaac Long, 100, 50, 500, 45, 137
Thomas Pertette, 40, 24, 64, 15, 72
William B. Long, 268, 659, 1100, 50, 342
Miles Wilcox, 215,157, 700, 245, 456
Alfred W. Martin, 75, 177, 1000, 100, 220
John Hampton, 125, 262, 1000, 80, 290
Calvin S. Nix, 35, 30, 150, 5, 55
William Weatherman, 60, 64, 175, 50, 82
Joseph Reavis, 40, 35, 150, 75, 190
Bartholomew Vestol, 92, 84, 500, 90, 427

William Helton, 35, 15, 150, 50, 40
Allen Helton, 80, 106, 400, 70, 115
William Carter, 125, 100, 446, 110, 259
Charles Steelman, 300, 500, 3500, 160, 1088
Charles Reavis, -, -, -, 5, 124
Mary Pendry, 25, 65, 142, 10, 90
Patsy Wilds, 44, 100, 144, 10, 44
William Reavis, 100, 50, 500, 97, 316
William Reavis Jr., -, -, -, 10, 80
Daniel Long Jr., 60, 240, 600, 65, 153
Loderick Royal, 50, 200, 400, 20, 68
Riley Whitaker, 75, 130, 500, 55, 102
Harrison Daniel, 34, 20, 80, 12, 48
Henderson Sprinkle, 100, 90, 250, 10, 60
Bloom Carlton, 270, 450, 2000, 95, 600
Mericus Carlton, -, -, -, 5, 39
George Waddle, 50, 100, 300, 60, 130
Alexander Beason, 30, 70, 200, 6, 115
Abner Beason, -, -, -, 5, 40
Elisabeth Steelman, 25, 25, 150, 8, 112
Thomas Todd, 100, 275, 900, 10, 80
Wesley Wooten, 60, 75, 300, 10, 110
Robert Hair, 40, 30, 140, 15, 60
John Douglass, 100, 100, 250, 28, 700
Rachel Gross, 80, 370, 487, 12, 78
Benjamin Mackie, 100, 125, 400, 50, 172
William Allgood, 58, 100, 165, 48, 134
Michael McCollum, 30, 60, 200, 15, 125
Robert Zachery, 50, 150, 500, 20, 134
Peter Shermer, 59, 300, 1250, 93, 331

Margaret Shores, 40, 45, 400, 100, 150
John Shores, 30, 38, 400, 20, 172
James Murphy, -, -, -, 12, 56
John Williams, 50, 100, 350, 13, 42
Johnathan Willard, 30, 70, 250, 35, 140
Joshua McNight, 40, 110, 500, 62, 159
Joshua Steelman, -, -, -, 35, 68
Chapman Dinkins, 40, 50, 600, 10, 14
William Dinkins, 50, 75, 400, 18, 100
Samuel Dinkins, 50, 60, 200, 15, 75
Joseph Murphy, -, -, -, 10, 1
H. C. Tapscott, 200, 300, 1000, 120, 985
Charles Carter, 100, 100, 350, 15, 130
William Mitchel, 35, 15, 75, 15, 12
Alexander Mires, 70, 32, 210, 12, 140
William Spillman, 40, 90, 400, 35, 40
John Spillman, -, -, -, 18, 10
Samuel Spear, 150, 478, 385, 125, 369
Samuel H. Spear, 40, 20, 120, 30, 195
Henry Dixon, 50, 60, 325, 15, 100
Peter Edelmon, 40, 160, 450, 15, 105
James Welch, 70, 32, 300, 10, 85
John Stow, 100, 140, 450, 200, 260
William D. Philips, 20, 80, 100, 75, 160
Patrick Hutchens, 50, 200, 400, 12, 4
Samuel Hutchens, 30, 200, 450, 10, 72
Jesse Thornton, 75, 25, 200, 50, 416
James Forkner, -, -, -, 20, 120
James Hutchens, 50, 300, 500, 20, 70
Juda Hughs, 40, 60, 200, 30, 87
Hesakiah Williams,-, -, -, 50, 130
Lydia Pilchard, 40, 60, 186, 15, 85
Silvy Shugart, 150, 151, 450, 69, 197
Erimes Holcomb, 300, 1000, 3500, 125, 503
Joseph W. Carter, -, -, -, 12, 72
Thomas Allen, 100, 323, 1700, 15, 130
William Taylor, 30, 70, 100, 10, 25
Newel Linville, 50, 100, 250, 5, -
Isham Cook, 40, 110, 300, 50, 100
Charles Hill, 65, 365, 650, 100, 300
Wm. Hollinsworth, 50, 250, 275, 25,125
Tyre Riddle, 50, 500, 400, 5,100
Jas. M. Holinsworth, 100, 566, 1375, 75, 539
Henry Steel, 60, 173, 624, 40, 115
Hiram Jessup, 40, 103, 300, 50, 250
Amer. Simmons, 75, 75, 150, 5, 35
John Cain, 40, 285, 225, 5,142
Saml. Adams, 100, 300, 300, 20, 265
John Cook, 100, 900, 1000, 100, 350
John Adams, 60, 34, 365, 75, 150
Elizabeth Cook, 60, 34, 365, 5, 130
Wm. Pell, 200, 600, 1300, 200, 500
Henderson Bingman, 75, 50 125, 100, 125
Ames Jackson, 50, 1950, 1500, 30, 200
Rebecca Jackson, 50, 250, 800, 25, 150
Rawley Shelton, 50, 200, 950, 100, 210
Media Hall, 20, 92, 112, 50, 100
Jacob Dunman, 30, 120, 250, 10, 125
Thomas Martin, 150, 275, 1300, 60, 1000
Wm. Jessup, 40, 210, 300, 25, 200
Martin Jessup, 40, 40, 170, 50, 150
Eli Jessup, 1000, 2000, 5000, 200, 800
Elijah Jessup, 200, 260, 1000, 100, 200
John Jessup, 60, 40, 100, 10, 150
John Bingman, 150, 350, 500, 70, 200
Mary Hunter, 60, 190, 450, 50, 165
John Vawter, 15, 225, 400, 10, 250

Wright Johnson, 50, 210, 260, 10, 50
Argeland Lewis, 100, 200, 450, 75, 300
Jeremiah Gray, 145, 450, 440, 75, 250
Abel Cook, 200, 380, 400, 60, 100
Woodford Lambert, 60, 240, 300, 100, 200
Saml. Gilpin, 50, 100, 160, 10, 20
Anderson Cook, 40, 200, 250, 25 215
Wm. Simmons, 60, 350, 400, 65, 100
Benj. Taylor, 80, 58, 138, 75, 100
Major Taylor, 50, 50, 109, 35, 100
Thomas Taylor, 90, 80, 200, 200, 150
John Taylor, 30, 155 200, 40, 125
Jonas Simmons, 60, 140, 400, 100, 200
Asa Riddle, 100, 100, 200, 15, 150
David Wimms, 150, 450, 300, 50, 70
D. Davis, 60, 175, 825, 800, 200
James Needham, 100, 260, 1000, 200, 150
Evan Davis, 150, 150, 900, 100, 500
James Taylor, 25, 75, 140, 50, 75
Starling Taylor, 30, 115, 150, 50, 130
Green Hall, 15, 85, 100, 15, 60
Jesse Owen, 40, 85, 150, 100, 95
Benj. Taylor, 30, 70, 100, 10, 75
Wm. Haymore, 50, 60, 200, 10, 200
Danl. Haymore, 25, 75, 75, 25, 200
Bloomin Haymore, 40, 160, 200, 75, 200
Lucy Hall, 30, 100, 150, 50, 100
Henry Inman, 25, 195, 230, 75, 150
Moris Inman, 40, 160, 200, 75, 200
Wm. Shelton, 60, 140, 200, 100, 150
German Haymore, 50, 200, 300, 50, 300
Britain Haymore, 50, 60, 200, 10, 200
Joseph Holliman, 200, 450, 6200, 100, 175
James Forkner, 60, 80, 300, 300, 201
James Belton, 30, 350, 1200, 6,100
Thomas H. Dick (Deck), 300, 560, 6000, 550, 1120
Isaac Armfield, 100, 266, 1200, 200, 425
Henry Samuel, 50, 200, 650, 250, 350
Thomas Dix, 125, 175, 1200, 60, 140
Albert Short, 50, 225, 400, 10, 141
John Midkey, 25, 45, 250, 10, 150
Osborn Childress, 15, 85, 300, 5, 60
Thos. Taylor, 35, 45, 150, 15, 100
Wiley Patterson, 60, 140, 1000, 75, 150
James Peel, 40, 240, 250, 25, 150
John Briant, 50, 85, 300, 25, 100
Job Worth, 60, 250, 2500, 350, 250
Ale___ Galaspy, 70, 240, 480, 30, 365
John Johnson, 40, 160, 150, 100, 260
Benj. Taylor, 50, 240, 260, 15, 140
Julius Patterson, 25, 275, 250, 10, 370

Tyrrell County, North Carolina
1850 Agricultural Census

The University of North Carolina at Chapel Hill filmed the 1850 agricultural census for Tyrrell County from originals at the North Carolina State Department of Archives and History under a grant from the National Science Foundation in 1961.

Columns 1, 2, 3, 4, 5, and 13 represent the following information on the census:
1. Name of Owner, Agent or Manager of Farm
2. Acres of Improved Land
3. Acres of Unimproved Land
4. Cash Value of the Farm
5. Value of Farming Implements and Machinery
13. Value of Livestock

Joseph Holsey, 800, 10, 10000, 450, 1464
Cleophus W. Swain, 270 330, 10000, 320, 1207
Thomas Lewis, 180, 60, 500, 205, 650
Mary Swain, 35, 45, 500, 25, 240
Jacob Swain, 10, 57, 100, 4, 110
Wm. B. Swain, 15, 40, 150, 30, 200
Charles Brickhouse, 25, 125, 600, 6, 190
Henry Norman, 23, 500, 1000, 3, 310
John Routon Sr., 30, 770, 500, 20, 516
Jesse Hassell, 40, 160, 250, 25, 150
Leonard Hassell, 150, 500, 2500, 100, 676
Joshua Hassell, 25, 25, 250, 25, 280
John L. Brickhouse, 10, 40, 200, 10, 125
Timothy Swain, 30, 20, 300, 20, 130
Jas. Swain, 20, 60, 500, 15, 150
Canady Holliday, 10, 40, 300, 5, 50
Thoroughgood Perisher, 15, 45, 500, 20, 115
Wm. G. Armstrong, 30, 250, 800, 50, 630
Ludford Cohoon, 80, 300, 1000, 10, 163
Allen Cohoon, 10, 290, 600, 35, 173
Thomas J. Cooper, 160, 400, 3000, 100, 335
Saml. A. Truet, 165, 300, 3000, 100, 810
Simeon Brickhouse, 100, 300, 1000, 25, 400
Ivey Cohoon, 30, 40, 200, 30, 150
Benjamin Dunbar, 50, 400, 1000, 50, 200
Jas. Dunbar, 60, 570, 900, 40, 400
Tho. Dunbar, 25, 600, 300, 20, 100
Jno. Dunbar, 115, 400, 2000, 60, 400
Franklin Dunbar, 30, 270, 600, 20, 200
Turner Dunbar, 30, 200, 625, 20, 125
Wm. Dunbar, 25, 375, 412, 20, 75
Eliot Armstrong, 20, 31, 186, 10, 175
Isaac Spencer, 100, 200, 2000, 30, 280
Ashby Livermore, 100, 250, 7000, 500, 700
Franklin J. Cohoon, 10, 125, 1100, 10, 60
Seymore Sawyer, 20, 60, 600, 6, 110
Jesse Sikes, 50, 200, 2000, 60, 640

Thomas White, 10, 800, 1000, 15, 205
Benjamin F. Sikes, 150, 80, 4000, 65, 754
John T. Davenport, 18, 40, 200, 2, 100
Midyett Spencer, 20, 20, 300, 25, 165
Elikane Swain, 75, 200, 2600, 40, 527
Hardy Livermore, 35, 270, 1000, 30, 300
Charles McClees, 300, 600, 10000, 300, 2500
Franklin Livermore, 75, 75, 1500, 400, 270
Jordan L. Jones, 115, 185, 2000, 100, 575
Wm. J. Patrick, 100, 150 2500, 40, 530
Joshua White, 150, 100, 2500, 100, 500
Frederick Livermore, 75, 150, 2500, 20, 170
Benj. Cooper, 50, 50, 1000, 10, 100
Thomas Jones, 20, 20, 400, 5, 63
Frederick Atcock, 50, 40, 400, 8, 150
Willowby Richerson, 40, 110, 175, 5, 60
Isaac Godfrey, 25, 10, 500, 10, 73
Frederick Patrick, 60, 70, 2500, 50, 624
Luther Babbet, 80, 75, 3000, 50, 482
Franklin Patrick, 60, 100, 1200, 40, 390
Bartlet Jones, 100, 100, 2000, 30, 380
Sellick Jones, 30, 27, 800, 5, 157
Ashby Jones, 49, 49, 500, 30, 140
Abel Cohoon, 12, 188, 1000, 25, 270
Jas. McClees, 75, 125, 2000, 40, 300
Jonathan Basnight, 30, 20, 370, 20, 250
Wm. Tackinton, 10, 90, 750, 8, 150
David Cohoon, 40, 100, 800, 40, 350
Wm. Cohoon, 30, 97, 400, 25, 150
David Cooper, 30, 20, 200, 20, 125
Jesse Tarkinton, 50, 250, 300, 10, 150
John Sikes Sr., 90, 90, 1800, 100, 460
David Cooper Sr., 90, 500, 1250, 400, 600
Truxton Sikes, 25, 15, 700, 75, 300
Allen West, 30, 35, 250, 40, 150
Wm. Walker, 20, 30, 100, 20, 125
Abram Litchfield, 20, 30, 350, 15, 150
Wm. W. Walker, 100, 330, 1500, 100, 867
Jno. B. Litchfield, 60, 220, 1000, 15, 65
Abram Hassell, 40, 25, 400, 20, 175
Benjamin T. Sikes, 100, 200, 200, 25, 315
Manson Corroon, 70, 130, 1000, 40, 320
Charles Davenport, 20, 5, 250, 20, 125
Solomon Hassell, 100, 100, 2000, 150, 350
Joshua L. Hassell, 15, 50, 400, 15, 125
Robert Wynne, 150, 165, 3000, 30, 400
Jas. S. Sutton, 50, 200, 2000, 40, 410
David Pritchet, 30, 200, 900, 20, 120
Jas. Basnight, 90, 300, 1500, 10, 100
Elijah Basnight, 30, 100, 900, 10, 330
Isaac W. Parker, 60, 183, 1400, 100, 815
Charles Johnson, 30, 210, 600, 20, 175
Alexander H. Smith, 25, 125, 500, 30, 595
John A. Brickhouse, 60, 50, 800, 60, 220
Samuel McClees, 40, 150, 800, 50, 350
Wm. Basnight, 75, 45, 850, 50, 492

John McClees, 200, 75, 4000, 300, 1000
Jesse Sanderson, 100, 80, 3000, 200, 700
John McCalister, 30, 30, 500, 25, 250
Wm. Morris, 87, 87, 1300, 10, 285
Benjamin Spruill, 30, 700, 10000, 300, 1000
Alexander Owens, 60, 300, 400, 35, 340
Jas. Cosgrove, 40, 210, 1600, 50, 193
Jesse McClees, 200, 100, 3500, 300, 500
Thomas Meekins, 60, 40, 400, 20, 268
John Sledges 50, 210, 800, 50, 300
Thomas M. Midyett, 40, 200, 1200, 300, 640
John M. Wise, 30, 30, 600, 25, 175
John W. Mason, 12, 40, 600, 6, 24
John Midyett, 20, 100, 1000, 20, 115
Edward Midyett, 35, 15, 600, 25, 150
Lewis Midyett, 80, 800, 1500, 50, 450
Wm. Midyett, 20, 50, 700, 15, 225
Thomas A. Corroon, 40, 100, 100, 10, 166
Edward Mann Jr., 40, 60, 400, 25, 135
Mary Mann, 30, -, 100, 15, 110
Saml. Mann, 15, -, 100, 25, 135
Lancaster Midyett, 13, 35, 300, 15, 95
Joseph Mann Sr., 16, 310, 700, 25, 100
Jos. Corroon, 40, 70, 700, 50, 125
Edward Mann Sr., 15, 660, 150, 25, 50
Belcher D. Midyett, 15, 50, 150, 15, 60
Neely T. Reid, 10, 350, 300, 20, 70
Jas. Reddick, 50, 230, 250, -, 115
Abner Sawyer, 40, 32, 400, 25, 150
Tho. Basnight, 30, 120, 300, 25, 400
Henry Holmes, 30, 60, 350, 10, 150
John Sanderson, 300, 100, 6000, 300, 600
Henry McClees, 50, 50, 1200, 40, 460
John Combes, 25, 50, 600, 40, 300
Saml. Leigh, 300, 4000, 4500, 720, 2900
Winneyford Hoskins, 50, 200, 800, 40, 365
John Hoskins, 50, 100, 700, 40, 250
John E. Brickhouse, 100, 200, 1250, 40, 250
Benjamin Hoskins, 40, 20, 500, 30, 150
Jas. Forbes, 125, 175, 1500, 50, 360
Thomas M. Alexander, 50, 230, 400, 25, 150
Uri Spruill, 40, 250, 200, 50, 200
Wm. C. Snell, 100, 100, 900, 25,100
Benj. Brickhouse, 100, 250, 1400, 200, 230
Wm. Jarvis, 40, 60, 450, 30, 150
Seth Sanders, 20, 27, 400, 15, 125
Jno. Rhodes, 25, 300, 800, 25, 150
John C. Rhodes, 30, 23,150, 10, 140
Simeon Rhodes, 50, 40, 300, 10, 250
Asa Snell, 50, 80, 400, 12, 250
Mathew Brickhouse, 200, 300, 1350, 125, 1075
Jno. M. C. Brickhouse, 20, 40, 150, 20, 175
Jno. M. Brickhouse, 25, 110, 500, 10, 100
Sarah Hassel, 30, 110, 280, 8, 110
Job. S. Swain, 30, 20, 200, 10, 120
Ebey Rhodes, 15, 35, 150, 10, 80
Joseph Alexander, 240, 560, 3000, 1000, 1000
Martha Brickhouse, 50, 150, 500, 20, 200
Thos. P. Gipson, 66, 70, 400, 30, 250
Henry Gipson, 80, 200, 1000, 100, 350
Edmund Bateman, 30, 20, 150,-, 125
Jno. Owens, 50, 150, 300, 25, 200

Asa Ethridge, 40, 460, 1500, 100, -
Jas. Chaplin, 40, 60, 250, 20, 100
Isaac Cooper, 25, 50, 300, 30, 100
Tho. H. Alexander, 50, 300, 4000, 50, 585
Jesse Brickhouse, 60, 150, 1000, 20, 175
Henderson Sutton, 100, 100, 600, 10, 100
Jas. F. Davenport, 200, 600, 12000, 100, 800
Dempsey S. Godfrey, 80, 100, 2000, 40, 540
Charlotte Armstrong, 25, 8, 300, 15, 100
Miles Livermore, 40, 60, 250, 20, 500
Jno. M. Livermore, 100, 250, 600, 5, 100
Jas. Cooper, 40, 220, 400, 15, 100
Jones D. Armstrong, 30, 66, 700, 50, 200
Daniel Woodley, 200, 50, 3000, 400, 700
Jordan Davenport, 30, 100, 1600, 15, 300
Edmund Jarvis, 30, 20, 140, 20, 20
James M. Davenport, 10, 15, 500, 30, 100
Henry Bateman, 40, 10, 500, 25, 200
Silus Davenport, 60, 140, 800, 40, 200
Jos. B. Davenport, 60, 150, 500, 100, 1000
Nancy Spruill, 15, 5, 150, 2, 100
Tho. A. Clayton, 12, 2, 200, 10, 150
Nathan Alexander, 225, 25, 5000, 300, 740
Germetta Tarkinton, 50, 50, 400, 4, 125
David Clayton, 130, 250, 2000, 50, 470
Tully Davenport, 110, 156, 2300, 30, 300
Richard Davenport, 150, 300, 4000, 300, 1000
Eli Spruill, 65, 85, 1500, 100, 350
Hardy Woodley, 20, 5, 250, 15, 96
Charles L. Pettigrew, 900, 300, 20000, 1100, 3365
Wm. S. Pettigrew, 304, 2125, 15400, 1080, 1342
Allen Alexander, 40, 200, 700, 50, 150
Charles Bateman, 20, 108, 800, 20, 200
Redden Alexander, 20, 80, 300, 30, 125
Jesse Bateman, 40, 60, 500, 30, 140
Ira E. Norman, 40, 35, 1200, 150, 227
Wm. McCabe, 25, 75, 500, 20, 100
Talket Davenport, 40, 60, 700, 50, 200
Geo. Davenport, 100, 107, 4000, 50, 400
Oliver Harris, 20, 18, 200, 10, 75
Levi N. Tarkinton, 30, 50, 500, 15, 100
Enoch Davenport, 30, 20, 200, 30, 80
Jos. Davenport, 20, 50, 250, 25, 75
Uriah Spruill, 100, 110, 1100, 50, 490
S. S. Simmons, 480, 272, 15000, 1000, 3000
Burten Spruill, 36, 20, 400, 25, 135
Jno. Cohoon, 60, 40, 800, 40, 240
Elizabeth Overton, 30, 30, 700, 25, 60
Tully Spruill, 30, 30, 700, 15, 160
Benj. B. Hathaway, 30, 30, 400, 25,100
Jas. A. Spruill, 120, 100, 1500, 30, 480
Susan Wood, 60, 55, 800, 25, 370
Mathias Owens, 100, 50, 1500, 60, 350
S. H. McCrae, 25, 80, 1000, 150, 600
Henry E. Lewis, 40, 96, 3000, 80, 620

Union County, North Carolina
1850 Agricultural Census

The University of North Carolina at Chapel Hill filmed the 1850 agricultural census for Union County from originals at the North Carolina State Department of Archives and History under a grant from the National Science Foundation in 1961.

Columns 1, 2, 3, 4, 5, and 13 represent the following information on the census:
1. Name of Owner, Agent or Manager of Farm
2. Acres of Improved Land
3. Acres of Unimproved Land
4. Cash Value of the Farm
5. Value of Farming Implements and Machinery
13. Value of Livestock

James C. Norcott, -, -, -, -, 12
Catfseppie Austin, 200, 118, 1100, 25, 240
Elijah Preslar -, -, -, -, 10
Wm. James, 100, 252, 1000, 50, 250
Elizabeth J. Howard, 35, 90, 300, 50, 375
J. D. Smith, 35, 165, 1300, 50, 135
George Winchester, 65, 150, 650, 200, 400
James Moore, -, -, -, 3, 150
Benjamin Trott, 2 ½, -, 300, -, 40
Wm. Underwood, -, 100, 100,-, 30
John S. Godfrey,-, -, -, 10, 50
Richard Barney, 50, 1012, 200, 100, 280
Goodniam Lany, 25, 300, 600, 30, 100
D. T. Morris, 18, 80, 200, 5, 100
Lloyd N.(V.) Rone, 40, 60, 300, 25, 110
George Brigaman, -, -, -, 6, 100
G. W. Horris, 75, 220, 350, 150, 200
Wm. Morris, 40, 125, 400, 50, 150
Lee Helms, 45, 60, 300, 10, 150
James D. Wolf,-, -, -, 10, 150
Wm. Rouse (Rome), 30, 120, 450, 60, 200

Thomas W. Redwine, 30, 100, 300, 5, 150
Jacob C. Austin, 150, 540, 2000, 100, 300
Massey & Co., 100, 360, 7500, 100, 200
James Muller, -, 100, 2000, -, -
Wm. J. Canton, 300, 320, 3000, -, -
Tho. K. Canton, -, 945, 1000, -, -
Nathan Ross, -, -, -, 5, -
Joseph Porter, 20, 154, 375, 25, 75
Wm. Simpson, -, -, -, 50, 100
Elias Stancil, 7, 53, 200, 30, 110
Silas Fincher, 30, 125, 200, 230, 130
George D. Wolf, 30, 300, 390, 90, 100
Moses W. Alexander, 70, 192, 400, 35, 300
Wm. H. Howie, 70, 1110, 3285, 340, 400
Wm. F. Lawson, -, -, -, 115, 130
Ann Howie, -, -, -, 30, 100
James H. Morrison, 250, 700, 1450, 230, 848
John Houston, 150, 206, 1112, 180, 525
Joseph Winchester, 50, 150, 575, 75, 300
S. M. Hannoh, 20, 40, 100, 5, 150

R. J. Howie, 40, 80, 300, 40, 125
D. N. Reid, 25, 103, 175, 150, 200
Wm. H. Irby, -, -, -, -, 230
Mosses Wteuthbutson, 500, 2500, 4100, 1200, 1275
David Howie, 90, 200, 420, 1200, 700
Eber A. Jerome, 30, 238, 1000, 50, 200
John B. Pusson, 30, 210, 490, 25, 125
Joshua M. Harris, 60, 400, 600, 30, 144
Aaron Little, 80, 956, 950, 500, 700
Thomas C. Wilson, 40, 73, 350, 40, 150
Tilmon Greer, 25, 375, 300, 5, 150
Obed Doster, 70, 843, 1390, 250, 580
Charles Griffin, -, -, -, 15, 75
Wm. Hays, -, -, -, 15, 150
Eleazer Preslar, 50, 200, 700, 30, 125
Wm. Helms, 50, 132, 396, 50, 220
Henry J. Presson, -, -, -, -, 10
George Miller, -, -, -, 6, 15
Henry Philips, -, -, -, 6, 100
Thomas P. Dillon, 400, 500, 2500, 180, 390
Green L. Gowler(Fowler), 141, 30, 70, 25, 100
George W. Fowler, 35, 110, 225, 100, 545
John Stegall, 25, 28, 40, 5, 18
A. J. Smith, 30, 41, 200, 10, 55
Wm. Medlin, 100, 230, 650, 60, 300
Samuel Presson, 40, 110, 300, 25, 100
Frederick Threatt, 75, 175, 300, 70, 300
Al__ Broone, 40, 25, 200, 5, 150
James Bullard, 60, 40, 200, 10, 200
Hannah Selkes, 90, 565, 1200, 25, 300
Willie Chaney, -, -, -, 10, 100

Nancy Helms, 100, 380, 1000, 110, 250
Israel Helms, 130, 529, 1319, 300, 735
Parrott Williams, -, -, -, 12, 40
Thomas Winotusk, 100, 700, 3000, 300, 770
John Rope, 75, 135, 700, 200, 150
Samuel Muckelroy, -, -, -, 5, 90
Dickson Muasy, 40, 120, 300, 15, 30
Daniel Sweset, 2, 98, 645, 2, 60
James B. Simpson, - ,-, -, 5, 72
John W. Walden, -, -, -, 5, 135
William R. Baucom, 20, 80, 100, 5, 110
Liget Jenkins, 25, 450, 500, 50, 200
John O. Williams, 4, 46, 75, 13, 65
Wiley Bennet, -, 100, 100, 6, -
Caswell Hellams, 9, 141, 310, 5, 123
Bryant Baucom, -, -, -, 5, 50
Sarah Williams, 100, 360, 600, 60, 200
Jesse Helms, 30, 110, 300, 15,150
Lewis Baucum, 40, 60, 150, 15, 80
Russel Helms, 23, 68, 125, 5,100
Calvin Helms Jr., 40, 67, 300, 5, 160
Enoch Williams, 100, 762, 1407, 300, 431
Henderson Williams, 25, 125, 120, 5,100
John Rushing, 25, 107, 132, 15, 200
Green Baucom, 20, 80, 100, 5, 50
Calvin Mullis, 30, 120, 175, 5, 135
John Mullis, 12, 48, 60, 6, 100
A. J. Mullis, 15, 85, 95, 5,100
Saunders Baucom, 20, 128, 111, 15, 125
Joab Griffin Sr., 20, 75, 300, 100, 100
Wm. Polk, 10, 90, 200, 5, 25
Calvin Brooks, 30, 71, 250, 10, 100
Allen Griffin, 50, 255, 500, 300, 300
Farrington Griffin, 40, 117, 214, 25, 200
Dempsey Tomberlin, 50, 168, 266, 25, 300

Michael Helms, 8, 152, 190, 5, 60
Thomas Polk, 100, 500, 1200, 200, 400
Andrew Polk, -, -, -, 5, 88
Elijah Simpson, 30, 122, 392, 70, 400
Davidson Brooks, 100, 700, 1600, 75, 406
Amvan Jenkins, 18, 38, 125, 5, 204
James Mullis,-, -, -, 5, 100
John Allen, 25,125, 150, 15, 60
Calvin Holms, 30, 52, 165, 5, 125
Ben. Simpson, 60, 90, 300, 60, 125
Thomas Simpson, 50, 320, 740, 100, 225
Solomon R. Brewer, 21, 120, 282, 5, 100
Madison Godwin, -, -, -, 5, 125
Joseph Stewart, 75, 251, 500, 100, 200
Coleman Stewart, -, -, -, -, 100
John Austain Jr., 40, 470, 500, 50, 120
Andrew Moore, 18, 428, 450, 5, 100
Daniel Moore, 75, 425, 1000, 300, 400
Josiah Austain, 30, 70, 212, 10, 200
Annanias Thomas, 30, 170, 300, 50, 120
James Sikes, -, -, -, 5, 100
William Stuart, 20, 80, 180, 5, 80
Redden Staten, 60, 1290, 1900, 1000, 340
David Girley, 50, 118, 400, 10, 150
Weat Nance, 100, 250, 2000, 5, 300
Henrey R. Prichard, 23, 66,148, 5, 90
William Curlee, 70, 150, 350, 40, 200
Joel Curlee, 25, 75, 200, 3, 110
William T. Carpenter, 20, 98, 175, 5, 70
John Edwards Jr., 40, -, 200, 5, 125
Joseph Spears, 25, 115, 200, -, 150
Allen Spears, -, 96, 96, -, -
Hedley Thomas, 50, 200, 150, 100, 300
Edey Mash, 15, 210, 200, 3, 100
John Nance, 95, 674, 646, 25, 200
Jesse P. Nance, 25, 228, 192, 5, 100
Hanbord Nance, 75, 175, 500, 25, 200
Elizabeth Austin, 30, 270, 300, 6, 100
Evin Smith, 35, 165, 325, 60, 130
Jacob Thomas, 30, 170, 400, 35, 200
Isach Colley, 25, 84, 100, 5, 100
Charles Hinson, 50, 125, 175, 5, 130
Jesse Colley, 70, 233, 800, 40, 400
John Austin, 20, 242, 262, 5, 200
Johnithan Austin, 40, 160, 200, 5, 300
Johon W. Curlee, 30, 166, 200, 5, 80
Hurley Griffin, -, -, -, 5, 200
Thomas Visserey, -, -, -, 2, 28
John E. Smith, -, -, -, 5, 50
Charles Dry, 100, 976, 2060, 300, 1000
B. A. Austin, 40, 11654, 1100, 10, 211
Mary Brooks, 100, 110, 1000, 100, 250
Peoples Hastey, -, -, -, 5, 275
Eli Hinson, 45, 350, 400, 25, 200
Morgan Hinson, 100, 170, 500, 100, 500
Gongr J. Greene (Grune), 65, 237, 600, 75, 200
Wm. Winchester, 100, 110, 1500, 150, 700
Stephen Bellue, 45, 165, 300, 80, 250
Wm. A. Craig, -, -, -, 175, 250
Wm. Cry, 35, 257, 450, 50, 150
John Godfrey, 140, 583, 1500, 250, 765
Henry Godfrey, 40, 123, 400, 75, 60
Wm. Godfrey, 15, 35, 75, 5, 150
M. A. Strickland, 16, 16, 100, 10, 150
Martha Cook, 15, 85, 200, 10, 150
Henry Purdue, 40, 25, 100, 10, 150

J. A. McNeely, 80, 320, 1000, 70, 200
John Paxton, 70, 160, 400, -, 350
G. A. Givens, 200, 507, 1400, 100, 200
John Blunt, 300, 795, 3000, 400, 1170
Mary Delany, 20, 80, 175, -, 60
John Cook, 25, 25, 50, 3,100
Wm. Cook, 40, 40, 100, 6,200
A. Cosley, -, -, -, -, 75
Wm. Patson, -, -, -, -, 100
James R. Heath, 265, 235, 1500, 250, 300
Wm. C. Patterson, -, -, -, -, 120
Nancy Cherry (Cheny), 100, 125, 1000, 75, 300
Hugh McCoursman, 100,125, 600, 100, 150
Dorcas Walkup, 75, 325, 1300, 175, 624
Mathew McCorkle, 36, 164, 300, 10, 200
James Givens, 125, 368, 800, 90, 350
Wm. W. Walkup, 200, 382, 1800, 250, 600
G. W. Yarborough, 25, 189, 600, 25, 190
R. S. Colvert, 200, 100, 1000, 175, 300
Lewis Howard, -, -, -, -, 30
Saml. P. Walkup, 40, 150, 800, 25, 150
James C. Walkup, -, -, -, 10, 200
D. M. Walkup, 60, 90, 500, 100, 200
Elizabeth Craig, 60, 750, 1200, 40, 314
Wm. B. Camer, 100, 200, 1500, 200, 300
D. L. Carton, 113, 87, 800, 75, 200
J. G. Crawford, 250, 238, 3000, 315, 1200
Wm. J. McLaughlin, 75, 28, 500, 100, 240

H. R. Massey, 125, 100, 1000, 100, 700
Mary Baker, -, -, -, -, 50
John Shannon, 70, 130, 1000, 80, 320
John J. Craig, 100, 280, 1100, 150, 735
John N. Davis, 200, 1000, 3000, 350, 720
Joshua Owen, -, -, -, -, 15
Joseph Neely, 60, 203, 700, 100, 190
Robt. Steele, -, -, -, 5, 100
E. R. Hood, 30, 770, 1400, 20, 150
J. S. Adams, -, -, -, 5, 81
J. J. Williams, 60, 465, 1000, 100, 600
Wm. P. Ivy, 25, 100, 375, 10, 250
Jesse Ivey, -, -, 200, -, 45
Wm. P. Bentson, -, -, -, -, 100
Wm. R. McItver, -, -, -, 10, 150
Hosia McCain, 76, 70, 900, 160, 250
A. M. McCain, 10, 98, 150, 6, 95
Mary McCain, 40, 290, 400, 80, 257
Thomas Miller, -, 50, 50, 10, 250
John M. Swann, 25, 400, 850, 10, 165
Henry Hays, -, -, -, -, 70
Martha M. Harkey, 50, 250, 1200, 10, 211
T. B. McCain, 75, 311, 1100, 100, 401
Wm. A. McCain, 100, 1220, 2500, 100, 301
J. J. McCain, -, -, -, -, 200
L. G. Belk, 65, 160, 400, 8, 250
Margaret McCain, 60, 180, 500, 200, 275
R. W. Steele, 40, 160, 300, 200, 200
George Richardson, 15, 135, 150, 10, 60
Noah McManus, 20, 83, 103, 10, 100
John Stewart, 40, 360, 400, 100, 400
James Nelson, 80, 239, 600, 121, 360
George McCain, 150, 600, 2000, 300, 1000

Benjamin Nesbit, 30, 175, 300, 10, 180
Hugh C. Nesbit, 75, 185, 400, 100, 300
Thomas R. Starnes, 50, 233,500, 10, 300
Wm. P. Starnes, -, -, -, 20, 250
R.T. McCain, 150, 610, 800, 100, 30
Jane Wilson, 20, 880, 2000, -, 300
Hugh Wilson, 100, 925, 4000, 350, 425
John Wilson, 20, 130, 150, 10, 150
Wm. Crow, 100, 400, 1300, 10, 200
Hugh Rodes, 20, 200, 300, 5, 176
Jannut Rogers, 10, 150, 200, 5, 130
John B. Smith, -, -, -, -, 65
James Harmon, -, -, -, -, 18
Lafayett Paul, 10, 20, 50, 2, 50
Diana Crenshaw, -, -, -, 5, 28
James C. Davis, 100, 700, 2000, 250, 813
Mary Newell, -, -, -, 5, 5610, 165
John N. D. Mond, 120, 503, 1500, 200, 700
James Clark, -, -, -, 10, 239
Molinda Craig, 4, 17, 50, 1, 75
David Smith, -, -, -, 10, 100
Catharine Role, 30, 113, 300,
David Phifer, 150, 490, 6500, 200, 785
David Moore, 116, 976, 2170, 100, 230
Saml. Paxton, -, -, -, 5, -
John P. Houston, 40, 290, 1100, 50, 600
Needham Armfield, 100, 550, 800, 8000, 95
John K. Harrison, 40, 336, 2500, 150, 400
James Paxton, -, -, -, 8, 125
David Eller, -, -, -, -, 100
Salathial Harris, -, -, -, -, 70
Thomas N. Lewis, 20, 225, 490, 25, 150
Robert Lewis, 40, 160, 1000, 25,200
John Found, 14, 130, 158, 10, 183

Gabriel B. Helms, 20, 30, 100, 100, 200
Peter Owens, -, 9, 500, -, -
Elias L. Stillwell, 65, 433, 700, 100, 317
Thomas Ritch, 70, 285, 505, 10, 150
James Harkness, 30, 143, 170, 15, 50
Charely Keziah, 12, 8, 50, 2, 35
Elizabeth Stephens, 25, 100, 175, 10, 50
Manewait Red, 15, 200, 400, 60, 300
L.W. Red, 300, 200, 1000, 100, 500
Jane Moore, -, -, -, -, -
J. M. Red, 130, 370, 800, 70, 545
Wm. Rowark, 18, 78, 150, 100, 30
Valentine Starnes, 50, 65, 1000, 200, 450
Wm. Helms, 38, 305, 343, 60, 110
John Fisher, 40, 174, 600, 10, 200
Lewis Conden, 70, 430, 700, 400, 377
Amos Stephens, 231, 868, 5348, 3325, 909
Philip Conder, 100, 280, 800, 150, 465
Daniel Robinson, -, -, -, -, 100
Moses Stephens, 50, 101, 125, 3, 88
James Robinson, 40, 456, 1000, 125, 500
Esther Starnes, 40, 110, 200, 5, 150
Eli Hemby, 40, 150, 600, 50, 342
Andrew Starnes, 25, 250, 400, 70, 176
Amos Hemby, 25, 180, 310, 5, 115
John J. House, -, -, -, 5, 65
Christopher Stephens, -, -, -, 2, 100
Margaret Houston, 70, 80, 450, 150, 400
Isaac Baker, 30, 188, 300, 5, 120
John M. Williamson, -, -, -, 10, 125
John Crowell, 75, 179, 600, 130, 330
John Stancil, -, -, -, 5, 25
Elizabeth Stancel, 15, 72, 100, 8, 200
Wm. Houston, 225, 262, 1375, 200, 700
Jannat Miller, 10, 33, 60, 5, 30

James Craig, 8, 40, 48, 6, 20
Michael P. Craig, -, -, -, 6, 60
Josiah Gorden,-, -, -, 20, 110
Hugh B. Craig, 100, 464, 1128, 232, 577
James M. Nelson, 50, 137, 200, 85, 184
Amos M. Stock, 60, 254, 1000, 5, 250
James W. Baker, -, -, -, -, 75
Cullen Parker, 45, 100, 500, 10, 180
Charles Deese, -, -, -, 1, -
Stephen D. Pigg,-, -, -, -, 10
A. Lewellen, 125, 475, 1800, 200, 650
Ellerbee Stack, -, -, -, -, 90
Sarah Elliott, 30, 190, 200, 14, 142
Calvin Barrett, 120, 885, 2700, 300, 506
Wm. C. King, 40, 110, 400, 75, 142
Willie Parker, -, -, -, 5, 150
Thomas L. Marsh, 80, 700, 1250, 100, 500
James Marsh, 120, 830, 2000, 50, 664
Jesse D. S. Eason, 12, 138, 100, 5, 165
Elizabeth Hundley, -, -, -, -, 116
Thomas Hundley, 40, 110, 275, 10, 232
Rushing Rogers,-, -, -, 10, 100
Burrell Rushing, 30, 649, 1500, 40, 292
Malaki Redfern, -, -, -, 5, 50
James Morgan, 60, 251, 580, 30, 320
B. C. Ashcraft, 100, 594, 1040, 75, 400
A. J. Ashcraft, 2, 59, 70, 8, 164
John Sigars, 5, 25, 160, -, 30
Robt. Leonard, 150, 675, 2380, 115, 520
John Deason, -, -, -, 10, 190
George D. Wimbuby, 20, 286, 306, 5, 256
B. D. Rushing, 50, 150, 1000, 20, 297

Wm. P. Baker, -, -, -, 5, 85
Jonathan Rora, - ,-, -, 30, 275
Alvin Jordan, 50, 226, 400, 8, 127
Alfred Ashcraft, 100, 275, 800, 50, 582
John Ashcraft, 125, 325, 950, 50, 500
Wm. M. Rushing, 60, 504, 600, 60, 240
Wm. Mass_, 125, 677, 1200, 100, 171
Peter Lowrie, -, -, -, 10, 130
Saml. M. Pounds, -, -, -, -, 150
Wm. Thompson, -, -, -, -, 50
Sephen Parker, 30, 100, 300, 75, 150
Asa Brumbalow, 25, 225, 400, 5, 135
Davis Collins, 30, 120, 400, -, 110
Pleasant Collins, 20, 280, 300, 5, 75
Travis Liles, 30, 170,100, 5, 232
William Walden, -, -, -, 100, 402
Nancy Godfrey, 267, 113, 500, 300, 653
Gabriel Collins, 41, 454, 785, 85, 254
Wm. Collins, 20, 105, 200, 5, 148
Leo Griffin, -, -, -, 5, 20
Sarah A. Hasty, 88, 412, 1100, 75, 460
Jordan Faulk, 40, 424, 700, 60, 188
Asa Faulk, 20, 157, 400, 3, 142
Arnold Faulk, 30, 100, 100, 5, 100
Benjamin Liles, 60, 290, 600, 75, 250
Allen Helms, 70, 434, 762, 75, 192
B. F. Benton, 35, 245, 400, 50, 115
James W. Benton, 40, 65, 450, 20, 278
Andrew M. Helms, 30, 220, 625, 12, 100
James Cayson, 25, 463, 988, 85, 150
Enoch Griffin, 80, 205, 600, 50, 233
Saml. R. Moore, 50, 160, 262, 25, 115
Calvin Rogers, 10, 169, 300, 5, 190
Jesse Jarman,-, -, -, 10, 50

Solomon Su_der, 40, 269, 800, 50, 240
Benajah Branch, -, -, -, -, 30
John Bennett, 50, 208, 600, 20, 200
Jackson Trutt, 50, 500, 909, 50, 397
Thomas B. Griffin, 50, 350, 650, 25, 200
Adison Moore, -, 100, 100, 10, 125
Milly Wadkins, 25, 98, 125, 15, 80
John D. Wadkins, -, 35, 35,-, 50
Starling Tadlock, 60, 171, 462, 40, 396
James Tadlock, 5, 30, 75, 3, 65
Joseph Newson, -, 316, 1733, -, 125
James Bivens, 70, 293, 624, 50, 150
Sherwood Ross, -, 208, 312, 25, 62
Squire Usry, 20, 42, 62, 2, 30
Henry Green, 80, 160, 480, 50, 345
Callam Moore, 120, 892, 1645, 50, 350
Sarah Moore, 50, 281, 800, 25, 336
Benjamin Flowers, 20, 80, 125, 3, 75
Elizabeth Horn, 60, 293, 700, 5, 97
Hosea Lyttle, 100, 670, 1600, 87, 383
Elizabeth Harrell, 50, 165, 330, 50, 355
Ebenezar Marsh, 75, 185, 750, 30, 345
James S. Marsh, 60, 190, 700, 30, 200
Wm. B. Marsh, 75, 190, 500, 25, 277
Simeon Marsh, 125, 775, 1762, 212, 662
Wm. Hasty, -, -, -, 6, 69
Peoples Hasty, 60, 2440, 4000, 50, 150
John J. Hasty,-, -, -, 5, 103
Wm. R. Hasty, 25, 75, 200, 5,132
Jesse V. Hasty, 200, 788, 1800, 600, 532
Caleb Presley, -, -, -, 10, 10
Elisha Keen, -, -, -, 15, 60 650,-, 25
George Keen, -, -, -, 20, 74
Hogan Allen, -, -, -, 15, 165
Matthew Hasty, -, -, -, 2, 93

Dr. John A. McCall, 40, 560, 2020, 50, 330
John McCollum, 100, -, 500, -, 200
E. C. Grier, -, 62, 700, -, 25
Thomas D. Winchester, 40, 100, 1100, -, 175
Neil M. Still, 52, 756, 1016, -, 200
D. F. Hayden, 2 ¼, -, 650, -, 25
John S. Eason, 2, -, 600, -, 100
A. B. Broom, 20, 70, 905, 6, 15
Joseph McLaughlin, 140, 240, 2000, 75, 300
James M. Stewart, 50, 250, 1000, 100, 275
Joseph B. Wolf, -, 12, 375, -, 35
J. J. Hayden, -, 59, 400, -, 100
John W. Twitty, 1,-, 100, -, 85
W. B. Twitty, -, -, -, -, 50
H. J. Neely, 1, -, 300, -, 300
James Bicket, -, 190, 810, -, 60
Joseph T. Drafffin, 6,-, 100, 10, 50
Hugh M. Houston, 90, 175, 3925, 100, 300
Wm. W. Hart, 41, 245, 3185, 100, 620
Michael Polk, 100, 285, 1200, 150, 575
Jonathan D. Hart, 5, 216, 2500, 140, 275
James A. Lincoln, ½, 70, 400, -, 105
Wm. B. Neele (Nale), -, -, -, -, 100
Joseph V. Griffin, 65, 300, 1550, 250, 400
Elias Crowell, 10, -, 250, -, 12
Squire Broom, -, -, -, -, 15
Archibald Helms, 15, 35,150, 8, 50
Josiah Winchester, 40, 140, 1000, 100, 350
Simon Mullis, -, -, -, -, 8
Thomas Brown, -, -, -, -, 200
Walker W. Broom, 50, 110, 320, 10, 185
Burrell Broom, 60, 180, 480, 130, 150
Darling Broom, 4, 96, 200, 5, 125
Jeremiah Broom, 4, 96, 200, 5, 190

Wm. P. Benton, 20, 430, 500, 4, 66
Archibald M. Lasty, 150, 991, 2500, 200, 600
Debny Medlin, 75, 125, 600, 200, 250
John Medlin, 300, 1890, 4000, 350, 2000
Victory Crook, 50, 100, 400, 25,150
Wm. Chaves, 25, 75, 100, 50, 100
Moses Tomberlin, -, -, -, -, 4
Nelson McCorkle, -, -, -, -, 100
Reuben Tomberlin, 70, 80, 567, 100, 450
Thomas D. Winchester, 200, 581, 1350, 200, 776
Philip Wolf, -, -, -, -, 100
John D. Walker, 50, 350, 400, 35, 200
John T. Stillwell, 30, 145, 335, 100, 210
Wm. Hudson, 80, 387, 1300, 100, 240
John Gorden, 50, 139, 587, 75, 200
Milly Gorden, 20, 380, 1000, 2,140
Tabitha Gorden, 20, 75, 250, -, -
David N. Smith, -, -, -, 5, 75
J. M. Houston, -, -, -, 100, 296
Linsey Broom, -, -, -, -, 25
James P. Belk, 30, 239, 530, 75, 115
Jacob Starnes, 75, 144, 300, 75, 850
Hiram Broom, 40, 287, 500, 40, 150
Martha Laney, 60, 40, 375, 110, 275
Jacob Peniger, 75, 411, 800, 300, 500
Joseph B. Hudson, 100, 75, 575, 200, 500
James M. Ritch, -, -, -, 10, 100
John S. Thompson, 50, 200, 400, 125, 300
Andrew Ormond, 80, 210, 1552, 40, 280
Andrew McLean, -, -, -, -, 100
Elizabeth Clark, 350, 517, 3464, 150, 450
Elias McCorkle, 80, 220, 600, 100, 400

Henry Wolf, -, -, -, -, 60
Arden Ross, 67, 150, 700, 75, 330
Samuel Reaner, -, -, -, 10, 70
Wm. M. Starnes, -, -, -, 10, 100
Daniel Starnes, 150, 299, 700, 50, 300
Jacob Wolf, 100, 400, 900, 200, 420
Wm. D. Byram, 75, 210, 500, 300, 500
James S. Ritch, 55, 150, 410, 30, 150
Elizabeth Guye, 50, 50, 150, 15, 100
John H. Rasse(Rope), -, -, -, 3, 100
E. Gurley, -, -, -, -, 12
Joseph Adden, 65, 120, 624, 130, 335
Charles Starnes, 150, 456, 1100, 145, 480
Nelson Lanes, -, -, -, 3, 35
D. J. Huneycut, 35, 75, 350, 6, 140
James E. Irby, -, -, -, 6, 50
Jason Rogers, 30, 161, 400, 15, 200
Wm. Griffin, 17, 153, 160, 5, 125
Jesse Griffin Jr., 50, 183, 650, 20, 153
Jacob Philmon, 10, 34, 88, 5, 49
Moses Eason, 50, 193, 242, 50, 216
James Starnes, -, -, -, 25, 66
Sarah Eason, 20, 130, 200, 5, 150
Richd. Rogers, 40, 193, 500, 100, 300
Oliver Rogers, 16, 98, 300, 5,144
Wm. Bibb, 155, 1219, 3000, 302, 1340
Micajah Yarborough, 25, 25, 100, 5, 56
John Yandles, 40, 44, 252, 40, 200
Alex. Griffin, 20, 88, 175, 5, 100
Tilmon Helms, 250, 1758, 4000, 300, 500
Rachael McCoy,-, -, -, -, 18
Joel Helms, 65, 114, 479, 100, 206
Manoah Helms, 40, 106, 400, 5, 150
James Gibson, -, -, -, 5, 16
Abraham J. Secrist, 100, 225, 800, 250, 400

Ephraigm Secrist 260, 240, 8000, 50, 500
Walker Helms, -, -, -, 5, 50
Noah Helms, -, -, -, 15, 30
Presley Hargett, 7, 160, 175, 10, 125
B.M. Massey, -, -, -, 5, 100
John Massey, -, -, -, 5, 125
Jacob Secrist, 50, 289, 700, 10, 300
Solomon Shelby, -, -, -, 5, -
John Keziah, -, -, -, -, -
Andrew Fowler, -, -, -, 25, 75
Whitmon Hooks, 35, 195, 300, 50, 250
Archibald Farmer, -, -, -, -, 30
Wm. Yandle, 35, 222, 504, 15, 200
Josiah H. Haywood, -, -, -, 5, 40
Catharine Haywood, 40, 110, 225, 10, 150
Archibald W. Porter, 75, 233, 1200, 50, 300
Eli McCorkle, 60, 397, 200, 200, 612
Ambros Harkey, 50, 154, 408, 65, 200
John Harkey, 30, 170, 400, 200, 310
Thomas Hemby, 40, 120, 200, 5, 228
Henry Shell, 10, 190, 300, 75, 328
Stewart Rise, 16, 101, 200, 20, 75
Peter Wentz, 15, 149, 300, -, 40
Josiah Wentz, -, 66,150, -, 93
Jesse Stillwell, 70, 110, 1000, 75, 550
G. W. Ritch, 60, 154, 500, 75, 250
Order McCall, -, 114, 140, 5, 200
Pearson Simpson, - ,-, -, 40, 105
Alpert R. Lemmond, -, -, -, 5, 25
John Q. Lemmond, 500, 500, 3000, 100, 475
Edmond Ritch, 100, 419, 2000, 150, 550
Green L. Lemmond, 30, 94, 250, 6, 130
Jeremiah Wentz, 85, 615, 700, 175, 622
Peter Conder, 70, 40, 300, 300, 400
John A. Lemmond, -, -, -, 5, 250

Josiah Stewart, 125, 494, 6000, 200, 480
Wm. Foard, 80, 137, 700, 50, 200
Silas P. Stewart, 150, 1257, 4000, 100, 185
Jane Moore, 100, 528, 1256, 200, 500
John W. Davis, 68, 490, 1100, 25, 290
Archd. Stancil, -, -, -, 10, 140
N. H. Philips, -, -, -, -, 30
D. G. Russell, 75, 334, 1105, 40, 300
Sutton Williams, 60, 148, 860, 35, 342
Wm. Long, -, -, -, 10, 100
John Philips, -, -, -, 10, 40
Robt. Barr, 20, 176, 412, 3, 155
Eli Stewart, 250, 2565, 9000, 1150, 703
John Griffin, 50, 65, 300, 10, 150
John Brigman, 12, 138, 150, 5, 131
Joseph Blair, 600, 2646, 9700, 1800, 663
Elisabeth A. Maxwell, -, -, -, -, 25
Elijah Stack, 100, 168, 400, 75, 150
Sarah Threatt, 40, 145, 370, 65, 270
Abel Stack, 300, 1812, 3000, 150, 1230
Turner Threatt, -, -, -, -, 50
Allen Chaney, 75, 325, 900, 3, 80
Frances Jenkins, 40, 660, 700, 8, 200
Allen Jorden, -, 177, 214, 7, 150
Willie Jenkins, -, -, -, 10, 40
Archd. Jenkins, -, -, -, -, 65
Wm. Jenkins, -, -, -, 3, 75
Churchwell J. Horton, 40, 260, 300, 40, 195
John Long, 40, 62, 300, 100, 300
William P. Muse, 100, 100, 900, 300, 300
Soffison Tompson, 50, 510, 750, 300, 125
Samuel Pressan, 50, 90, 300, 80, 225
Jonithan Norcott, -, -, -, 25, 150
A. S. Crowell, -, 100, 100, 25, 125

Jirvere Lothariss, 50, 345, 600, 60, 200
William E. Williams, 50, 295, 1000, 50, 400
Enoch M. Griffin, 66, 290, 1000, 150, 300
Thomas Lowery, 150, 366, 1554, 50, 780
Kesig C. Timmons, 60, 140, 500, 50, 400
William C. Steel, 100, 486, 2000, 300, 600
Milas W. Medlin, 22, 46, 200, 30, 125
Wiliss Medlin, 50, 150, 400, 150, 450
Lee Hellams, -, -, -, 5, 100
Reubin Tomberlin, 15, 68, 200, 5, 100
Jackson Medlin, -, -, -, 5, 75
Green B. Hellams, 40, 120, 200, 75, 200
Daniell W. McCollom, 25, 250, 1500, 20, 100
Jesse C. Marcus, 40, 60, 500, 75, 150
James McCollom, 80, 500, 1500, 1000, 250
Daniel McCollom, 150, 1290, 1470, 100, 200
Margarett Bivens, 100, 212, 1000, 50, 350
William Bivens, 30, 114, 500, 75, 150
David Tomberlin, 50, 125, 400, 25, 300
Wilson Chainey, 50, 148, 400, 10, 150
Shepherd Chainey, 35, 165, 400, 5, 110
Alfred Price, -, -, -, 20, 100
Andrew Price, 35, 128, 300, 10, 175
Thomas Kiziah, 50, 150, 300, 50, 150
Henderson Hellams, -, -, -, -, 23
Roley Hellams, 40, 75, 216, 10, 175
Sampson Hellams, 20, 68, 176, 6 162
Noah Hellams, 30, 115, 300, 10, 75
Daiel Hellams, 50, 70, 240, 50, 145
John Hargett, -, -, -, 12, 20
Rachele Hellams, 30, 56, 172, 5, 125
Samuel Pyran, 40, 189, 600, 75, 160
John Simpson, 40, 277, 300, 50, 250
James C. Foard, 15, 95, 175, 5, 35
John M. Ingram, 125, 975, 2500, 375, 525
John Burnett, 100, 240, 1000, 75, 390
Jacob Tomberlin, 70, 439, 1000, 15, 390
Washington Simpson, -, -, -, 80, 200
A. H. Ingram, 150, 1350, 2300, 20, 300
Joshua Hellams, -, -, -, 4, 120
James R. Winchester, 35, 65, 200, 75, 250
Copelan Hellams, 25, 165, 300, 10, 100
Thomas W. Tomberlin, 30, 75, 200, 5, 200
Eavin A. Simpson, 35, 47, 216, 50, 100
Isaac Simpson, 60, 90, 450, 100, 300
Georg W. Hellams, -, -, -, 10, 40
John Fowler, 40, 110, 200, 5, 400
Mary Hargett,-, -, -, 5, 130
William Winchester, 60, 230, 580, 75, 200
Emanuel Hellams, 80, 300, 800, 60, 300
Jacob Hellams, 50, 185, 800, 70, 300
Michel Crowell, 90, 228, 1000, 300, 500
John Crowell, 40, 654, 300, 100, 300
Abraham H. Crowell, 50, 150, 600, 200, 350
Joshua Sikes Jr., 20, 128, 300, 5, 20
Lewallin Burnett, -, -, -, 15, 150
Albert Boyt, 25, 15, 175, 10, 75
William McCroy, -, -, -, 5, 100
David Simpson, 50, 92, 620, 20, 250
Margarett Freeman, 25, 53, 156, 10, 103

Hannah Simpson, 50, -, 238, 28, 127
Hannah Cuthberson, 20, 20, 300, -, 91
George A. Long, 40, 116, 450, 75, 250
John Weddington, 20, 10, 60, -, 20
John A. Clouts, 190, 334, 1200, 75, 250
W. C. C. Wilson, 20, 138, 300, 5,-
Moses Orsborn, -, -, -, 75, 275
Samuel W. Rogers, 70, 1930, 2000, 300, 300
David Cuthberson, 40, 30, 125, 5, 200
Rachel L. Cuthberson, 60, 20, 260, 100, 300
Jane Long, 75, 196, 1310, 150, 250
Henery Clouts, 65, 232, 594, 60, 295
Jeramiah Clouts, -, -, -, 5, 120
Thomas Long, 20, 165, 200, 5, 50
M.M. Lemmonds, 125, 800, 1450, 135, 340
John M. Muse, -, -, -, 25, 200
Adam Wolf, -, -, -, 5, 170
Martin Chapman, 30, 73, 270, 40, 80
Isaac McQuirt, -, -, -, 3, 82
Robert Blythe 30, 340, 600, 5, 30
Samuel Howie, 100, 670, 11000, 200, 653
James Cryer, 40, 320, 500, 5, 100
John Dickerson, -, -, -, -, 315
Wm. Randolf, -, -, -, -, 40
Thomas W. Sanders, 60, 70, 200, 20, 150
Samuel Adams, -, -, -, 2, 100
James Godfrey, -, -, -, 4, 40
James McCorkle, 150, 583, 3200, 350, 927
James C. Massey, 95, 755, 1500, 322, 450
Andrew King, 30, 97, 350, 20, 195
George A. King, -, -, -, 5, 80
John McCorkle, 100, 920, 1500, 200, 400
Jonathan Burleson, 150, 50, 1693, 100, 300
James N. Houston, 100, 250, 2500, 200, 600
McCuin Fincher, -, -, -, 7, 50
Jobe S. Craine, 50, 130, 500, 30, 262
George F. Howie, 50, 300, 300, 5, 135
John Weaver, 15, 110, 200, 20, 40
Wm. P. Robinson, 200, 153, 1200, 200, 1200
John H. Vance, 40, 175, 500, 15, 150
James Robinson, 150, 350, 1000, 100, 560
Jane D. Houston, -, -, -, -, -
Amelia Robinson, 200, 190, 1500, 150, 600
Wm. Potts, 400, 900, 3000, 900, 1500
Fredrick Izzell, 200, 200, 2000, 150, 800
James A. Dunn, 300, 900, 100, 500, 152
Andrew J. Dunn, 100, 75, 1200, 200, 536
Susan Still, 150, 200, 800, 100, 736
John McKibbon, -, -, -, 2, 40
Martin Hartis, 16, 140, 312, 25, 200
Wm. Mathews, 60, 137, 2000, 25, 300
Robert _. Howard, 250, 1067, 6600, 600, 2270
Aaron Howie, 60, 390, 1000, 125, 639
Jacob Howard, 40, 60, 200, 5, 100
Peter Thompson, -, -, -, 10, 225
Elizabeth Houston, -, 50, 250, 3, 100
Robt. A. Martin, 200, 800, 2000, 200, 650
Green Wallace, 30, 42, 72, 2, 100
Jonathan Wallace, 70, 80, 500, 20, 150
James Bell Sr., 100, 450, 825, 60, 500
James Bell Jr., -, -, -, 10, 25
Burton Laney, 100, 875, 1000, -, 453
Jobe Rogers, 27, 99, 145, 25, 40
Asa Rogers, 20, 50, 140, 10, 170

Sherrod Preslar, 40, 35, 175, 2, 235
John Preslar, 78, 413, 800, 125, 250
Allen Broom, 40, 142, 360, 60, 165
Beidy Broom, 50, -, 100, 5, 150
Andrew Preslar, -, -, -, 5, 20
Elias Preslar, -, -, -, 5, 75
Evan Preslar, -, -, -, 6, -
Willie Helms, 90, 185, 1000, 100, 467
Eliazer Helms, -, -, -, -, 200
Joshua Helms, 40, 72, 100, 10, 128
Washington Helms, 40, 72, 100, 100, 150
Copland Helms, 25, 20, 75, 2, 50
Enoch Helms, -, -, -, -, 75
Burrett Helms, 30, 70, 200, 5, 100
Stricland Hargett,-, -, -, 5, 100
Ezekiel Helms, 150, 650, 800, 75, 351
Coleman Helms, -, -, -, -, 75
Eli Presley, 65, 307, 570, 50, 120
Gillum Preslar, -, -, -, -, 20
Blackston Helms, -, -, -, 2, 38
Andrew Secrist, 45, 182, 500, 50, 370
L. S. Secrist, 40, 246, 608, 75, 200
Wm Keziah, 40, 75, 300, 5, 75
Mary Osborne, 40, 500, 500, 25, 236
Michael Osborne, 140, 740, 800, 100, 1100
George Rone, 13, 131, 300, 5, 137
Mary Winchester, 70, 82, 1125, 125, 322
Milley Trutt, 52, 135, 372, 5, 208
Lewis Gorden, 30, 270, 600, 125, 225
Francis Griffin, 36, 350, 391, 5, 162
Thomas Harris, -, -, -, -, 65
Sarah Osborne, 15, 35, 100, 5, 125
Richard Nash, 100, 998, 1048, 150 945
Joseph Stegall, -, -, -, 10, 130
Joseph Nash, 55, 141, 392, 10, 153
John Nash, -, -, -, 5, 100
Jessee Nash, 30, 170, 400, 5, 200
Burton Stegall, 40, 60, 225, 25, 120

Wm. Nash, 30, 166, 300, 2,100
James Lowrie, 50, 235, 850, 25, 158
Simeon Mills, -, 100, 100, -, 75
Mary Webb, 100, 900, 2000, 50, 60
Charles Barmean, 89, 640, 968, 60, 480
Joshua F. Collins, 6, 44, 65, 3, 86
Wm. Barmean, -, -, -, 15, 125
James B. Stegall, 30, 118, 125, 3, 86
Thomas Stegall, 20, 30, 300, 3, 60
John D. McBride, 40, 240, 600, 3, 149
Sherwood Roland, 75, 130, 700, 200, 300
Sarah Stegall, 25, 69, 100, 5, 100
James Collins, 21, 39, 150, 5, 145
Wm. L. Stegall, 140, 500, 1500, 400, 511
Thomas B. Stegall, 80, 95, 400, 50, 250
John E. Phifer,-, -, -, -, 30
John W. Link, 25, 195, 400, 1, 90
Bryant E. Austin, 75, 245, 600, 150, 150
Andrew Phifer,-, -, -, -, 50
C. B. Curlee, 40, 912, 1300, 50, 200
Hampton Huntley, 60, 223, 656, 165, 155
Simon Moser, 30, 128, 316, 10, 100
Asa M. Helms, -, -, -, 25, 200
Wm. Williams, 200, 415, 1483, 150, 890
B. B. Smith, 40, 135, 400, 50, 100
James Benton, 100, 400, 2000, 400, 400
John E. Austin, 100, 800, 1500, 50, 200
Thomas Rogers, 46, 395, 762, 50, 420
Lewis Griffin, 30, 670, 700, 20, 100
Walter Gibson, -, -, -, 5, 90
Thomas G. Ross, 22, 78, 125, 6, 125
S. B. Marsh, 100, 300, 800, 150, 400
David Bass, 60, 240, 600, 8, 180
Isham Helms, 40, 85, 275, 6, 150
Irwin Medlin, 50, 167, 651, 150, 210

Isaiah W. Hinson, 60, 245, 800, 125, 250
Thomas G. Boss, 20, 182, 404, 5,100
H. Helms, -, -, -, 50, 30
Henderson Helms, 40, 23, 150, 10,100
J. W. Smith, 30, 170, 400, 10, 200
Isreal A. Helms, -, -, -, 5, 50
Wm. Stegall, 150, 250, 800, 200, 700
M. W. Sherron, 16, 10, 38, 5, 50
Jesse D. Griffin,-, -, -, 5, 65
Elizabeth Head, 30, 340, 185, 5, 90
George W. Polk, 200, 517, 1175, 100, 300
Milas P. Stancel, -, -, -, 5, 75
Willie Jackson, 100, 617, 472, 20, 350
Jackson Chaney, 40, 295, 1000, 80, 350
Thomas J. Jerome, 75, 175, 438, 30, 250
David Cuthbertson, 40, 110, 325, 10, 277
Joab Griffin, 30, 116, 250, 5, 100
Arthur Stegall, -, -, -, 5, -
James Austin, 50, 150, 400, 25, 316
Wm. Hiatt, 75, 756, 1000, 10, 100
Lenoir Chaney, 10, 90, 300, 5, 135
Thomas G. Phifer, -, -, -, -, 30
David Simpson, 100, 1300, 2000, 200, 500
Keziah Chaney, 50, 122, 800, 100, 238
Reason T. Rushing, 17, 399, 712 5, 125
Wm. Philips, 100, 275, 257, 25, 150
Cullen Curlee, 50, 700, 800, 50, 110
Jesse Stegall, 30, 470, 1000, 75, 100
Charles P. Griffin, 65, 365, 900, 150, 286
John R. Helms, -, -, -, 5, 75
Jacob Mullis 1560, 200, 550, 10, 150
James D. Philips, 24, 85, 350, 7, 65
Wm. Holly, 50, 244, 450, 25, 100
Gabriel Helms, 15, 85, 100, 3, 30

Wm. T. Lemmond, 160, 438, 2400, 125, 445
Oliver Beggus, 12, 158, 125, 3, 100
Thomas J. Griffin, 40, 153, 195, 130, 300
Ennis Staton, 100, 2900, 3000, 100, 350
Henry Long, 100, 306, 400, 95, 300
James Little, 40, 101, 300, 25, 150
John Starnes, 80, 520, 600, 4, 500
Mary Beckett, 40, 10, 50, 5, 120
Patrack Harris, -, -, -, 15, 158
Malenium Starnes, 20, 128, 250, 5, 175
Nathaniel Starnes, 30, 827, 350, 10, 300
Harmon King, 30, 65, 95, 50, 160
Steward Ross, -, -, -, -, 5
Jonathan W. Tent, 25, 145, 200, 5, 100
Jane Black, -, -, -, -, 35
Uriah Griffin, -, -, -, 10, 155
Britton Parker, 175, 221, 2000, 209, 652
Lewis C. Laney, 50, 230, 750, -, 175
A. Laney, 100, 513, 1500, 200, 850
Marshall O. Laney, -, -, -, 5, 170
A. A. Laney, 20, 330, 500, -, -
C. M. Laney, -, -, -, 10, 300
William Tent, -, -, -, -, -
Jackson Griffin, 40, 260, 600, 10, 220
Lee Griffin, 35, 130, 200, 3, 139
J. R. F. Harris, -, -, -, -, 25
Robert Byrom, -, -, -, 5, 130
Ezekiel Yarborough, 50, 185, 500, 50, 250
Hilyard Yarborough, 25, 131, 195, 3, 100
Calvin Laney, 200, 2800, 6000, 200, 1362
Geo. Baker, -, -, -, -, 40
Thos. Vinson, 60, 190, 300, 100, 275
Levi Broom, -, -, -, 2, 92
Andrew Broom, 60, 240, 400, 5,200
Calvin Broom, -, -, -, 5, 51

McCollum Phifer, 100, 137, 1800, 250, 453
Burrell Copland, 60, 540, 900, 15, 207
James Horn, 75, 163, 476, 25, 132
William Horn, -, -, -, -, 75
Jessey Wallden, 9, 125, 150, 8, 105
Peter Parker, 50, 529, 1375, 150, 455
Jonathan Haley, 200, 155, 1200, 210, 486
Alfred Dawkins, -, -, -, 10, 145
Benjamin Dawkins, -, -, -, 4, 8
Daniel Baker,-, -, -, 5, 68
Jane Gethings, 200, 800, 300, 150, 237
Jonathan Baker, 100, 200, 600, 50, 241
Nelson Turner, 50, 503, 541, 8, 164
Nelson Ternell (Terrell), 6, 66, 234, 4, 104
Fruen Jordan, 10, 199, 250, 30, 70
Hugh Jenkins, 10, 90, 100, 5, 123
Bartlet Horton,-, -, -, 5, 50
Willis Alsbrook, 75, 787, 3250, 125, 47
John M. Smith, 70, 405, 525, 75, 300
Robert H. Smith, 10, 115, 125, 3,100
Thos. P. Elloba, 32, 116, 500, 5, 170
J. J. Lockhart, 50 110, 450, 20, 169
Isaac Helton, 150, 870, 1200, 150, 708
A. Helton, 75, 360, 445, 10, 291
Obideah Gulledy, -, -, -, -, 20
Vachel T. Cheavs, 60, 777, 2000, 65, 550
Lemuel H. Alsbrook, 75, 525, 6000, 75, 452
Isaac Woodward, 40, 40, 400, 10, 140
William Croford, 30, 58, 262, 4, -
Morgan Mills, 30, 74, 100,-, 70
Jackson Mills, -, -, -, -, 25
Ann Blakney, 60, 140, 800, 100, 300
Feroba Morriss, 100, 350, 1835, 150, 743
William Anderson, 80, 380, 360, 50, 345
Levi Smith, 50, 450, 750, 50, 250
William Parker, -, -, -, 5, 50
Cristophen Dees, 50, 161,434, 100, 23
Samuel Phillips, -, -, - 5, 22
Littleton Rigg, -, -, -, 10, 245
Daniel Walters, 60, 165, 300, 100, 381
Loucey Wolters, -, -, -, -, 32
Elijah Parker, -, -, -, 3, 100
J. F. Starnes, 30, 70, 100, 15, 200
William Byroom, 75, 105, 360, 85, 190
Jessey B. Melton, 25, 52, 150, 15, 200
Goodwin Harris, 14, 140, 154, 5, 100
Noah Helms, -, -, -, 5, 195
Samuel Belk, -, -, -, 8, 70
David Simpson, 20, 80, 200, 5, 14
Hugh Starnes, -, -, -, -, 4
A. W. Belk, -, -, -, 5, 100
William Irby, 45, 208, 550, 60, 225
Green L. Dosten (Dasten), -, -, -, 4, 100
Braswell Muse, -, -, -, 15, 100
John Hagler, 40, 90, 300, 40, 205
Charles Keker, -, -, -, -, 40
Joab Long Jr., 40, 104, 720, 100, 150
Orsboorn Taylor, 12, 107, 150, 4, 40
Roan Gorman, -, -, -, 5, 35
Mikel W. Gorman, 75, 85, 320, 50, 1000
Margaret Russel, 50, 575, 2200, 35, 206
James A. Russel, -, -, -, 75, 200
Jacob Clouts (Clants), -, -, -, 5, 100
Jacob Long, 100, 175, 675, 45, 200
Henry Long, 75, 175, 1000, 300, 600
Jeremiah Clants (Clauts), 50, 212, 131, 60, 200
W. C. Farlon, 20, 80, 90, 5, 125
R. W. Tarlton, 29, 420, 400, 3,115
Robert B. Biggars, 150, 6654, 900, 50, 400

Thos. W. Pinyon, 4, 92, 75, -, 40
John Love, 40, 90, 130, 5, 125
Jacob Williams, 34, 163, 200, 5, 7
Adam Clauts, -, -, -, 2, 40
Paul Hagler, 60, 65, 312, 10, 250
Nicholas Stegall, -, -, -, -, 30
Armsted Little, -, -, -, 5, 200
Adam Long, -, -, -, 3, 200
Hannah Long, 85, 315, 700, 100, 200
Charles Hagler, 120, 400, 1000, 100, 400
R.W. Pinyon, 30, 106, 225, 10, 150
Moses Cuthbertson, -, -, -, 2, 20
Catharine Cuthertson, 55, 195, 115, 5, 35
James J. Dulen, -, -, -, 5, 70
Amey Dulen, 40, 162, 600, 75, 283
Charles Hagler, -, -, -, 2, 3
Alexandrew Scott, 100, 400, 900, 100, 300
George Scott, -, 16, 32, 3, 1012
William Mikel, 50, 168, 175, 30, 70
William P. Williams, 40, 451, 500, 40, 110
H. C. Burnett, -, -, -, 5, 20
John C. Burnett, 20, 135, 325, 5, 90
D. N. Seals, 30, 150, 400, 1, 200
Jacob Mullis Jr., 12, 158, 258, 1, 111
John Tomberlin, -, -, -, 2, 29
Sherwood Sikes, 22, 126, 250, 5, 22
A. G. Price, 17, 49, 125, 5, 84
Isaac Price, 30, 116, 77, 5, 110
William Price, 60, 20, 400, 20, 410
Peter Pressley, 30, 72, 220, 5, 50
Milos K. Pressley, 35, 36, 142, 5, 120
Thos. D. Helms, 25, 75, 100, 5, 60
John Pressley Jr., 16, 184, 150, 5, 1002
Shadric Braswell, 27, 5, 87, 5, 100
James M. Braswell, 12, 99, 225, 5, 70
Armsted Helms,-, -, -, 5, 50
Jonathan Trull, 75, 275, 2000, 400, 400
Briant D. Austin, 60, 288, 1500, 400, 350
Josiah Cuthbertson, 175, 400, 4000, 900, 1100
Henry Bivens, 30, 170, 550, 40, 150
Henry Trull, 15, 141, 312, 3,100
Burrell Bass,-, -, -, 5, 125
Willis Bass, 100, 200, 487, 25, 300
Redden Bennett, 30, 361, 550, 25, 250
Joseph Bennett, -, -, -, 15, 80
C. C. Williams, 50, 300, 300, 60, 175
Abram Broom, 25, 102, 185, 10, 100
Hannah D. Moser, -, -, -, -, 12
Henry Williams, 100, 422, 1000, 25, 300
Joshua Williams, 15, 138, 350, 5, 30
Jonathan Williams, 20, 80, 150, 2, 80
Moses Treadaway, -, -, -, 5, 60
William Treadaway, 30, 107, 450, 5, 85
Hannah Helms, 60, 140, 400, 80, 200
Albert Helms, 38, 162, 600, 5, 60
Wiley Pope, 40, 211, 500, 15, 300
Noah Pope, 15, 85, 200, -, 20
John McManus, -, -, -, 5, 125
Daniel M. Price, 30, 66, 192, 20, 207
David Harget, 50, 64, 300, 15, 361
Samuel Presson, 60, 405, 800, 80, 500
Eli Pressley, 26, 177, 202, 12, 80
Jordon James, 36, 464, 298, 15, 98
Wiley James, 4, 46, 50, 3, 50
B. Braswell, -, -, -, 5, 20
Wm. M. Austin, 75, 175, 6006, 50, 311
William Hamilton, 225, 2125, 6100, 440, 1038
Colman Griffin, 40, 150, 430, 50, 250
Jessey Gardner, 25, 114, 450, 25, 100
Jessey C. Griffin, 100, 440, 1800, 150, 528
Collen Smith, 70, 252, 755, 50, 281
Elisha Lansen, -, -, -, 5, 50

Aaron Mullis, -, -, -, 5, 200
Lacretia Mullis,-, -, -, -, 25
J. K. Griffin, 11, 89, 100, 5, 102
John Mullis Jr., -, -, -, 5, 50
Jackson Simpson, 75, 300, 800, 300, 350
Jacob Austin,-, -, -, 3, 125
Delenny Austin, 20, 350, 500, 100, 200
Hugh Pussen, 30, 140, 360, 5, 111
Simon Godwin, 100, 500, 800, 100, 340
James Little, 30, 177, 300, 5, 125
Ebenezer Thomas, 25, 75, 100, 30, 30
Henry Boulden, 100, 500, 1000, 500, 557
Awnenious Thanes Jr., 30, 135, 250, 15, 150
Wiatt Shaver, 6, 19, 75, 5, 70
William Shaver, 45, 57, 200, 75, 175
Jesse Garley, 30, 130, 320, 4, 300
Daniel Garley, 10, 65, 150, 5, 40
John R. Thomas, 30, 70, 175, 25, 125
Gedden Grene, 35, 65, 150, 3, 80
William Staton, -, -, -, -, 62
James Staton, 100, 258, 700, 100, 300
Jas. W. Holley, 50, 100, 300, 25, 150
Elizabeth Dees, 50, 240, 500, 10, 150
Frashor Carpenter, -, -, -, -, 50
Green B. Rushing, 15, 10, 100, 2, 140
E. N. Caraway, 40, 168, 304, 20, 126
Jackson Davis, 15, 75, 180, 67, 134
William Brantly, 60, 97, 300, 50, 250
Berryman Traywick, 22, 78, 300, 15, 200
Phillip Keker, 40, 155, 600, 20, 150
Sarah Helms, 25, 75, 122, 5,100
Theopholus Helms, 30, 43, 110, 5, 100
Colman Lee, 30, 115, 217, 10, 100
Rachel Little, -, -, -, -, 4
Lot Sinclor, -, -, -, 6, 75
Lenard Green, 60, 240, 1000, 100, 400
John Hagler Sr., 20, 280, 200, 3, 100
Margaret Hagler, 25, 75, 150, 5, 80
Robert Ramsey, 65, 304, 369, 5, 355
Hiram Hagler, -, -, -, -, 100
Lenard Green Sr., 35, 465, 374, 40, 200
C. C. Love, 80, 517, 1600, 300, 500
David Guinn, -, -, -, 5, 150
George Hawlie, 45, 200, 1100, 100, 360
Addason, Whitley, 56, 140, 500, 75, 360
William D. Williams, 25, 25, 100, 5, 150
Ad_son Keker, 35, 112, 200, 20, 100
Joshua Sikes Jr., 45, 305, 692, 20, 150
Mosley Rogers, 50, 175, 280, 6, 150
Thos. D. Rogers, -, 106, 106, 25, 100
Thos. J. Green, 30, 45, 200, 5, 100
John Belk, -, -, -, 10, 20
William H. Simpson, 50, 275, 750, 50, 175
G. W. May, 75, 675, 1500, 25, 300
W. J. McBride, 40, 60, 300, 20, 250
D. Rushing, 150, 683, 2500, 200, 530
Drucilla Phifer, 70, 454, 1250, 50, 375
Thos. H. Benton, 15, 85, 300, 5, 150
Hiram Williams, 30, 93, 245, 50, 260
John C. Williams, 20, 60, 240, 5, 130
James Williams, 20, 200, 440, 5, 200
Thos. C. Griffin, 55, 210, 800, 100, 265
Richard Bass, 45, 205, 400, 25, 200
John C. Bass, 10, 86, 100, 3, 100
Ransom Bowson, -, -, 600, 90, 237
Jacob Griffin, -, -, -, 5, 91
John P. Griffin, 6, 94, 150, 6, 83
S. R. Mullis, 75, 7700, 925, 100, 283
R. H. James, 40, 552, 700, 6, 152

James L. James, -, -, -, 5, 60
William Treadaway, 16, 134, 150, 4, 100
Joseph M. Dunn, 40, 81, 350, 5, 75
John L. James, 15, 85, 150, 10, 55
Jackson T. Morris, 60, 136, 400, 6, 217
Robert Name, 60, 300, 580, 20, 125
James Hamilton, 35, 165, 400, 20, 145
Susan McCourmon, 20, 210, 600, 15, 175
David Ewing, 150, 480, 1000, 200, 500
E. D. Richardson, 85, 315, 615, 150, 300
G. L. Glenn, 7, 93, 100, 2, 200
Samuel McWiter, 100, 234, 1000, 200, 550
V. F. Richardson, 60, 200, 350, 150, 300
John Walker, 200, 1000, 1200, 500, 670
Danl. Broom, -, -, -, 5, 50
Saml. Ross, 35, 25, 120, 10, 200
Saml. Webb, 30, 238, 482, 15, 60
Obed York, 40, 226, 300, 10, 150
Wm. S. Osborne, 100, 230, 1300, 160, 560
Robert Philips, 40, 204, 500, 5, 160
John Elliott, 100, 375, 1000, 100, 375
Zechenak Parker, 65, 205, 500, 10, 215
Thomas Threatt, 250, 400, 1387, 150, 735
A. B. Laney, -, -, -, 5, 100
Thomas Parker, -, -, -, 5, 100
Isaac Davis, -, -, -, 5, 135
Simpson Davis, 80, 277, 550, 100, 275
Sarah Maddox, 50, 50, 300, 300, 75
John Osborne, 75, 225, 900, 15, 220
Elijah Philmon, 10, 140, 300, 5, 90
Jacob Baker, -, -, -, -, 30
J. W. Doster, 25, 166, 382, 75, 200

James Doster, 120, 610, 1000, 250, 470
Alvin Preslar, 35, 97, 150, -, -
Thomas Doster, 60, 40, 200, 60, 220
Henry Moser, 100, 300, 1500, 800, 490
Wm. Moser, 30, 100, 150, 5, 150
Jacob Broom, -, -, -, 5, 100
Sampson Doster, 100, 400, 1500, 200, 460
Jonathan Broom, 40, 200, 484, 70, 185
Burton Broom Jr., -, -, -, 2, 150
Coleman D. Helms, 35, 185, 600, 10, 175
Isaiah Helms, -, -, -, 10, 75
Elias Preslar, 12, 32, 60, 42, 215
Tyre Broom, 40, 77, 235, 35, 200
A. W. Griffin, - ,-, -, -, 30
Jacob Broom Sr., 40, -, 150, 25, 134
Charly Broom, 40, 110, 300, 10, 180
Duglass A. Sinclar, -, -, -, 5, 60
John R. Gardner, 20, 161, 230, 5, 142
Jephthat P. Doster, 8, 200, 300, 5, 135
James Mullis Sr., 80, 950, 1032, 20, 375
Noah Broom, 20, 16, 72, 5, 121
James M. Doster, 40, 100, 406, 15, 175
John Short, 75, 172, 500, 20, 150
Edward N. Richardson, 120, 600, 800, 100, 300
Sampson D. Belk, 15, 155, 500, 10, 200
Mason J. Richardson, 40, 70, 100, 10, 150
D. P. Belk, 50, 178, 250, 10, 70
Hannah Belk, 100, 190, 500, 80, 325
Sarah S. Holden, 20, 46, 100, 5, 175
Fred Starnes, 60, 65, 200, 40, 200
Philip Richardson, 200, 600, 1500, 200, 1250
Kendrick Richardson, 100, 600, 1000, 201, 500

David Starnes, -, -, -, 10, 100
Mary Starnes, 40, 90, 130, 10, 170
Christen Richardson, 80, 670, 800, 125, l350
A. M. Nesbit, 30, 100, 250, 10, 150
Catharine Wright, -, -, -, -, -
Mason M. Richardson, 20, 138, 262, -, 150
Joseph Starnes, 80, 120, 300, 60, 100
Margaret Lowrie, 223, -, 336, 6, 120
Valentine Starnes, 50, 250, 600, 75, 278
John Irby, 20, -, 200, 5, 100
Wm. Starnes, 12, 113, 250, 250, 65
J. B. Starnes, 15, 115, 300, 5, 145
B. F. Moody, 100, 211, 300, 5, 140
Mary Gary, 8, 62, 100, 5, 132
Jones Moody, 30, 110, 150, 3,100
John D. Plyler, 35, 100, 125,100, 100
David Montgomery, 25, 40, 150, 10, 200
Elleut Belk, 16, 93, 250, 25, 150
Rhett Plyler, 45, 375, 720, 5, 500
Coonrod Plyler, -, -, -, 5, 200
Philip Plyler, 6, 34, 70, -, 100
James Brigaman, -, -, -, -, 100
Wilkerson Dickerson, 30, 70, 300, 45, 237
C. W. McCauley, 32, 20, 300, 100, 230
R. Rogers, 200, 1289, 2000, 300, 516
Saml. H. Walkup, 60, 72, 1000, -, 150
Wm. C. Doster, 55, 735, 1300, 10, 425
Sarah Helms, 108, 109, 400, 10, 250
Gabriel W. Helms, 15, 133, 200, -, -
Henry Hall, 25, 25, 200, 5, 130
Obed Curlee, 40, 160, 400, 65, 170
Joseph Hall, 100, 150, 700, 50, 150
Mary Newsom, -, -, -, -, 100
Jacob Thomas, 30, 203, 467, 5, 125
David Thomas, 100, 370, 1000, 300, 300
Thomas Holly, 50, 175, 400, 50, 125
Edmond Davis, 100, 165, 565, 100, 320
Sarey Tolson, 82, 238, 600, 100, 500
Riley H. Griffin, 45, 95, 270, 25, 130
Joseph Woodward, 70, 415, 970, 40, 500
Griffin Curlee, 50, 150, 600, 20, 200
Menow Little, 70, 95, 500, 10, 125
Susan Little, 15, 42, 100, 4, 40
James A. Horn, 30, 100, 260, 20, 200
Noah Horn, -, -, -, 5, 90
Churchwell Lowtharpe, 60, 216, 600, 25, 200
Wm. Dunkin, 70, 177, 600, 5, 200
R. Boley, -, -, -, 5, 100
Obed Sinclair, -, -, -, 25, 250
Parker Presley, 50, 86, 350, 30, 200
Milus Phifer, -, -, -, 5, 100
Hugh Ross, 45, 280, 600, 10, 400
Aaron Stigall, 60, 650, 100, 38, 312
James Griffin, 80, 280, 600, 5, 200
Callum Ross, 25, 77, 200, 5, 100
Clement Dees, 60, 240, 750, 25, 300
Bryant W. Dees, 8, 37, 100, 2, 45
Thomas Manus, 60, 210, 600, 30, 300
Thomas Ross, 100, 265, 850, 200, 200
Jemima Ross, 26, 366, 392, 15, 144
Jesse Little, -, -, -, 3, 50
Dugal Ross, 40, 201, 527, 10, 125
Henry Mullis, 40, 223, 536, 15, 150
John M. Griffin, -, -, -, 10, 200
George W. Morris, 25, 67, 200, -, 200
John P. Griffin, 20, -, 150, 90, 700
Thomas Griffin, 80, 600, 1700, 75, 415
Jeremiah Perry, 30, 166, 350, 15, 100
John Griffin, 100, 260, 1500, 200, 354
George Little, 50, 618, 1336, 150, 300

Wake County, North Carolina
1850 Agricultural Census

The University of North Carolina at Chapel Hill filmed the 1850 agricultural census for Wake County from originals at the North Carolina State Department of Archives and History under a grant from the National Science Foundation in 1961.

Columns 1, 2, 3, 4, 5, and 13 represent the following information on the census:
1. Name of Owner, Agent or Manager of Farm
2. Acres of Improved Land
3. Acres of Unimproved Land
4. Cash Value of the Farm
5. Value of Farming Implements and Machinery
13. Value of Livestock

S. Whitaker, 250, 250, 1500, 525, 500
S. M. Williams, 80, 150, 850, 50, 230
M. Macklin, 30, 30, 150, 30, 212
M. Utley, 30, 70, 100, 15, 105
Wm. Medlin, 1, 59, -, 51, 50
S. M. Utley, 90, 596, 800, 50, 290
Jno. Utley, -, -, -, -, 12
James Rhodes, 100, 353, 453, 30, 135
S. J. Utley, 45, 193, 238, 8, 130
Thomas Crowder, -, -, -, 2, 100
P. Jones, 300, 750, 4500, 75, 550
P. Crowder, 70, 76, 500, 15, 123
Thos. G. Whitaker, 200, 1436, 2500, 200, 700
R. Sugg, -, -, 125, 5, 75
J. J. L. McCullers, 200, 550, 2000, 225, 384
M. McCullers, 40, 110, 150, 25, 63
James King, -, -, -, -, -
H. Stevens, 100, 244, 450, 25, 195
D. Smith, 70, 230, 750, 25, 175
B. Pope, -, -, -, 5, 95
W. Avery, 45, 100, 362, 15, 175
John Howdad(Howard), -, -, -, 30, 170
Jno. Rhodes, 20, 142, 163, 7, 50

E. Stokes, 100, 147, 700, 25, 170
Ho. Howard, -, -, -, -, 75
G. Austin, 50, 217, 500, 40, 280
N. Smith, -, -, -, -, 10
Stephen Stephen, 150, 1009, 2220, 100, 620
B. Rowland, 150, 302, 900, 45, 525
E. Rowland, 50, 168, -, -, -
James Rowland, 70, 50, 300, 40, 261
J. Rowland, 140, 235, 535, 40, 460
W. Rowland, 50, 1233, 100, 100, 283
H. Wilbern, -, -, -, 5, 36
N. Adams, 60, 234, 294, 75, 259
A. H. Tucker, 83, 83, 584, 25, 222
James Penny, 110, 1200, 2500, 100, 356
W. Hamilton, -, -, -, -, 24
H. Vandigriff, 10, 40, 100, 14, 85
C. Adams, 8, 12, 40, 2, -
C. Woodard, -, -, -, -, 20
W. Locklier, 15, 25, 80, 3, 45
A. Jonston, 25, 94, 240, 30, 45
A. J. Morriss, 15, 118, 267, -, 22
_____ Parmore, -, -, -, -, -
D. Campbell, 70, 180, 550, 10, 150
Thos. Copeland, 10, 20, 60, 3, 40
H. Chavis, 15, 17, 65, 45, 106
S. Chavis, -, -, -, -, 27

R. Gulley, 30, 12, 125, 10, 93
N. Hunter, 50, 100, 500, 5, 26
S. Hunter, 60, 261, 1000, 25, 236
J. Griffis, 55, 261, 316, 50, 110
W. Peace, 708, 1815, 15830, 1000, 1340
W. Franklin, 30, 157, 300, 10, 26
B. Utley, -, -, -, 16, 116
G. Franklin, 15, 60, 150, 40, 100
B. S. K. Jones, -, -, -, 12, 263
M. J. Speight, 125, 475, 1200, 30, 289
T. C. Utley, 100, 1084, 1750, 133, 208
G. Andrews, -, -, -, -, 45
M. Jones, 130, 2270, 2400, 100, 263
B. Jones, 40, 247, 350, 25, 190
J. Wilson, -, -, -, 8, 115
B. Brown, 300, 205, 630, 50, 403
Leroy Taylor, 50, 170, 500, 100, 235
A. Franks, 80, 550, 700, 200, 348
M. McC. Stephenson, 200, 2673, 5650, 300, 940
E. Jordan, -, -, -, -, 22
T. Hunicutt, -, 60, -, -, -
A. Turner, 200, 3175, 3775, 125, 450
G. Stevens, 40, 57, 250, 15, 195
J. Adams, 50, 170, 1000, 90, 328
A. Adams, 135, 530, 1500, 125, 411
D. B. Stephenson, 10, 707, 1400, 40, 157
W. H. Scott, 30, 129, 1000, 40, 218
H. Smith, 100, 287, 700, 40, 234
B. Womack, 100, 594, 1800, 50, 763
W. Rowland, 150, 775, 2350, 180, 472
R. Lasiter, -, -, -, 150, 430
James Durden, 40, 115, 155, 10, 63
A. Partin, 100, 500, 600, 25, 217
E. Partin, 100, 371, 590, 50, 250
W. D. Fish, 120, 280, 600, 20, 140
J. Fish, -, -, -, 5, 75
J. Evans, 9, 68, 77, 2, 35
W. Stokes, 40, 362, 550, 25, 137
W. H. Baker, 8, 84, 92, -, 27
J. Stokes, 50, 365, 500, 17, 150

E. Godwin, 10, 9, 19, 15, 42
G. Myatt, -, -, -, 15, 50
A. Hunicutt, -, -, -, 5, 145
A. Partin, 100, 500, 600, 85, 110
A. J. Partin, 60, 60, 120, 50, 115
N. Partin, 30, 186, 275, 5, 148
D. Partin, 80, 258, 350, 10, 145
C. Fish, 120, 291, 466, 25, 220
S. Jonston, 55, 166, 200, 15, 139
J. Stewart, 50, 359, 520, 30, 238
James Stewart, 300, 1740, 2040, 150, 945
G. Austin, 16, 128, 144, 4, 40
A. Austin, 40, 104, 150, 20, 181
W. Gregory, -, -, -, 5, 60
P. Partin, 100, 1500, 1800, 105, 423
A. Holland, 100, 900, 1000, 202, 444
Jno. Smith, 60, 164, 240, 15, 269
W. Wilder, 60, 34, 150, 5, 137
A. Betts, 60, 862, 1700, 90, 500
J. Wilbert, 30, 57, 200, 15, 135
J. Fuqua, 30, 170, 200, 12, 65
J. Crawley, 100, 127, 350, 30, 347
W. Balentine, 100, 277, 377, 35, 300
H. Oliver, 40, 98, 150, 15, 75
S. Gardner, 60, 188, 188, 20, 103
J. Oliver Sr., 40, 160, 200, 15, 94
J. Oliver Jr., 50, 130, 180, 2, 69
A. Utley, 30, 370, 400, -, -
D. Powel, 60, 40, 100, 10, 93
M. Wood, 50, 162, 212, 30, 200
J. Powel, 30, 70, 100, 5, 84
T. Spence, 25, 26, 50, 10, 45
J. Jones, 60, 140, 200, 38, 247
S. Fuqua, 125, 397, 522, 25, 235
D. Fuqua, -, -, -, -, 160
James Adams, 125, 225, 700, 40, 495
E. W. Brown, 52, 243, 533, 20, 310
L. Stinson, 125, 545, 571, 30, 344
R. Champon, 35, 165, 200, 20, 110
W. Sing, -, -, -, -, 25
B. Utley, 100, 409, 700, 50, 253
J. Utley, 100, 770 870, 115, 423
G. Utley, 100, 402, 1100, 100, 400
N. Gardner, 100, 1013, 1250, 50, 321

E. Jones, 30, 570, 750, 35, 144
J. L. Jones, -, -, -, -, 83
A. Jones, 130, 225, 2380, 108, 355
A. Jones, 200, 470, 2300, 200, 940
E. Stevens, 100, 203, 500, 654, 333
R. Crowder, 80, 225, 530, 32, 244
A. Utley, 140, 460, 1700, 25, 275
Thos. Rhodes, -, -, -, -, 105
A. Gower, 150, 314, 1900, 45, 217
G. Sauls, 40, 200, 240, 25, 145
W. W. Clements, 100, 666, 3400, 50, 330
W. Franks, -, -, -, -, 90
Lorenza Franks, 50, 230, 600, 40, 198
James M. Jones, 60, 150, 312, 40, 183
William Jones, -, -, -, 40, 94
Willis B. Barfield, 40, 273, 390, 31, 145
Elias Langston, 30, 240, 270, 30, 115
Matthew Smith, 25, 35, 60, 40
David Thomas, -, -, -, 3, 68
Samuel Atkins, 75, 304, 1000, 89, 355
John Womble Jr., 30, 201, 337, 10, 66
John Harrison, 75, 155, 575, 40, 319
William Pope, 50, 100, 300, 25, 204
Joseph Edwards, 90, 150, 540, 100, 476
Seth Edwards, 35, 148, 410, 5, 225
Troy G. Wilson, 30, 70, 200, 15, 80
Bennet Pasmore, 45, 160, 225, -, 164
Frederick Matthews, 30, 45, 80, 15, 167
Willie Pope, 200, 2012, 3554, 300, 870
Burt Brown, 25, 32, 57, 10, 82
Thos. L. Edwards, 100, 400, 500, 55, 416
Stephen H. Rogers, 30, 100, 130, 20, 106
James Rogers, 100, 302, 500, 30, 323
L. B. Segraves, 40, 125, 165, 25, 125
James A. Wheeler, 20, 79, 100, 20, 71
William Edwards, 150, 822, 1500, 40, 275
John Segraves Jr., 75, 202, 217, 55, 305
Wesley T. Jones, 45 171, 600, 25, 127
Gray Smith, 40, 233, 273, 20, 96
Needham Ennis, -, -, -, -, 79
Calamese Edwards, 30, 90, 120, 25, 97
John W. Rogers, 125, 1000, 1200, 75, 543
Joshua Rogers, 200, 2000, 2000, 200, 843
Stephen Segraves, -, -, -, 10, 137
Tabitha Rogers, 125, 842, 967, 95, 467
Alsey Hunter, 160, 2299, 3000, 275, 765
Joseph Hunter, 50, -, -, 10, 211
Isaac Hunter, 60, -, -, 35, 302
Jesse Welch, 25, 25, 50, 25, 85
Bennet Holland, 100, 308, 700, 67, 415
Archibald Leslie, 30, 125, 480, 20, 180
Mabel Holland, 40, 135, 300, 20, 119
Enoch Booker, 50, 700, 1000, 60, 385
Eaton Collins, 88, 259, 500, 40, 365
Fanny Utley, 52, -, -, 15, -
Allen Wood, 40, -, 80, 15, 256
Richard Jones, 50, 143, 430, 25, 30
Wesley Utley, 20, 243, 480, 22, 195
Elizabeth Jones, 55, 345, 400, 20, 120
John Jones, 45, 190, 290, 25, 209
Anderson Wood, 7, 35, 66, 14, 108
Needham Norriss, 100, 700, 1200, 153, 650
Henderson Thomas, 50, 640, 690, 138, 158
Elbert Norriss, 30, 170, 300, 4, 119

Elizabeth Pearson, 80, 320, 600, 104, 314
Samuel Norriss, 40, 377, 600, 22, 197
Arthur Branch, 200, 609, 1000, 215, 574
Willis B. Holland, 45, 411, 700, 30, 154
Nancy Barker, 50, 320, 780, 80, 300
Daniel B. Holland, 30, 180, 425, 10, 116
Andrew Peddy, 30, 94, 250, 25, 168
Norriss Utley, 30, 97, 250, 5, 135
Burwell Utley, 20, 223, 325, 5, 86
Samuel P. Norriss, 200, 800, 1500, 200, 1165
John Watson, 40, 590, 650, 25, 222
Young Jones, 100, 327, 648, 67, 370
Alfred Burt, 150, 1494, 1650, 200, 700
William Baker, -, -, -, 24, 54
Joel Driver, 50, 84, 135, 15, 107
William Nash, 200, 900, 1000, 100, 676
Jesse Burt, 50, 100, 250, 20, 281
Elisha Dennis, 200, 400, 800, 120, 535
Alsey Murry, 50, 68, 350, 10, 97
John Avens, 60, 390, 900, 300, 410
John Avens, 35, -, 100, 10, 131
Allen Jones, 100, 1500, 3640, 93, 400
John Judd, 200, 465, 800, 55, 350
John Gilbert, 40, 110, 200, 35, 180
John Whitehead, 40, 70, 220, 12, 209
Gray Jones, 50, 450, 500, 50, 212
Martin Linch, 20, 87, 107, 10, 21
James Wood, 100, 550, 950, 30, 475
William Patrick, 50, 106, 200, 30, 209
Thomas Stewart, 15, 15, 30, 5, 50
Wyatt Freeman, 40, 22, 100, 35, 1356
William B. Welch, 20, 101, 121, 6, 100
Simeon Yates, 50, 65, 235, 20, 100
James Stewart, 20, 37, 75, 15, 37
Isham Collins, 70, 154, 225, 37, 275
Stanford Wheeler, 50, 180, 225, 30, 210
Alvin Jones, 40, 395, 600, 20, 62
Robert Norriss, 50, 173, 426, 32, 160
Paschal B. Burt, 400, 630, 2000, 292, 1665
Green Beckwith, 100, 600, 100, 255, 544
John Segraves, 40, 214, 274, 12, 120
William Barker, 50, 166, 400, 40, 172
Zachariah Barker, 20, 55, 150, 10, 155
John Holoman, 40, 50, 200, 10, 75
Isham Holland, 75, 225, 800, 130, 350
Richard Bright, 60, 870, 1180, 70, 305
Sihon Beckwith, 50, 175, 400, 45, 269
Isaac Beckwith, 30, 120, 150, 5, 45
Alfred Wood, 50, 420, 685, 32, 103
Jonathan Wood, 20, 55, 100, 55, 32
Robert T. Freeman, 16, 49, 45, 25, 65
Abner Lashly, 30, 150, 315, 70, 115
Briant Barker, 20, 276, 296, 50, 125
Elizabeth Lashly, 35, 115, 250, 18, 315
Wesley J. Lashly, 6, 90, 192, 4, 80
William Bright, 30, 173, 300, 40, 115
William Dupree, 35, 156, 422, 50, 135
Edmond Holoman, 125, 586, 1300, 125, 422
John Holoman, 70, 651, 1200, 70, 235
John Richardson, 100, 795, 700, 45, 281
William H. Norriss, 30, 384, 500, 30, 167
James H. Norriss, 15, 235, 250, 10, 194

Ruffin Wilson, 35, 400, 700, 12, 139
Merril Olive Jr., 40, 180, 420, 20, 107
Jackson Davis, 30, 625, 930, 20, 129
William Boothe, 35, 161, 400, 90, 232
James Sugg, 30, -, -, 3, 110
Warren Sugg, 50, 394, 844, 99, 315
William Gaddis, 10, 40, 100, 4, 49
William Womble, 50, 450, 750, 20, 292
Thomas Womble, 30, -, -, 5, 108
Merrit Womble, 35, 163, 355, 7, 146
John Womble, 50, 348, 600, 25, 305
Thomas Boothe, 40, 241, 300, 27, 175
John Partin, 60, 384, 1000, 115, 339
James Boothe, 70, 380, 65, 650, 393
Paschal Stevens, 20, 94, 230, 10, 144
William Holoman, 20, 130, 150, 25, 115
A. Booker, 40, 164, 400, 25, 125
Polly Mims, 50, 280, 500, 45, 301
Thomas Gaddis, 15, 75, 90, 25, 114
John Holoman, 50, 200, 300, 30, 167
Nials Gunter, 60, 240, 300, 15, 182
James Gunter, 40, 184, 225, 20, 157
John Holt, 15, 79, 86, 5, 48
Owen Tuton, 25, 26, 51, 24, 38
Whitney Upchurch, 55, 52, 100, 30, 100
Davis Holoman, 30, 103, 217, 25, 152
John Bennet, 30, 220, 325, 12, 158
Robert M. Brown, 12, 39, 250, 25, 123
Anderson Oliver, 20, 50, 140, 10, 125
Alvin Oliver, 50, 64, 156, 15, 130
Brinkly Barker, 25, 115, 280, 20, 149
David Gardner, 25, 85, 218, 10, 80
William Holland, 20, 100, 240, 12, 115
Eli Oliver, 15, 55, 105, 6, 65
Henderson Olive, 20, 160, 200, 7, 85
Thomas Laurence, 50, 250, 50, 30, 195
Sarah Laurence, 30, 122, 270, 10, 82
Mark Barker, 50, 221, 500, 40, 200
Asa Olive, 60, 140, 300, 23, 180
Jefferson Olive, 32, 68, 150, 10, 14
Irey Olive, 20, 80, 200, 20, 52
Celey Howel, 60, 270, 525, 10, 112
William Oliver, 50, 110, 240, 25, 147
James Welch, 60, 200, 325, 30, 315
Sarah Ragan, 75, 150, 400, 23, 222
Haywood Branch, 35, 130, 300, 34, 108
Joel Stewart, 75, 160, 265, 30, 220
Jacob Hunter, 28, 652, 1000, 30, 132
William Collins, 25, -, -, 10, 4
Abram Scott, 60, 490, 1250, 73, 464
Willis Ragan, 15, 82, 150, 12, 44
Ruffin Upchurch, 70, 270, 1000, 150, 460
Linsey Williams, 50, 361, 725, 25, 166
John Goodwin, 40, 160, 300, 18, 114
Merril Olive, 75, 500, 1150, 110, 520
Kader Olive, 35, 229, 400, 60, 169
Robert Williams, 100, 520, 930, 75, 338
Henry Turner, -, -, -, 300, 160
Jesse Penny, 12, 92, 200, 10, 81
James Penny, 20, 84, 200, 3, 66
Sidney Holoman, 25, -, -, 7, 87
Britain Mills, 35, 35, 140, 5, 70
Obed Jonston, 30, 40, 105, 25, 100
Kindrick Jonston, 60, 140, 600, 44, 119
James M. Pearson, 30, 266, 480, 55, 162
Charles Penny, 60, 155, 215, 78, 140
John B. Sears, 25, 182, 400, 30, 200
William Ivey, 40, -, -, 5, 123
Peterson Ivey, 75, 137, 530, 95, 344
Elijah Wilson, 18, 44, 125, 25, 199
Britain Mills, 50, 53, 150, 10, 110
C. S. Jinks, 17, 83, 150, 3, 85

William Jinks, 50, 48, 200, 55, 405
Johnston Olive, 40, 110, 225, 20, 238
Jesse Howel, 60, 170, 900, 58, 310
James Mills, 40, 110, 225, 8, 120
Green Mills, 50, 118, 250, 10, 60
Nathan Mills, 50, 160, 306, 10, 206
Bassel Yates, 50, 150, 400, 60, 215
Willie J. Fuller, 300, 260, 1200, 115, 640
Hinton Hudson, 60, 165, 350, 10, 275
Lemuel Morgan, 25, 175, 300, 10, 64
Elijah Mills, 22, -, -, 10, 78
Seth Jinks, 200, 700, 1400, 130, 450
Edmond Barker, 40, 90, 130, 25, 115
Allen Jinks, 50, 50, 225, 57, 206
Abitha Babb, 15, -, -, 5, 55
John Babb, 20, 130, 300, 90, 125
John Crocker, 80, 70, 125, 30, 110
William Canady, 40, 150, 190, 17, 45
Joseph Jordan, 25, -, -, 13, 132
William Linch, 5, -, -, 10, 65
Isley Vaughn, 30, 200, 290, 10, 47
John J. Lewis, 11, 96, 133, 3, -
Jarnat Breadwell, 50, 166, 475, 40, 100
Zachariah Wimbly, 75, 300, 750, 60, 457
Hilliard Hudson, 80, 252, 415, 90, 335
Leroy Mitchel, 100, 500, 1500, 75, 286
Osman Bower, 36, 110, 220, 30, 165
Kimbal Perry, 30, -, -, 7, 60
Henry Whitehead, 55, 177, 750, 12, 125
Lazarus Whitehead, 40, 193, 250, 5, 170
Hubard Upchurch, 50, 155, 312, 85, 323
Golden A. Upchurch, 40, 110, 225, 15, 220
John R. Whitehead, 28, 24, 78, 10, 205
John Castlebery, 60, 85, 300, 30, 323
Amos Maidnard, 75, 135, 262, 25, 247
Ruffin Castleberry, 25, 112, 205, 15, 150
Henry Mosaig, 25, 165, 165, 555, 122
Fielding Mooring, 15, -, -, 6, 110
Joel Jones, 55, 255, 465, 20, 325
Baldwin Howel, 35, 487, 472, 15, 125
Thos. Pair, 30, 20, 50, 15, 100
Willie W. Holoman, 25, 50, 82, 10, 132
Wyatt J. Holoman, 60, 97, 235, 68, 365
Nathaniel Thompson, 50, -, -, 22, 128
Guilford Lewis, 20, 151, 250, 7, 50
William Lewis, 25, -, -, 5, 57
John Merit, 40, 100, 175, 15, 170
Garrison Barker, 25, 152, 160, 13, -
Wesley Laurence, 20, 199, -, 7, 50
Elizabeth Wilson, 15, 40, 216, 6, 110
Jacob Rhodes, 20, 123, 90, 12, 70
Daniel Mann, 11, 1300, 200, 15, 85
Patrick Dowd, 200, 480, 2800, 150, 775
James Woodard, 120, -, 900, 245, 593
Jesse R. Mainard, 35, -, -, 3, 45
Allen Mainard, 92, 445, 1200, 40, 341
Quinton Adams, 12, 13, 98, 6, 109
Bennet Olive, 50, 253, 60, 2, 229
Nancy Howel, 30, 46, 76, 20, 170
Thomas Howel, 100, 75, 263, 51, 222
Henry Howel, 40, 280, 640, 10, 151
Thomas Young, 80, 417, 1000, 97, 487
Isham Olive, 30, 27, 450, 15, 73
David Oliver, 27, 54, 200, 5, 88
Jesse J. Saunders, 45, 101, 222, 22, 187

Corbin Edwards, 40, 156, 300, 20, 265
Henry G. Atkins, 35, 167, 200, 6, 85
B. Buffaloe, 75, 150, 00, 50, 283
Thomas Ross, 40, 160, 300, 35, 120
John Ross, 20, 52, 70, -, 160
Leonard C. Staton, 50, 160, 300, 15, 105
Leonard Clements, 35, 65, 100, 26, 112
Martha V. Clements, 15, 85, 100, 4, 75
A. H. Clements, 30, 102, 192, 5, 159
Everard Hall, 150, 590, 6400, 100, 550
Soloman King, 150, -, - 170, 775
Burwell Bell, 25, 25, 100, 15, 84
William P. Lee, 8, 12, 500, 17, 32
John T. C. Wiatt, 32, 98, 300, 40, 240
Henry Horton, 40, -, -, 15, 224
Thomas Merideth, 40, 135, 3000, 160, 293
Napoleon Blake, 20, 85, 250, 10, 135
William Keith, 6, -, -, 4, 86
Lemuel Keith, 40, 60, 25, 25, 160
William Kane, 30, 81, 200, 15, 62
Anderson Goodwin, 6, -, -, 15, 135
Kendrick Goodwin, 10, -, -, 3, 32
William Goodwin, 20, 81, 200, 5, 127
Alsey Eatman, 75, 148, 670, 120, 499
Kinion Jones, 10, 44, 200, 5, 77
Jesse Mainard, 6, 140, 180, 5, 50
Joseph King, 22, -, -, 15, 139
Drury King, 45, 531, 1730, 25, 305
Carliss Yates, 40, 244, 706, 50, 147
Jefferson Goodwin, 60, 140, 400, 25, 285
Jacob Mainard, 23, 31, 80, 30, 214
John C. King, 16, -, -, 15, 105
Jane Bells, 30, 420, 1350, 20, 228
Anderson Bells, 25, -, -, 52, 106
Henry G. Morris, 10, 100, 33, 30, 150

William Young, 50, 387, 1300, 40, 405
William B. Williams, 52, 148, 500, 45, 202
Lewis Crowder, 18, -, -, 27, 124
Joseph Mainer, 27, 100, 354, 18, 189
Marchant Morriss, 25, 334, 390, 40, 50
Pharis Yates, 40, 260, 700, 145, 196
John Baukum, 60, 340, 900, 172, 315
William Alford, 35, 164, 400, 17, 113
William Jones, 16, 95, 140, 10, 95
Green H. Alford, 40, 210, 1000, 50, 189
David Williams, 70, 280, 1200, 75, 380
Nancy Alford, 50, 278, 1000, 25, 115
William Baucum, 20, 437, 486, 20, 88
Jesse Weathers, 50, 220, 400, 15, 265
Austin Morgan, 40, 121, 250, 22, 50
William Carpenter, 25, 87, 175, 5, 113
Jefferson Robertson, 12, -, -, 6, 80
Jeremiah Morris, 140, 1310, 2000, 85, 1010
Jeremiah Williams, 40, 60, 250, 10, 67
Abel Upchurch, 40, 68, 216, 10, 93
Margaret Upchurch, 70, 130, 400, 10, 188
Gilbert Upchurch, 35, 65, 175, 5, 108
Rufus H. Jones, 105, 132, 356, 95, 410
Burbin Castleberry, 30, 70, 20, 35, 270
John Pollard, 12, 142, 300, 12, 169
Bartlett Sears, 40, 60, 200, 32, 280
Wesley Marcum, 100, 268, 1000, 80, 506
Willie Mainard, 50, 100, 300, 83, 95

William Baby, 100, 400, 1000, 65, 280
Susan Searls, 8, -, -, 5, 25
Isaac Hudson, 175, 740, 1300, 232, 438
Christopher Barby, 40, 160, 250, 40, 154
Roderic Harrard, 12, 61, 110, 10, 61
Piety Harrard, 50, 23, 180, 13, 80
Archibald Rigsby, 70, 14, 142, 35, 119
Latha Baucum, 75, 350, 632, 40, 265
John Scott, 50, 185, 353, 15, 240
Kerney Bird, 35, 53, 152, 5, 115
Jesse Bird, 50, 111, 262, 17, 144
Adison Council, 50, 70, 360, 10, 110
John Scott Jr., 75, 115, 540, 25, 429
Lewis Yates, 4, 44, 150, 4, 87
Jackson Bird, 22, 8, 40, 10, 108
John Raiborn, 35, -, -, 14, 86
Moody Rogers, 30, 410, 450, 15, 193
William Yates, 150, 250, 600, 30, 420
Hilliard G. Rogers, 30, -, -, 20, 92
Hinton Yates, 20, 20, 40, 10, 39
Jesse Yates, 50, 172, 450, 15, 266
Hilliard Yates, 35, 20, 100, 5, 43
Barb Luter, 100, 250, 600, 40, 250
Josiah Scott, 50, 312, 362, 50, 217
John McGee, 60, 300, 600, 85, 155
Nancy Herndon, 40, 180, 300, 5, 27
Hardy Yates, 35, 65, 200, 35, 73
Matthew Herndon, 100, 500, 600, 10, 152
William Hopson, 80, 229, 600, 35, 189
Rebecca Hopson, 30, 703, 917, 5, 105
Thomas Marcome, 40, 390, 30, 5, 209
Alsey Roberts, 20, 245, 300, 3, 67
John Sorrel, 20, 50, 100, 5, 40
Asa Edwards, 90, 310, 400, 63, 177
Mark Stone, 58, 59, 100, 72, 132
William Mainard, 100, 196, 296, 10, 140
Edney Mainard, 75, 20, 200, 20, 150
John Mainard, 80, 120, 300, 20, 130
Enoch Stone, 40, 100, 300, 15, 141
Horrace P. Tucker, 50, 10, 300, 30, 105
Wilson W. Whitaker, 400, 282, 4000, 225, 1123
William Morris, 20, -, -, 15, 155
S. H. Whitaker, 100, 220, 5000, 150, 404
James Emery, 30, -, -, 50, 26
Abel Mainard, 15, -, -, 13, 104
Thomas Edwards, 79, -, -, 35, 236
Charles E. Finch, 50, 77, 405, 35, 97
Frederick Goodwin, 20, 127, 450, 60, 235
George King, 50, 250, 500, 20, 70
Joseph Blake, 20, 78, 200, 65, 234
Ridley House, 100, 275, 500, 42, 282
Willie House, 100, 175, 680, 21, 61
William Finch, 30, 248, 800, 15, 200
John Powers, 50, -, -, 10, 132
Asa Seawell, 25, -, -, 10, 255
Samuel Williams, 100, 400, 3000, 60, 475
Joseph Pleasants, 25, -, -, 5, 80
Russel Morris, 10, 123, 150, 15, 48
Randsour Jones, 12,-, -, 7, 60
James H. Cooke, 200, 356, 500, 35, 503
Carrern Forde, 20, -, -, 20, 95
Zachariah J. Lee, 5, 90, 245, 38, 36
John Q. Adams, 40, 553, 1145, 15, 93
William Warren, 18, - ,-, 2, 172
James P. Adams, 12, 40, 125, 13, 130
P. Feller Babbit, 100, -, -, -, 220
Alfred Jonston, 40, 255, 585, 55, 137
Zachry Forde, 27, -, -, 12, 150
Samuel Chappel, 40, -, -, 9, 84
Dempsy Sorrel, 100, 131, 750, 25, 339
Curtis Sorrel, 40, 97, 206, 54, 68
Ira Sorrel, 150, 759, 1850, 13, 255
Calvin Page, 40, 448, 960, 55, 245

William Sorrel, 40, 80, 140, 9, 32
Matthew Sorrel, 20, 25, 90, 3, -
John Burgess, 40, 62, 112, 5, 42
Obediah Page, 50, 285, 670, 105, 380
John W. Hill, 20, -, -, 5, 47
Nancy Burgess, 15, 63, 80, 5, 65
William Burgess, 40, 70, 140, 5, 185
Willis Sorrel, 60, 97, 300, 10, 163
Willis Jonston, 80, 166, 300, 30, 184
Matthew Jonston, 15, -, -, -, 30
Green Marcum, 25, -, -, 13, 61
Mike C. Sorrel, 80, 400, 600, 80, 334
Richard Edwards, 60, 680, 1000, 28, 285
Needham Stone, 25, 47, 150, 50, 171
John R. Marcum, 25, 230, 175, 5, 85
Robert T. Weatherspoon, 100, 560, 1600, 175, 310
Pleasant Barby, 45, 145, 250, 60, 153
Clarky Barby, 40, 110, 250, 12, 150
John W. Boothe, 35, 185, 450, 8, 162
Ceely B. Marcus, 20, 138, 150, 5, 100
Joseph Scott, 100, 442, 584, 27, 534
Polly Beasly, 50, 288, 450, 57, 291
Wright Stone, 60, 46, 106, 10, 108
Daniel Green, 70, 90, 150, 16, 110
Murray Smith, 23, -, -, 5, 106
John T. Trice, 40, 70, 325, 40, 115
Canady Lowe, 150, 500, 1150, 100, 620
Asa Green, 50, 1050, 1750, 10, 194
George W. Trice, 150, 1100, 4000, 125, 534
William Rycraft, 20, 82, 150, 5, 120
John G. Thompson, 150, 46, 490, 55, 340
Henderson Morris, 50, 108, 582, 53, 220
Alsey H. Rochell, 11, 39, 100, 8, 75
Alsey Rochell, 25, 52, 340, 15, 69
Hiram Weatherspoon, 160, 236, 900, 165, 339
Anderson Stevens, 50, -, -, 5, 145
Cidy Blake, 200, 600, 1500, 26, 490
Ashwell McGee, 150, 559, 3045, 100, 580
Redick Blake, 30, 70, 30, 30, 231
Joseph House, 10, -, -, 5, 30
Moore Stephenson, 75, 125, 400, 5, 150
Williamson Page, 300, 355, 2620, 300, 960
Ann Blake, 100, 300, 1000, 5, 364
Elizabeth Blake, 30, 170, 250, 5, 87
Robert Adams, 70, 364, 870, 33, 299
James Maton, 40, 119, 800, 43, 85
Willie Wood, 60, -, -, 15, 177
James Lowe, 200, 570, 1000, 30, 385
Nathaniel Ship, 60, 163, 223, 10, 150
Stephen Lowe, 50, 300, 400, 15, 183
Obediah Page, 60, 333, 780, 65, 220
Jeremiah Hopson, 70, 310, 310, 20, 275
John Page, 50, 260, 310, 15, 94
Hugh Lyons, 100, 800, 1100, 205, 630
William George, 130, 750, 1500, 44, 474
William T. Rochell, 25, 342, 200, 25, 147
Joseph Markum, 30, -, -, 5, 64
John Scott, 100, 162, 260, 38, -
Benjamin Carpenter, 50, 266, 424, 25, 385
William J. Lynn, 40, 360, 400, 50, 294
Gaston Ferrel, 40, 40, 60, 33, 50
George C. Thompson, 24, 40, 100, 10, 52
Zachariah Rich, 40, 260, 300, 15, 186
Aaron Holder, 25, -, -, 5, 41
Peyton High, 120, 393, 2821, 20, 207
William W. Mooring, 20, -, -, 5, 57
Lynn Sorrel, 30, 35, 130, 15, 95
Yancy King, 25, 45, 180, 10, 90
Benjamin King, 50, 150, 375, 28, 202

Charles Pendleton, 60, 32, 180, 22, 102
Mary Medlin, 30, 87, 292, 3,152
Hillsman King, 50, 250, 450, 10, 195
Soloman King, 80, 159, 614, 50, 250
George King, 40, 169, 313, 7, 190
Alford King, 20, -, -, 6, 80
John King, 25, 205, 460, 10, 68
Duncan King, 30, -, -, 15, 56
Allen King, 35, 315, 700, 25, 283
Soloman Wiggins, 200, 206, 710, 225, 421
Lewis Jackson, 40, 157, 628, 30, 189
Calvin Dilliard, 60, -, -, 30, 121
John Sorrel, 100, 220, 860, 25, 350
Jacob Sorrel, 60, 223, 75, 29, 234
Nelson T. Thompson, 50, 126, 352, 52, 148
John King, 60, 274, 1000, 10, 158
Soloman Todd, 100, 100, 660, 80, 232
Alexander Nichols, 60, -, -, 65, 171
George B. Allen, 120, 313, 1665, 155, 524
Henderson A. Cope, 40, 162, 600, 40, 213
John Cope, 60, 170, 920, 65, 505
John King, 60, 120, 400, 45, 350
Elizabeth Cope, 40, 140, 360, 5, 124
Andrew G. Hill, 20, -, -, 5, 150
Mathew Cope, 12, -, -, 5, 70
Susan Warren, 40, 30, 265, 5, 142
John Locklier, 20, 50, 140, 8, 93
William House, 40, 60, 400, 20, 117
David Blake, 15, -, -, 5, 72
Peterson Speight, 40, 177, 543, 15, 80
David Speight, 30, 100, 520, 16, 90
Starling Speight, 40, 180, 660, 30, 269
John D. Rogers, 75, -, - 75, 190
Burton Gill, 30, 810, 400, 14, 75
Simeon Spears, 15, 85, 200, 5, 79
Simeon Barlow, 30, 28, 150, 15, 85
Peleg S. Rogers, 50, 400, 1500, 100, 200

Henry B. Wilson, 35, 36, 250, 18, 160
Wiatt Mangum, 150, 310, 1400, 86, 435
Burwell Mangum, 50, -, -, 15, 150
Duncan S. Canady, 300, 700, 4500, 300, 1589
Allen Canady, 30, -, -, 5, 70
James M. Mangum, 600, 400, 4000, 300, 1325
James Ferrel, 200, 54, 685, 130, 258
Christopher Spears, 40, 165, 400, 5, 137
John Eastes, 10, -, -, 5, -
Tyrel Ray, 30, -, -, 15, 47
John Ray, 100, 610, 200, 52, 10
Edward Cooly, 150, 152, 920, 107, 533
John Adams, 250, 636, 1908, 80, 452
John Ward, 300, 172, 2500, 50, 339
Jonathan Keith, 50, 100, 300, 10, 222
George Keith, 40, 20, 480, 10, 300
Wesley Keith, 50, 140, 400, 5, 109
John Pennington, 75, 57, 505, 30, 340
Fenner Keith, 50, 75, 300, 25, 160
Turner, B. Grissum, 50, 43, 225, 25, 165
Abner Peace, 200, 70, 700, 100, 319
Nancy Estes, 25, 15, 80, 10, 52
John H. Robertson, 75, -, -, 560, 229
Jethra Bird, 200, 322, 1200, 110, 614
David Beck, 30, -, -, 8, 160
Major A. Shirin, 15, -, -, 5, 59
Jessee Jones, 100, 150, 560, 60, 258
Thomas Rogers, 200, 400, 1200, 150, 380
Seth Penny, 200, -, -, 100, 267
Lydia Penny, 150, -, -, 25, 153
Willie Ward, 60, 181, 720, 20, 208
Elizabeth Whitehead, 60, 440, 2200, 25, 190
Thomas Hicks, 100, 310, 1230, 170, 784

Margaret B. Cameron, 2550, 7450, 30000, 964, 4867
Mark A. Tate, 200, 670, 2732, 250, 864
William Hedgpeth, 30, -, -, -, 30
James Holoway, 150, 520, 1600, 95, 193
Thomas Hogan, 200, 280, 2090, 320, 888
John Hardcastle, 30, 314, 837, 12, 66
John Glenn, 25, 39, 75, 4, 80
Thomas Rigsby, 25, 9, 66, 4, 50
Willis Glenn, 100, 203, 450, 30, 185
Thomas Glenn, 40, 80, 200, 5, 104
James Adison, 75, 75, 300, 2, 90
Woolson Rigsby, 25, -, -, 2, 52
Herod Stanly, 90, 162, 500, 40, 175
Winsor Medlin, 25, 65, 100, 10, 80
Wright Stanly, 40, 100, 350, 5, 63
Henry B. Rigsby, 20, 30, 50, 4, 66
Washington Crabtree, -, -, -, -, 70
Robert Haliburton, 25, 1100, 111, 335, 1972
James Ferrel, 150, 264, 414, 37, 165
John Suit, 35, -, -, 5, 172
Willie Flecher, 75, 145, 550, 120, 370
William Freeman, 40, -, -, 35, 138
William Ferrel, 40, 295, 900, 40, 197
Major Tilly, 27, 75, 150, 5, 73
William P. Almon, 40, 50, 150, 25, 168
Ewel Watts, 50, 290, 680, 5, 177
Christopher Lynn, 50, 285, 419, 28, 208
Lycurgus Martin, 35, -, -, 5, -
Philip Cooper, 40, -, -, 10, 95
James D. Bradly, 30, -, -, 10, 151
Nelson Hill, 40, 57, 200, 55, 141
Barnabas King, 50, 180, 300, 30, 139
Henry Jackson, 40, 150, 750, 10, 107
Henry Hill, 30, 30, 120, 2, 58
William Holoway, 200, 300, 1250, 95, 803
James Linn, 100, 517, 915, 26, 264
John Hays, 300, 215, 1850, 343, 2247
Woolson Clements, 50, -, -, 50, 150
Warren Rigsby, 60, -, -, 5, 57
Elizabeth Bown, 38, 240, 521, 8, 163
Josiah Jones, 30, 100, 300, 25, 80
Anderson Cheek, 50, 350, 600, 60, 225
Albert Brassfield, 40, 180, 500, 40, 104
Enoch Evans, 150, 760, 1200, 102, 281
Thomas Hall, 150, 450, 1250, 110, 348
James Hall, 20, 80, 300, 10, 120
Taply Rochell, 25, 75, 175, 40, 140
Alvin Rochell, 40, 90, 300, 10, 127
John Markum, 20, -, -, 4, 40
George Rochell, 20, 30, 100, 5, 16
Richard Ross, 40, 66, 300, 40, 113
Young R. Maton, 46, 25, 25, 16, 83
Abner Flecher, 100, 214, 420, 25, 312
Mary Ferrel, 50, 210, 600, 30, 252
Zadoc Daniel, 100, 260, 700, 700, 287
Martha R. Shaw, 40, 170, 275, 200, 185
Amelia J. Jones, 70, 430, 1250, 45, 502
Mary Jones, 40, 100, 300, 30, 230
Willis Carpenter, 20, -, -, 15, 57
John Carpenter, 25, 58, 150, 12, 95
Anderson G. Ferrel, 200, 188, 1100, 63, 285
John Beck, 60, 215, 685, 43, 208
William P. Holoway, 100, 103, 406, 40, 208
Sander Penny, 100, 186, 1001, 70, 248
Willie Gooch, 40, 60, 200, 15, 111
Major Pollard, 30, -, -, 20, -
Peleg Rogers, 200, 900, 3000, 385, 1030
Thomas Oakly, 70, 60, 350, 6, 106
William Harris, 30, -, -, 5, 75

Rolling Gooch, 40, 85, 250, 25, 200
George Brogden, 100, 92, 480, 50, 319
Anderson Smith, 50, -, -, 55, 220
Thomas Estes, 60, -, 1000, 40, 203
Arica Rogers, 125, 97, 1060, 78, 390
Hudson Yearly, 80, 70, 300, 25, 297
Alvin Yearly, 75, 35, 300, 20, 219
Jesse Harriss, 25, -, -, 3, 45
Jesse Penny, 150, 353, 2000, 55, 374
Mary Thompson, 80, 350, 1000, 48, 246
John Nichols, 225, 400, 1200, 40, 516
Leah Nichols, 30, -, -, 13, 101
John Belvin, 35, -, -, 3, 52
Thomas Daniel, 50, -, -, 106, 154
Henry W. Nichols, 75, 28, 350, 25, 292
William Nichols, 100, 601, 2103, 200, 735
Ewel Freeman, 40, 156, 375, 13, 221
John J. Grady, 50, 166, 432, 20, 20
William Baily, 100, 1280, 2500, 200, 444
Aaron Marshal, 30, 170, 300, 10, 165
Moses Marshal, 30, -, -, 10, 103
Joseph Marshal, 35, 120, 230, 5, 114
Washington Marshal, 50, 85, 260, 8, 170
William Gully, 40, -, -, 5, 80
William B. May, 60, 165, 1465, 50, 186
Caswell King, 15, -, -, 3, 90
John Tilly, 35, -, -, 6, 59
John Marshal, 25, 235, 390, 28, 145
Ann Jones, 150, 467, 1851, 80, 480
Joseph T. Hunter, 125, 1875, 11000, 350, 1260
Henry B. Whitaker, 150, 50, 500, 122, 245
Fendal Beavers, 20, 50, 300, 5, 113
Joseph Beavers, 60, 70, 300, 25, 184
Wesley O. Smith, 50, 75, 375, 20, 175
John J. Lee, 300, 525, 1700, 201, 777
John Holoway, 200, 600, 1600, 75, 725
Joseph L. Branton, 25, 35, 90, 15, 96
Simon Pope, 150, 399, 1300, 15, 260
James Huske, 60, 40, 150, 40, 177
Obedience Grady, 60, 433, 800, 25, 263
Alfred Martin, 20, -, -, 3, 6
Dorris Ross, 70, 370, 880, 75, 281
James Cozart, 100, 97, 400, 45, 392
James Brown, 60, -, -, 46, 251
Hinton Grady, 25, 165, 525, 15, 168
Thomas Ross, 25, 75, 300, 15, 43
Erasmus Ross, 35, 75, 175, 10, 40
Calvin J. Rogers, 300, 342, 3000, 230, 1095
James Grady, 500, 150, 400, 20, 183
Michael Oneal, 13, 160, 175, 5, 79
Zachariah Oneal, 30, -, -, 15, 110
John Broadwell, 50, 140, 400, 25, 286
William Earp, 300, 346, 1292, 128, 308
Abram Ward, 233, 300, 1500, 25, 178
Seth Ward, 200, 280, 1600, 45, 239
Buck Ray, 80, 420, 1500, 25, 319
Burton Ferrel, 50, 390, 800, 15, 215
Brinkly Jackson, 35, -, -, 7, 175
George W. Thompson, 140, 560, 3150, 285, 758
Benjamin Rogers, 500, 1500, 10000, 382, 1966
Lewis J. Parham, 50, 250, 600, 25, 210
John Thomason, 30, -, -, 5, 90
William Ship, 70, 530, 900, 30, 380
Willis Jackson, 200, 100, 600, 20, 152
Allen Rochel, 100, 350, 1125, 23, 153
John Gill, 15, 120, 350, 3, 35
Anderson H. Allen, 25, 75, 200, 20, 56

Soloman L. Thompson, 15, -, -, 14, 67
Alsey Jones, 100, 505, 1110, 45, 287
Redley M. Jones, 30, -, -, 5, 89
Lewis Bledsoe, 70, 326, 1035, 35, 295
Buckner Nipper, 60, 183, 425, 21, 240
Willis Thompson, 60, 210, 560, 10, 187
John K. Moore, 150, 575, 1370, 58, 695
Eli Ferrel, 100, 344, 1000, 100, 325
Joseph H. Thomas, 45, 205, 500, 39, 168
Jessee B. Goodwin, 40, 104, 400, 15, 108
Dempsey Adams, 50, 198, 488, 20, 206
Warren Nipper, 30, -, -, 10, 101
Jacob R. Spain, 40, 262, 500, 25, 119
James Rigsby, 50, 244, 500, 18, 265
Edwin S. McCullers, 100, 566, 1800, 28, 342
Welbert C. Page, 100, -, -, 25, 381
Lewis Nipper, 50, 200, 500, 15, 200
Edward Moore, 70, 486, 1012, 16, 240
Leroy Jones, 5, 103, 500, 30, 185
William C. Bledsoe, 60, 210, 500, 5, 271
Joseph J. Brooks, 150, 80, 562, 36, 285
Kimbra Jones, 200, 173, 2239, 150, 789
Darril Rogers, 200, 1000, 10000, 170, 637
Samuel P. Perry, 75, 165, 1000, 50, 283
James Ray, 14, 376, 1200, 35, 115
Robert Chavis, 20, 166, 200, 5, 80
Sylvanus Snellings, 35, 240, 400, 5, 130
William Snellings, 40, 149, 256, 15, 120
Micajah Ellen, 40, -, -, 38, 285
Archibald Vandigriff, 25, 87, 150, 15, 247
William Shaw, 50, -, -, 75, 276
James Rogers, 60, -, -, 25, 423
Ephraim Eamery, 50, 170, 300, 42, 163
Anderson Page, 350, 1400, 5250, 330, 1500
William F. Smith, 100, 200, 1500, 155, 547
William Pulley, 25, 175, 200, 10, 65
William King, 15, 12, 75, 10, 140
Wesley Jones, 500, 1260, 3500, 300, 1200
Harrison Rand, 150, 150, 2000, 175, 650
James K. Barber, -, -, -, 4, 95
B. Jewell, 175, 250, 2400, 25, 396
Sarah Smith, 200, 200, 800, 6, 60
James Gower, -, -, -, -, 93
Johnathan Smith, 50, 92, 700, 25, 330
Samuel Walton, 100, 125, 1500, 20, 275
Alfred Williams, 30, 272, 900, 20, 147
A. G. Banks, 300, 1800, 5000, 150, 873
Isaac Myatt, 5, 95, 200, 5, 165
Eliz Crowder, 200, 600, 3800, 40, 500
Holland Jewell, 100, 278, 612, 40, 425
Sarah Hicks, 50, 50, 150, 2, 67
Allen Jones, 12, 12, 50, 2, 20
James Stephens, 80, 82, 225, 6, 60
Justice Parrish, 100, 400, 1350, 20, 270
Willis Parrish, -, -, -, 2, 80
Elijah Young, -, -, -, 3, 35
Ezekiel Young, 200, 760, 2038, 50, 470
James Wilson, 30, 250, 680, 35, 120
Thomas Simpkins, 200, 250, 392, 15, 195

Lydia Stephens, -, -, -, -, 48
Henry Stephens, 50, 270, 475, 30, 210
Simon Williams, 80, 120, 203, 50, 208
Martin Overbee, 130, 130, 520, 30, 250
John W. Overbee, 16, 25, -, 5, 70
Gideon Overbee, 25, 25, 150, 25, 160
Michael Penny, 35, 147, 200, 15, 180
Ridley Ellen, 18, 12, 60, 5, 8
John Young, 200, 169, 900, 50, 382
Simeon Smith, 150, 350, 1187, 150, 445
John Jones, 100, 450, 960, 50, 305
James King, 50, 64, 114, 10, 125
Ines Honeycutt, 3, 87, 180, -, 80
Plyer Barber, 100, 350, 900, 50, 505
John W. Adams, 50, 320, 565, 50, 325
Sterling Massingill, 50, 610, 700, 30, 200
James Adams, 60, 70, 325, 40, 250
Gideon Collins, 100, 106, 309, 75, 300
Mark Collins, 40, 90, 200, 10, 222
Caroline Adams, 200, 100, 303, 15, 160
Nathan Myatt, 300, 1550, 2780, 200, 725
William Myatt, 250, 1200, 2750, 50, 435
Noah Messer, 40, 24, 140, 2, 35
John Young, 50, 150, 200, 2, 100
Sarah Jones, 150, 200, 753, 30, 206
James Hobby, 150, 235, 1162, 7, 200
Samuel Walton, 40, 60, 200, 15, 175
Francis Young, 80, 365, 1115, 30, 215
Hardy Penny, 200, 400, 600, 30, 510
Young Penny, -, -, -, 25, 250
William Stephens, 70, 65, 200, 12, 25

Edward Stephens, 100, 40, 200, 5, 100
William Turner, 280, 400, 1800, 175, 550
Simon Turner, 250, 800, 3148, 300, 670
Isham Parrish, 45, 125, 387, 30, 100
Frederick Johnson, 80, 285, 2000, 25, 325
Johnson Busbee, 50, 265, 1200, 35, 270
Calvin Kelly, 35, 125, 300, 3, 98
Nathaniel Bagwell, -, -, -, -, 45
David Honeycutt, -, -, -, 35, 250
Larkin Busbee, 100, 237, 620, 20, 180
William Branham, -, -, -, 4, 80
Rigdon Johnson, 80, 245, 1100, 25, 325
Raissom Smith, -, -, -, 5, 115
John A. Smith, 200, 66, 600, 20, 236
Wesley A. Smith, 75, 25, 200, 15, 135
Abner Smith, 100, 60, 240, 43, 100
Sarah Smith, 70, 12, 400, 15, 160
Daniel Beasley, 150, 77, 680, 25, 300
Isaac Copeland, -, 8, 16, -, 50
John H. Jones, 500, 820, 8000, 320, 1695
Edwin Smith, 150, 150, 900, 20, 220
Willie Whitley, 500, 540, 6760, 200, 775
William Blinson, -, -, -, 20, 112
Washington Lewis, -, -, -, 10, 42
Leroy Jordan, 100, 314, 900, 35, 316
Calvin Poole, 125, 410, 1000, 25, 230
Bryant Whitley, 200, 174, 1500, 40, 645
Caswell Andrews, -, -, -, 3, 65
James Stallings, 25, 46, 300, 20, 190
Alfred M. Haywood, 70, 200, 1500, 154, 466
Theophilus Poole, 400, 440, 5000, 300, 780

Isaac W. Hutchings, 300, 170, 1500, 100, 455
Winney Hutchings, 100, 217, 900, 15, 110
Ranson Poole, 140, 146, 1200, 40, 295
Clara Green, 100, 90, 600, 40, 200
William Powell, 400, 321, 3500, 300, 690
Alfred Poole, 60, 68, 600, 30, 65
Berry Bagwell, 100, 47, 1000, 75, 220
William A. Smith, 50, 53, 300, 15, 130
John Poole, 60, 27, 200, 5, 150
Nancy Sturdivant, 100, 100, 600, 15, 270
William Powell Jr., 40, 223, 800, 45, 210
Alsey Johnson, 75, 195, 800, 30, 310
Allen Jones, 100, 270, 1200, 40, 270
James Jones, -, -, -, 5, 110
Sally Lewis, 30, 80, 500, 7, 260
John Lewis, 40, 30, 300, 5, 95
John Griffis, 150, 93, 700, 30, 300
Caswell Sturdivant, 225, 250, 1500, 30, 340
Orren Smith, 40, 40, 450, 20, 160
Caswell A. Smith, 75, 61, 801, 25, 290
James Mitchener, 200, 277, 2500, 75, 550
Larkin Smith, 30, 20, 300, 10, 110
Needham Bryant, 64, 340, 1600, 20, 290
William Rand, 20, 250, 10000, 200, 650
John Mitchener, 200, 430, 3600, 40, 570
John Dupree, 30, 60, 650, 15, 120
Lucius Rand, 15, 150, 1500, 100, 255
Nat. G. Rand, 250, 458, 2200, 75, 450
John Walton, 200, 125, 1384, 100, 405
James S. Walton, 125, 50, 1000, 40, 380
William Walton, 125, 81, 800, 80, 330
William Watson, 200, 50, 1000, 20, 230
William Snellings, 300, 350, 2000, 200, 570
Willis Whitaker, 900, 680, 4100, 365, 1240
Stephen Braughton, 100, 70, 350, 12, 120
William Nowell, 70, 420, 1900, 15, 220
James Nowell, -, -, - 5, 80
William Carroll, 50, 50, 1000, 20, 175
James Weathers, 100, 80, 600, 25, 225
Jesse Braughton, 60, 140, 800, 100, 200
James Weathers, 30, 79, 700, 35, 215
Keziah Dupree, 100, 95, 1000, 30, 310
Alsey Bagwell, 150, 150, 1100, 30, 285
Perrin Gower, 70, 85, 800, 15, 103
Allen Sturdivant, 200, 125, 800, 150, 540
Augustus Jones, 100, 262, 1800, 60, 367
Henry Sturdivant, 100, 255, 1800, 50, 300
Easther Sturdivant, -, -, -, 25, 250
Haley Dupree, 80, 47, 800, 100, 95
Cabot Powell, -, -, -, 12, 110
Calvin A. Smith, 150, 225, 1000, 50, 335
Hardy Britt, 90, 103, 800, 20, 348
Hardy Poole Jr., 200, 80, 900, 25, 350
Caswell Powell, 90, 60, 1000, 60, 215
William L. Fort, 200, 175, 1500, 100, 390
James Bryant, 50, 50, 800, 5, 157

Weston Parker, -, -, -, 25, 70
Theophilus Poole, -, -, -, 15, 60
Isaac D. Smith, -, -, -, 60, 125
Troy Baucom, -, -, -, 5, 160
Lewis Dupree, 70, 40, 500, 75, 275
William Poole, 40, 32, 300, 10, 140
Barney Johnson, 50, 150, 600, 25, 225
Absolum Smith, 30, 200, 1000, 15, 115
William J. Allen, 90, 46, 800, 25, 145
Addison Smith, 30, 120, 800, -, -
Willis Turner, 25, 77, 600, 25, 240
Henry Poole, 45, 7, 250, 25, 130
Jackabina Rogers, 50, 13, 400, 15, 90
Edwin Rogers, 65, 65, 2650, 40, 115
Johnathan Poole, 135, 136, 1500, 50, 195
George Poole, 150, 72, 750, 50, 530
John P. Smith, 50, 150, 500, 5, 115
Benton Williams, 80, 300, 1500, 90, 240
James M. Pace, 50, -, 300, 45, 160
Elihu B. Sater, 50, 50, 3000, 50, 305
Benjamin Allen, 100, 86, 1000, 60, 285
Lewis Phelps, 100, 99, 1000, 15, 105
G. W. Cooper, 100, 260, 3000, 35, 120
Jeremiah Nixon, 80, 185, 1650, 100, 325
William Hicks, 50, 125, 400, 20, 75
John Potter, 45, 97, 300, 12, 70
Riley Crawford, 60, 42, 800, 25, 310
Elizabeth Sugg, 30, 120, 600, 15, 65
R. Crawford for E. Smith, 30, 32, 350, 100, 820
Alvin Dupree, 50, 50, 600, 25, 90
Kimbrel Weathers, 60, 50, 800, 100, 240
Nancy Walker, 40, 60, 550, 25, 200
Wm. Poole (of Theopls.), 50, 237, 1800, 75, 175
John Creach, 25, 43, 340, 50, 125

Green Honeycutt, -, -, -, 15, 50
Joseph Smith, 150, 267, 2000, 30, 520
Elizabeth Fort, 200, 200, 1400, 30, 230
Green Jordan, -, -, -, 5, 75
Cullen Bailey, 30, 27, 400, 25, 80
John B. Johns, 200, 830, 6000, 250, 70
Oswald Smith, 70, 90, 600, 40, 200
Sally Rogers, 75, 29, 300, 20, 125
James Wilder, 50, 325, 300, 100, 140
Joseph Braughton, 60, 20, 400, 55, 235
James Busbee, 300, 104, 1500, 40, 225
Augustus Parrish, 80, 75, 1200, 40, 375
Hardy Poole, -, -, -, 5, 50
Ranson Poole, 250, 100, 1000, 60, 384
Clara Poole, 40, 35, 300, 5, 35
Ransom Poole, -, -, -, 5, 125
William R. Poole, 1000, 900, 10000, 500, 2225
Henderson Poole, 72, -, 400, 30, 335
Albert J. Poole, 60, 45, 600, 40, 245
Catherine Horton, 60, 305, 2000, 20, 370
Tabitha Watson, 80, 15, 450, 60, 150
Drury Partin, 230, 127, 1785, 80, 310
R. B. Seawell, 420, 783, 10000, 300, 1035
Gaston H. Wilder, 700, 740, 11000, 300, 2076
Sion Brown, 70, -, 210, 20, 230
Robert Traywick, 300, 186, 3000, 200, 590
Madison Baugh, 170, 74, 1200, 35, 305
Bennet B. Buffalows, 70, 93, 550, 80, 250
Joshua R. Hinton, 33, -, 150, 30, 95
Nancy Buffalows, 200, 127, 1200, 30, 320

Simon G. Jeffrys, -, -, -, 25, 230
Henry Buffalows, 200, 75, 900, 40, 345
Jeremiah Buffalows, 130, 127, 1200, 35, 190
Peter H. Knight, 8, 60, 240, 30, 180
Nowell Knight, 500, 250, 3000, 150, 542
Wm. G. Strickland, 300, 550, 4500, 150, 745
Eliza Norwood, 200, 261, 2250, 50, 410
Alpheus Jones, 200, 563, 6000, 150, 992
Jacob Mordecai, 575, 575, 7500, 500, 1414
James G. Jeffrys, 300, 200, 3000, 200, 1282
Mary Ivy, 400, 105, 2020, 150, 765
Nathan Ivey, 50, 112, 800, 75, 340
William Weathers, 175, 67, 1200, 30,325
Ransom Frazier, -, -, - 5, 75
Joseph Andrews, 100, 125, 1100, 30, 270
John Watkins, -, -, -, -, -
Willis McDade agnts, -, -, -, 300, 750
Manassah Sater, 200, 66, 1330, 200, 325
William A. Rogers, 150, 300, 5000, 125, 425
Isaac Stallings, 70, 180, 800, 50, 233
Garret Reddish, 50, 74, 350, 15, 230
Wm. F. Fort, 50, 180, 500, 30, 110
Nowell S. Earp, 150, 195, 800, 100, 368
Berry Nowell, 100, 200, 80, 75, 200
John W. Earp, 90, 10, 500, 60, 170
W. H. Mead, -, -, -, 100, 380
Mary Smith, 100, 149, 1200, 25, 105
Rebecca Howard, 200, 275, 1500, 75, 310
Edward Chappel, 100, 238, 1200, 60, 325
Willie Perry, 150, 297, 2000, 100, 513
Robert Perry, 80, 100, 1000, 60, 170
John McDade, 70, 87, 800, 80, 210
Reuben Flemming, 40, 137, 1000, 50, 200
George Norwood, 20, 35, 330, 60, 240
Delia Jeffrys, 600, 500, 6500, 300, 1016
Jos. R. Jeffrys, 60, 220, 1600, 60, 450
Elizabeth Perry, 40, 10, 250, 20, 100
Jacob Hunter, 200, 200, 1600, 50, 420
Harris Lisle, 60, 60, 350, 15, 170
John Earp Sr., 300, 325, 1800, 75, 520
Orren Mullins, 60, 144, 500, 25, 175
Turner Pullen, 400, 400, 1800, 125, 750
John Sneed, 25, 25, 50, 10, 185
Reddick Hunter, 900, 500, 3500, 200, 665
Peterson Dunn, 400, 700, 6000, 500, 1408
T. C. Robertson, 100, 81, 1400, 100, 268
Mary Robertson, 50,140, 1300, -, 150
Jeremiah Dunn, 100, 75, 1700, 200, 567
Luke Lassiter, 400, 600, 3650, 150, 1100
Nat. Dunn, 300, 200, 3000, 50, 905
Mary Brooks, 100, 300, 1000, 30, 150
Jeremiah Lassiter, 100, 600, 800, 100, 390
Clara Ray, 100, 80, 600, 50, 295
James S. Ray, 75, 258, 900, -, 290
Thomas Spain, 75, 125, 500, 50, 295
Talbert Ligon, 150, 208, 750, 50, 292
William Spain, 70, 70, 300, 30, 75
David Fort, 20, 39, 120, 20, 65
David Justice, 300, 700, 2700, 500, 610

Aley Allen, 100, 113, 800, 50, 125
Moses H. Allen, 200, 300, 1500, 100, 520
Rebecca Rogers, 50, 175, 400, 20, 215
Matilda Mayberry, 50, 45, 300, -, -
A. P. Woodall 65, 140, 3509, 25, 260
John Honeycutt, 150, 200, 1000, 60, 330
Mildred Murrell, 100, 63, 500, 20, 140
R. W. Wynn, 70, 250, 1000, 25, 236
Allen Huneycut, 125, 175, 600, 25, 172
Elizabeth Terrill, 200, 438, 1500, 25, 316
Mary Nipper, 10, 40, 150, -, 45
Robert Winfree, 30, 70, 100, 15, 85
John Allen, 200, 165, 1000, 75, 490
Hillory Thompson, 130, 427, 2000, 80, 550
Francis Shaw, -, -, -, 15, 202
Brinkley Ellen, 40, 60, 150, 60, 100
James Allen, 250, 250, 1250, 125, 550
Renald Allen, 200, 200, 1200, 120, 518
W. G. Allen, 200, 263, 1400, 125, 501
W. H. Tate, 200, 227, 1300, 125, 525
Jesse Gill, 150, 500, 1100, 50, 280
N. H. Holloway, 125, 66, 300, 10, 115
Thomas Rochell, 90, 98, 500, 50, 139
Edwd. Rochell, 75, 185, 1000, 25, 250
William Laws, 600, 1400, 6000, 200, 655
James Yeargin, 400, 14, 500, 15, 105
Bryant Kath (Flath), 40, 105, 3650, 35, 165
Wyatt Emery, 25, 25, 200, 30, 105
Ferebee Robertson 100, 260, 700, 50, 260

W. C. Mangum, 100, 118, 1200, 4, 250
Allen Bailey, 60, 22, 608, 60, 264
James Bailey, -, -, -, 10, 110
Willis Ray, 100, 140, 700, 25, 202
Green Davis, -, -, -, 10, 52
James Laffoon, -, -, -, 15, 35
Allen Davis, -, -, -, 10, 60
Thomas T. Ray, -, -, -, 5, 75
Calvin Ray, 15, 35, 150, 15, 100
Bryant Adams, 150, 75, 425, 40, 275
Martha Cooper, -, -, -, 10, 85
Robert Joplin, 25, 250, 150, 5, 50
Wm. Magnum, 100, 70, 600, 25, 125
Wm. Ellen, -, -, -, 10, 107
Lemuel Keith, 60, 60, 300, 10, 125
Daniel Keith, 100, 100, 425, 20, 200
James Jones, 65, 35, 350, 28, 230
John Henly, -, 100, 300, 25, 210
Willis Harrison, 200, 295, 1000, 40, 161
Berry Harrison, 200, 400, 1000, 10, 230
Green Lowrey, 180, 259, 1506, 100, 285
Burton Lowrey, -, -, -, 10, 85
Alfred Lowrey, -, -, -, 10, 150
Elizabeth Lowrey, 50, 188, 800, 25, 105
Junius W. Fort, 150, 345, 1500, 125, 335
William Allen, 100, 65, 800, 100, 213
Michael Thompson, 300, 260, 2500, 320, 1163
Abby Harrison, 75, 20, 250, 10, 135
John Ray, 200, 800, 2000, 200, 379
William O. Neil, 100, 144, 750, 20, 322
William Joplin, 100, 240, 00, 25, 225
Eli. W. Joplin, -, -, -, 3, 43
John Harrison, 150, 106, 800, 20, 150
Hardy Lowrey, 100, 117, 600, 30, 230
John Little, 50, 50,400, 20, 100

William Perry, 40, 65, 400, 25, 175
Ezra Gill, 150, 400, 2500, 30, 340
Robert Bailey, 80, 54, 700, 10, 150
Eady Gill, 100, 175, 400, 20, 180
John Bailey, -, -, -, 5, -
Samuel Bailey, 40, 104, 1250, 15, 350
John M. Brewer, 200, 133, 1800, 75, 414
Richard D. Harper, 60, 90, 300, 40, 105
John Pearce, 100, 308, 1000, 15, 270
Ann Crocker, 80, 220, 500, 25, 95
Sally Holding, 50, 83, 400, 15, 130
Willie Powell, 70, 200, 510, 20, 325
Coleman Harrison, 20, 10, 60, 20, 145
William Crocker, 100, 143, 600, 70, 250
John P. Robertson, 300, 400, 1700, 50, 318
William Crenshaw, -, -, -, 435, 1130
John P. Cooke, 200, 80, 1400, 250, 506
James A. Hicks, 110, 280, 2500, 250, 533
William Browning, 50, 54, 300, 50, 190
L. Bailey, -, -, -, 25, 170
David Gill, 700, 600, 4000, 400, 1860
Jas. D. Newsom, 150, 1000, 12000, 100, 957
Peleg Bailey, -, -, -, 25, 365
William Smith, 400, 200, 2000, 200, 740
Elizabeth Crenshaw, 800, 595, 4000, 150, 455
Calvin Holding, 100, 100, 1200, 30, 180
P. Davis, 80, 6, 300, 5, 100
P. H. Mangum, 300, 900, 8000, 200, 710
William Griffin, 30, 20, 250, 30, 150
Eliza Abernathy, 100, 65, 450, 17, 260

John A. Battle, 200, 100, 2000, 150, 575
Henry Wall, 200, 200, 2500, 75, 654
John W. Harris, 800, 1513, 9000, 225, 1505
Thomas Alston, 3200, 4066, 28566, 464, 2589
Isham Holding, 700, 550, 7000, 100, 1211
Benj. Holding, -, -, -, 50, 400
Samuel Wait, 50, 50, 1750, 40, 320
W. T. Brooks, 160, 173, 2750, 60, 350
Will Jones, 40, 5, 600, 70, 195
James S. Purify, 100, 200, 8885, 100, 115
Peyton A. Dunn, -, -, -, 100, 623
Wm. M. Crenshaw, 60, 10, 1500, 60, 180
Thomas Alston, -, -, -, 365, 2488
Samuel Dunn, 250, 500, 3500, 150, 827
Elizabeth Ridley, 350, 82, 1900, 50, 310
Willie D. Jones, 500, 385, 4000, 250, 1066
Wesley Hartsfield, 750, 1386, 10000, 300, 1460
William Barham, 400, 108, 2250, 100, 480
John D. Powell, 500, 356, 5500, 300, 1275
Wm. B. Dunn, 300, 127, 2200, 250, 530
Kemp P. Hill, -, -, -, 30, 305
John Ligon, 700, 300, 400, 150, 995
Tyra Locklear, -, -, -, 10, 90
Alsey Raines, 90, 113, 500, 25, 185
Mary Whitaker, 300, 250, 3000, 170, 730
Sally Rogers, 400, 881, 7000, 250, 970
Henry Seawell, 300, 666, 4500, 300, 1357
Elizabeth Hinton, 600, 500, 700, 200, 1210

John Smith, 1400, 1400, 10000, 150, 2392
Mary Hill, 75, 75, 450, 25, 204
John Ferrill, 50, 140, 400, 30, 255
Simeon Banes, 25, 40, 300, 30, 160
Kearney Upchurch, 210, 210, 1088, 75, 428
Lavinia Peoples, 300, 140, 1200, 50, 457
Arthur Pearce, 50, 100, 500, 70, 250
Fenner Young, 200, 100, 1500, 200, 766
William Young, 200, 100, 1200, 40, 350
John R. Dunn, 100, 160, 800, 20, 400
Solomon Walker, 75, 180, 500, 30, 230
Sidney Moring, 100, 200, 800, 100, 315
Thomas J. Ferrell, -, -, -, 40, 195
Joel Sanderford, 30, 7, 180, 25, 143
James Pace, 10, -, 100, 10, 140
Mary Willie, 600, 100, 2800, 100, 779
Burwell King, 150, 132, 1000, 125, 590
Allen Freeman, 600, 300, 4000, 200, 1135
Willie A. Atkerson, 150, 129, 700, 15, 265
Calvin Mitchell, 250, 250, 3000, 100, 340
Hardy Peace, 100, 150, 624, 30, 185
Baloy Alford, 50, 170, 600, 75, 205
Littleberry Pearce,-, -, -, 5, 25
Zadock Faison, 50, 100, 300, 20, 80
John A. Williams, 50, 100, 300, 10, 85
John Pearce, 200, 100, 600, 100, 260
Berry Pearce, 100, 100, 400, 60, 180
John Wall, 100, 110, 500, 60, 60
Calvin Mitchell, 45, 47, 750, 40, 105
James Young, -, -, -, 70, 190
Willis Wall, -, -, -, 10, 85
Isham Young, 150, 164, 1500, 40, 400
Chesley Jordan, 80, 50, 300, 10, 185
John M. Flemming, 300, 225, 5000, 200, 690
Claton Lee, 200, 260, 2000, 50, 437
Goodwin Jones, -, -, -, 5, 60
Hyatt Barham, 70, 130, 800, 15, 180
Reuben Mitchell, 200, 150, 600, 75, 263
James Wiggins, 450, 489, 3500, 250, 620
Larry Lee, 200, 200, 2000, 100, 479
James Lee, 75, 125, 1000, -, 195
Wm. B. Wall, 50, 56, 200, 30, 150
Martha Clifton, 70, 50, 400, 10, 142
Michael Wall, 50, 23, 150, 15, 50
Willis Wall, -, -, -, 5, 130
Leonard House, 130, 51, 450, 20, 160
Margaret Smith, 75, 105, 440, 20, 70
Newsom Watkins, 60, 100, 320, 25, 235
Raiford Watkins, 50, 35, 300, 15, 180
Gilbert Alford, 40, 10, 150, 20, 235
Mourning Watkins, 80, 250, 800, 25, 300
Nathan Watkins, -, -, -, 5, 20
Manly Watkins, 125, 125, 500, 40, 200
John Still, 150, 72, 550, 20, 120
Mary Dorum, 150, 110, 600, 40, 255
Dennis Still, 50, 39, 150, 20, 175
Cara Still, 55, 10, 100, 5, 100
Jesse Peoples, 75, 179, 800, 10, 95
Solomon Pace, 200, 200, 1000, 75, 420
Wm. Hodges, 1175, 892, 10000, 100, 660
Sidney Hester, 200, 103, 1000, 30, 400
John Bolton, -, -, -, 10, 94
Joseph Kelly, 80, 220, 1000, 30, 242
Giles Underhill, 80, 20, 300, 20, 248

Thomas R. Debnaur, 400, 130, 3500, 500, 980
Mary Avera, 500, 100, 8000, 300, 880
George W. Scarboro, 100, 275, 2000, 50, 347
Mathew Eddings, 100, 130, 700, 25, 225
Ann Horton, 100, 75, 700, 25, 197
Berry Taunt, 60, 10, 225, 25, 182
Jesse Brown, 90, 40, 300, 15, 140
Elizabeth Powell, 300, 221, 2000, 75, 440
Edmund Ellis, 40, 1562, 500, 10, 125
John Cooper, 70, 30, 300, 15, 180
Mary Robertson, 80, 220, 600, 15, 153
Temple Robertson, 250, 205, 5000, 75, 550
Mary E. Weathers, 150, 178, 1000, 50, 295
W. W. Weathers, 60, 168, 700, 10, 100
Willis Elis, 100, 200, 1000, 75, 422
Berry Ellis, 80, 50, 390, 20, 230
A. Scarbrough, 100, 130, 700, 25, 350
Hiram Scarbrough, 150, 150, 900, 25, 235
Nancy Horton, 100, 200, 900, 20, 235
Willis Jones, 150, 185, 600, 20, 60
Albert A. Kelly, 100, 59, 400, 20, 255
Freeman Jones, 35, 10, 90, 5, 35
New Berne Watkins, 100, 125, 450, 100, 310
Moses King, 100, 100, 600, 50, 315
Nancy King, 80, 100, 500, 10, 110
Samuel Jones, 300, 158, 900, 25, 514
Haywood Watkins, 150, 50, 500, 30, 180
Solomon Rogers, 100, 115, 500, 20, 177
Wm. J. Watkins, 50, 61, 500, 15, 145
Berry Rogers, 50, 50, 300, 45, 180
James Pace, -, -, -, 15, 165
William Mitchell, 150, 50, 600, 20, 162
Bryant Faison, 80, 150, 600, 25, 175
Joseph Edwards, 80, 80, 320, 40, 168
John Pullen, 200, 152, 1200, 100, 685
John Richards, -, -, -, 10, 285
Joseph Wall, 120, 40, 500, 20, 180
Phillip Pearce, 100, 100, 500, 30, 295
James Kelly, 60, 60, 240, 5, 65
Burwell Temples, 150, 475, 2200, 50, 575
Henderson Hodge, -, -, -, 75, 586
Lidsey House, 250, 50, 600, 60, 235
Elizabeth Lassiter, 200, 200, 600, 200, 339
Delia Mourning, 100, 108, 500, 20, 155
Charles Horton, 400, 302, 5650, 150, 1302
Sion Rogers, 500, 92, 12000, 500, 1059
Benjamin Dunn, 400, 422, 4000, 400, 965
Sallie Williams, 100, 100, 500, 50, 60
John Wall, 50, 50, 300, 15, 100
John Freeman, 150, 40, 600, 50, 195
John Scarbrough, -, -, -, 15, 75
James Hogwood, 80, 80, 400, 25, 125
Bryant Green, 600, 800, 6000, 300, 768
Mathew Williams, -, -, -, 15, 100
Pemberton Mitchell, 150, 210, 600, 60, 220
Allison Perry, 100, 121, 560, 30, 150
Ephraim Perry, 200, 400, 1500, 100, 640
Burwell Perry, 100, 100, 400, 25, 160
Samuel Strickland, 150, 150, 850, 30, 130
Nathaniel Perry, 20, 10, 100, 30, 230

John T. Walker, 200, 100, 800, 50, 450
David Pace, 75, 25, 400, 30, 70
John Leopard, 50, 50, 300, 5, 70
Hardy Horton, 100, 100, 500, 100, 275
Hilliard Jones, 150, 150, 900, 75, 408
Daniel Scarboro, 300, 400, 2100, 250, 540
William Parrish, -, -, -, 25, 140
Willis Pace, 100, 300, 800, 30, 355
Gideon Hill, 40, 23, 150, 5, 80
Will. Underhill, 50, 50, 250, 25, 105
Leonard Marshman, 75, 25, 300, 25, 105
John U. Williams, 100, 114, 650, 30, 200
G. Upchurch, -, -, -, 25, 125
Dilly Phillips, 100, 240, 800, 30, 248
Solomon Brown, 150, 150, 1200, 30, 237
J. Bedningfield, 100, 40, 500, 20, 445
Needham Price, 700, 2470, 12000, 50, 2816
H. C. Parker, 200, 57, 600, 150, 562
Joseph Fowler, 300, 200, 200, 150, 454
Henry Bedingfield, 150, 150, 1000, 30, 400
Solomon Terrill, 150, 100, 1250, 50, 270
Candis Gregory, 100, 175, 900, 30, 173
Samuel Wilder, 400, 279, 3500, 75, 870
Ashley Wilder, -, -, -, 10, 119
Bennet T. Blake, 1000, 2180, 12000, 500, 2379
Joseph F. Cooke, 600, 1100, 5000, 100, 730
Ruffin Whitley, 60, 750, 800, 15, 305
William Marshman, 200, 267, 900, 30, 195
George Marshman, 300, 634, 2500, 50, 377
Bryant Strickland, 80, 112, 600, 60, 245
William Hobbs, 320, 366, 2500, 100, 532
Samuel Hobbs, -, -, -, -, -
Upchurch Smith, 75, 125, 650, 15, 190
Patience Robertson, 100, 27, 300, 20, 180
Henry Rhodes, 200, 200, 1200, 100, 335
Freeman Broadwell, 150, 202, 800, 75, 410
Hinnant Cole, 100, 153, 600, 30, 200
Charlotte Nicholls, 300, 127, 1000, 23, 332
Passiur Nicholls, 100, 100, 500, 5, 150
Jasper Nowell (Norvell), 80, 35, 200, 5, 115
Willis Honeycutt, 150, 147, 700, 25, 407
John Pace, 175, 200, 500, 30, 128
John Earp, 200, 500, 800, 25, 198
Kinchen Medlin, -, -, -, 25, 222
William Lee, 300, 1700, 7000, 150, 604
Bartlett Debnaur, -, -, -, 10, 118
Nelson Pear, 90, 230, 1200, 40, 275
Samuel Bunch, 50, 100, 250, 25, 75
Willie Medlin, 40, 15, 150, 20, 100
Lethe Mitchell, 50, 50, 200, 15, 80
Brinkley Medlin, 100, 100, 400, 15, 184
Wm. H. Richardson, 200, 300, 900, 125, 420
Ruffin Holder, 250, 400, 1250, 100, 692
Willis Norvell, 60, 55, 300, 25, 226
Mark Norvell (Nowell), 100, 200, 700, 30, 253
Willn. Todd, 100, 400, 500, 10, 88
McLanan Tucker, 50, 65, 400, 15, 240

Johnathan Jordan, 100, 450, 1000, 20, 380
Gideon Ellis, -, -, -, 5, 70
Wrightman Lisles, 150, 62, 600, 40, 450
Henry V. Etheridge, 30, 33, 150, 15, 107
Calvin Horton, 50, 60, 400, 25, 210
William Lee Sr., 100, 37, 900, 25, 400
William Rhodes, 200, 115, 800, 50, 183
William A. Rhodes, 75, 125, 675, 75, 120
John Rhodes, 130, -, 400, 30, 198
Jesse Rhodes, 120, 120, 720, 25, 105
Henry Horton, 20, 30, 200, 150, 210
Samuel Strickland, 200, 500, 1500, 40, 260
Beedy Arnold, 100, 60, 400, 5, 55
John C. Arnold, 30, 320, 1100, 30, 95
Gray Rhodes, 40, 110, 400, 10, 100
Jesse Anderson, 100, 265, 600, 25, 167
James Todd, 180, 370, 200, 250, 330
Jeremiah Pullen, 35, 65, 150, 20, 125
Mathew Marshman, 30, 30, 200, 60, 90
Henry H. Todd, 100, 96, 650, 100, 195
Elizabeth Todd, 20, 61, 300, 20, 150
Allen Todd, -, -, -, 5, 105
William Ferrell, 100, 60, 300, 15, 160
Benj. Marriott, 900, 900, 6500, 200, 1080
Bryant Ferrill, 400, 600, 2000, 75, 587
Berry Horton, 150, 175, 700, 50, 400
Craton Massey,-, -, -, 10, 50
Josiah Massey, 100, 157, 7750, 10, 120
Willis Horton, 150, 60, 500, 40, 420
William Horton, 100, 150, 500, 40, 234
Woodson Holton, 160, 40, 600, 50, 259
James Ferrell, -, -, -, 25, 80
Jesse Bunch, 200, 500, 1000, 50, 354
John Perry, 200, 1300, 4000, 125, 1085
Josiah Jones, 300, 60, 600, 125, 410
Allison Horton, 50, 50, 400, 20, 170
Alsey Horton, 40, 3, 95, 10, 135
Joseph Fowler, 400, 600, 2640, 150, 914
John Hopkins, 200, 800, 2000, 50, 547
Jane Hopkins, 150, 150, 600, 75, 415
William Hopkins, 100, 50, 300, 25, 347
Churchill Alford, -, -, -, 40, 147
R. S. Hopkins, -, -, -, 15, 135
Thomas Perry, 40, 25, 200, 25, 150
Jesse Faison, 25, 25, 75, 15 25
Bryant Perry, 25, 25, 150, 15, 167
Henderson Ray, -, -, -, 5, 40
James Ray, 50, 200, 600, 25, 210
Willie Bunn, 100, 150, 800, 100, 231
M. D. Freeman, 100, 288, 1250, 150, 500
John Pendergrass, -, -, -, 7, 75
Bennet Pendergrass, 120, 180, 200, 20, 55
Blake Baker, 200, 100, 500, 40, 381
Bryant Stallings, 100, 210, 620, 100, 415
Lyttleton Privett, 50, 200, 450, 25, 235
Burke Privett, 350, 350, 1400, 25, 473
William Parrish, -, -, -, 10, 65
Dorsey Ferrell, 100, 200, 600, 20, 185
Jesse Hicks, -, -, -, 20, 180
Elizabeth Bell, 100, 100, 300, 15, 90
James F. Clarke, -, -, -, 15, 45
William Chamblee, 100, 700, 2500, 80, 360
Burty Strickland, 200, 2600, 1000, 250, 550

Bennett Bunn, 300, 670, 3000, 300, 890

James Bunn, 400, 2599, 4000, 300, 1190

Budd Bunn, 500, 500, 1200, 250, 462

Dilley Chamblee, 400, 1200, 3200, 250, 703

Rayford Chamblee, 300, 1000, 3220, 150, 680

Reuben Carpenter, 1000, 500, 4400, 500, 1426

Gibson Pearce, 300, 600, 2000, 100, 405

Nancy Johnson, 200, 300, 800, 20, 200

Gray Massey, 25, 280, 500, 20, 139

Dowd Massey, 175, 109, 5000, 10, 135

James Privett, 100, 186, 400, 40, 388

Elizabeth Chamblee, -, -, -, 20, 220

A. J. Foster, 375, 1125, 9000, 500, 1280

Riley Bunn, 35, 30, 100, 20, 21

Laney High, 250, 300, 1200, 50, 596

Daniel B. Griffen, 150, 300, 1600, 200, 472

Burwell Fowler, 12, 50, 200, 10, 97

Eliza Privett, 50, 40, 100, 10, 100

Budd Hicks, 10, -, 80, 5, 110

David Hinton, 2000, 1000, 15000, 750, 3360

William Holleman, 200, 315, 3350, 250, 815

Langdon C. Hinton, 400, 900, 8400, 200, 986

Madison Hodge, -, -, -, 125, 995

David Hinton Sr., 1500, 862, 7087, 500, 1742

John Green agnt, 300, 300, 6000, 250, 800

Henry Bunch, 200, 312, 1500, 50, 331

John Hutchings, 1000, 600, 9000, 300, 2120

Seth Jones, 500, 1500, 10100, 1000, 300

H.N. Montague, 200, 400, 5000, 150, 800

William Smith, 40, 60, 2000, 25, 322

William Thompson, 150, 30, 1200, 50, 250

William Boylan, 400, 1000, 5000, 150, 950

Elizabeth Hinton, 600, 600, 6000, 300, 1305

William Hood, 100, 214, 2000, 150, 382

Henry H. Harriss, 200, 357, 2250, 150, 440

Thomas J. Lemay, 100, 150, 1200, 100, 800

William D. Haywood, 100, 300, 1000, 20, 255

Lewis E. Peck, 18, 250, 1600, 10, 120

Ellener Haywood, 100, 200, 1500, 50, 600

Susan White, 200, 194, 2000, 40, 500

John Malone, 36, 4, 300, 10, 50

Jordan Womble, 10, -, 2000, 10, 125

Josiah O. Watson, 300, 500, 20000, 500, 1200

Nathaniel Dunn, 60, -, 600, 35, 145

James Mullens, 50, 50, 500, 100, 275

Charles Manly, 500, 600, 5500, 500, 1800

Moses A. Bledsoe, 100, 270, 5000, 500, 750

Kenneth Rayner, 25, 45, 9000, 25, 550

John Tighe, 17, -, 170, 20, 100

Ann W. Mordecai, 550, 500, 17000, 500, 2400

Richard Hines, 100, 300, 7500, 100, 900

William Boylan, 160, 100, 6000, 150, 500

Henry Mordecai, 600, 900, 16000, 250, 1900

John O. Rorke, 37, 9 ½, 6000, 120, 500

William F. Collins, 150, 587, 10000, 500, 1500
Laura Cotton, 14, -, 10000, 25, 500

Warren County, North Carolina
1850 Agricultural Census

The University of North Carolina at Chapel Hill filmed the 1850 agricultural census for Warren County from originals at the North Carolina State Department of Archives and History under a grant from the National Science Foundation in 1961.

Columns 1, 2, 3, 4, 5, and 13 represent the following information on the census:
1. Name of Owner, Agent or Manager of Farm
2. Acres of Improved Land
3. Acres of Unimproved Land
4. Cash Value of the Farm
5. Value of Farming Implements and Machinery
13. Value of Livestock

Britton Harris, 150, 309, 1844, 20, 480
Elizabeth Harris, 161, 50, 527, 5, 53
Ruben Harris, 40, -, 120, 10, 123
William Dickerson, 27, -, 67, 5, 35
Polly Vaughan, 50, -, 100, 10, 107
Griffin Evans, 125, 25, 300, 11, 100
Samuel Westry, 25, 75, 300, 5, 153
Bracket B. Watts, 10, -, 40, 5, 72
Ford Fordam, 80, 375, 1420, 10, 500
Rufus Fortner, 20, -, 80, 3, 7
Henry C. Roberson, 60, -, 300, 10, 255
Lewis H. Russell, 400, 200, 3000, 145, 499
Green Garrot, 100, 16, 232, 7, 120
Siles Edwards, 90, 100, 250, 25, 300
George Finch agent, 270, 277, 1100, 25, 464
Samuel Duke, 150, 492, 1926, 25, 536
Isaac Pendergrass, 60, 42, 400, 4, 44
William Hoyl, 45, 62, 321, 24, 128
John D. Hoyl, 64, 50, 288, 7, 116
Isham Dickerson, 15, -, 30, 3, 26
James B. Hight, 25, -, 75, 5, 105
Benjamin Johnson, 35, -, 70, 8, 45
Green B. Duke, 15, 295, 775, 3, 28
Elsy Hicks, 25, -, 62, 4, 114
William Hays, 320, 1380, 4250, 150, 1189
Jane Acre, 40, 107, 300, 20, 145
E. A. Cheek, 100, 536, 2544, 150, 740
Thomas Davis, 200, 455, 1350, 100, 6540
Richard Gibbs, 60, 165, 500, 40, 223
Sinefred Clark, 37, 13, 100, 3, 28
Richard Duke, 86, 125, 633, 15, 296
Benjamin Best, 20, -, 60, 6, 43
Samuel J. Reavis, 100, 200, 812, 10, 338
John Smith, 50, 50, 200, 10, 167
Peyton Vaughan, 32, 32, 195, 30, 445
Edwin D. Drake, 200, 165, 1500, 100, 556
Benjamin B. Bridges, 52, 224, 685, 15, 198
James Edwards, 30, -, 60, 25, 220
Lucy Burroughs, 20, 38, 116, 15, 113
Joseph Loyd, 25, -, 50, 15, 42
George Stainback, 15, -, 60, 5, 41
Jorden Harris, 30, -, 90, 3, 93
William A. Quincey, 14, -, 42, 40, 110

Elizabeth Fleming, 170, 85, 765, 10, 95
Jeremiah Fleming, 200, 235, 1308, 25, 407
Richard Bullock, 2500, 1386, 15546, 398, 220
Leonard Henderson, 200, -, 1000, 60, 745
John D. Faim 300, 60, 2000, 175, 705
Agnes Hare, 40, -, 200, 85, 246
Wm. A. Burwell, 125, 236, 1464, 150, 792
Jas. M. Williams, 400, 400, 4000, 100, 785
James M. Daniel, 80, 180, 1500, 15, 325
Nancy Bullock, 1000, 25000, 150000, 150, 1097
Jesse R. Fleming, 44, 10, 270, 25, 205
Edmond W. Wadkins, 150, 40, 950, 60, 410
Caleb Wadkins, 125, 125, 1250, 30, 365
Obedience Newman, 125, 75, 600, 70, 223
Jacob Davis, 317, 75, 1400, 50, 624
Alex. Buchanan, 150, 82, 650, 50, 320
Edmond Kersey, 50, 67, 351, 100, 80
Chas. Daston, 35, 5, 125, 15, 52
John H. Bullock, 600, 825, 6000, 330, 1407
Silas D. Wright, 100, 200, 1500, 50, 315
Rubin Williams, 100, 130, 820, 6, 93
Richard Bullock, 100, 1000, 500, 100, 684
Howell R. Moss, 150, 243, 1179, 40, 286
John Hilliard, 80, 166, 968, 40, 294
Elizabeth Mabry, 125, 85, 630, 20, 198
Dawson Vanlandingham, 70, 165, 1000, 20, 349

John Daley, 500, 208, 3750, 200, 1398
Henry L. Plummer, 400, 550, 6000, 200, 1315
Thos. Vanlandingham, 100, 107, 828, 70, 610
William Thrower, 500, 650, 6000, 300, 1390
William Bowden, 20, -, 80, 25, 106
Thomas Carroll, 250, 733, 10000, 155, 1068
Arrow Smith, 100, 150, 1000, 25, 266
Benj. S. Hicks, 16, -, 64, 7, 40
William Byram, 25, -, 75, 7, 146
John Bowden, 125, 625, 1870, 105, 347
Mrs. Fanny Green, 500, 500, 2000, 100, 485
John G. Yancey, 500, 578, 5400, 250, 1253
Sander Wadkins, 50, 162, 800, 50, 336
William Burrows, 248, 248, 2000, 150, 476
Edward Harris, 15, -, 60, 20, 59
Henry B. Caps, 30, -, 120, 20, 205
Daniel Burchett, 25, 25, 265, 24, 89
Christopher Roberson, 50, 139, 748, 15, 170
John Burchetts, 60, 56, 350, 20, 139
Austin Newman, 100, 106, 618, 30, 221
James Patillo, 75, 187, 845, 15, 238
John Wadkins, 75, 185, 1050, 70, 338
Richard Short, 90, 110, 1000, 40, 284
Nathaniel T. Green, 150, -, -, 200, 999
James Duncan, 90, 120, 630, 756, 355
Richd. Vanlandingham, 100, 576, 2000, 100, 640
James Cothron, 30, 16, 138, 10, 145
Joseph L. Regan, 40, -, 80, 20, 183

Edward Burchett, 100, 76, 880, 25, 248
William Paschall, 80, 339, 1260, 60, 2565
William E. Paschall, 20, -, 100, 20, 208
Leonard Bullock, 200, 500, 2800, 50, 747
Benjamin Wells, 15, -, 45, 5, 77
Williams Burrows, 100, 96, 784, 40, 332
Stephen H. Turner, 110, 390, 3000, 5, 718
Nancy Mabry, 250, 175, 1875, 40, 474
Burwell Pitchford, 125, 125, 1400, 30, 164
William Bottom, 50, 45, 300, 20, 136
Green Harris, 20,-, 60, 17, 70
Thomas Hilliard, 100, 272, 1488, 120, 422
James Ellington, 25, -, 75, 20, 88
William Buchanan, 20, -, 60, 5, 50
James Jones, 35, 35, 205, 12, 185
John Bowdon Jr., 30, -, 120, 5, 110
John Andrews, 30, 170, 500, 35, 199
Caswell Drake, 400, 853, 5012, 100, 725
Michael Collins, 800, 800, 9500, 230, 1407
William Paschall, 33, -, 132, 6, 17
William T. Skilton, 7, -, 4400, 100, 250
Thomas S. Campbell, 9, 3, 3000, 40, 200
Mrs. Mary Hall, 500, 250, 5000, 200, 764
William C. Williams, 400, 1500, 10000, 200, 1534
Adam Falkner, 50, 450, 2200, 75, 226
James Robinson, 25, 75, 100, 5, 63
Mary Clark, 50, 115, 412, 25, 140
Lewis Bobbitt, 50, 22, 182, 50, 229

Solomon Pardue, 200, 90, 550, 25, 273
Lucy Marshall, 80, 40, 240, 20, 116
James Clark, 80, 70, 500, 25, 243
Elizabeth Wortham, 300, 200, 1500, 25, 716
Elijah W. Rudd, 100, 100, 590, 47, 289
Zachariah Becomb, 10, -, 50, 3, -
Jorden H. Foster, 98, 98, 600, 50, 345
Patsy Troster, 66, 44, 220, 20, 117
John Southerland, 200, 676, 2190, 200, 1052
Martha Jorden, 169, 200, 18560, 25, 293
Rebecca Southerland, 100, 400, 1500, 27, 373
John Truisdale, 125, 125, 700, 20, 275
William Brown, 180, 850, 3400, 30, 641
Thomas Brown, 100, -, 500, 30, 389
Richard Kearney, 276, 88, 1092, 60, 817
Mary Turner, 20, 80, 60, 4, 44
Susan Stanback, 200, 40, 840, 22, 426
Gideon Haston, 60, 63, 300, 50, 94
John D. Langford, 100, 280, 705, 75, 525
Turner Allen, 150, -, 1290, 50, 460
George Tunstall, 100, 50, 300, 50, 280
James Rudd, 50, 208, 400, 25, 145
Francis Smithwick, 200, 411, 1224, 50, 582
Abner Studd, 250, 200, 2640, 100, 956
John M. Daniel, 150, 30, 1050, 25, 259
Haywood Harris, 20, -, 150, 28, 219
James Fortner, 17, 519, 51, 5, 96
James Ball, 300, 80, 2457, 75, 816
William Smith, 800, 440, 32, 5, 132

Hugh J. Jones, 200, -, 3200, 150, 1391
Raleigh Ridegraft, 12, -, 24, 3, 76
James Rodwell, 300, 366, 3000, 93, 725
Charles J. Jones, 150, -, 750, 50, 637
Mary C. Jones, 500, 1200, 6000, 187, 1720
Jack Askew, 75, 121, 400, 10, 166
Peter B. Hawkins, 300, 1000, 5200, 250, 1286
Edowood Allen, 250, 4100, 2000, 80, 500
William Watson, 550, 850, 3600, 1000, 748
Christopher T. Simms, 150, 373, 3000, 100, 455
Thomas Plummer, 300, 773, 5800, 150, 950
Henry Corthorn, 200, 161, 1260, 55, 488
Robert C. Prichard, 120, 180, 3000, 100, 770
George Feild, 481, 482, 5778, 229, 4040
Soloman G. Ward, 500, 500, 8000, 200, 1048
Micajah T. Hawkins, 800, 2552, 16750, 400, 8186
Mrs. Mary T. Hawkins, 300, 2200, 12000, 350, 1485
Simmeon Southerland, 600, 500, 3000, 125, 896
Joseph S. Jones, 400, 200, 3500, 150, 2895
Joseph G. Stallings, 175, 83, 1200, 30, 467
Lewis Y. Christman, 450, 590, 600, 250, 460
Tabitha Jordan, 120, 280, 1200, 40, 464
Mathew Hawkins, 100, 63, 489, 20, 338
James Pardue, 80, 120, 900, 25, 252
William G. Wilson, 130, 197, 1500, 30, 436
John Watson, 200, 380, 3480, 250, 700
William Watson Jr., 100, 160, 1300, 25, 352
Jonas T. Pope, 150, 890, 7500, 200, 1201
Henry Patterson, 30, -, 150, 5, 103
Alfred Alston, 450, 1515, 1250, 300, 1467
J. S. Chick, 600, 1350, 5600, 200, 1872
William H. Harris, 40, 110, 450, 20, 201
Mark Duke, 150, 64, 642, 40, 429
Mathew Duke, 60, 175, 328, 15, 256
Jeremiah G. Walker, 40, 55, 232, 20, 141
Thomas Evans, 20, -, 100, 5, 85
John Wortham, 350, 135, 1452, 90, 741
William A. Hemsley, 17, 33, 250, 45, 160
Summerville Lawriting, 15, 5, 200, 5, 81
Abner Acock, 50, 110, 500, 50, 100
Goodson Hughs, 12, 12, 132, 35, 40
Leonard Harris, 50, -, 150, 20, 260
Simon Fleming, 300, 446, 3000, 175, 640
William H. White, 80, 138, 600, 50, 152
Henry B. Hunter, 400, 240, 2500, 100, 978
Nath. D. Brekell, 25, 143, 1000, 40, 165
Isham Bennett, 100, 85, 925, 40, 407
Henry Martin, 80, 145, 1000, 10, 215
Robert Ramsour, 200, 466, 3000, 100, 757
John A. Wilson, 150, 75, 2000, 250, 1450
Michael W. Paschall, 80, 100, 540, 30, 234
William Plummer, 200, 375, 1800, 100, 987

John Summerville, 800, 1750, 10000, 400, 1825
John V. Corthorn, 40, 79, 475, 125, 803
Stephen Davis, 1800 2200, 12000, 700, 3625
Stephen Davis Exec., 3000, 3500, 2600, 1800, 3230
Peter J. Turnbull, 50, 38, 500, 90, 355
Kemp Plummer, 400, 585, 6000, 250, 1000
John White, 50, 30, 400, 100, 355
David Collins, 20, -, 100, 120, 208
William Hagood, 60, 15, 400, 50, 115
James J. Russell, 575, 900, 5900, 320, 360
John Read, 350, 60, 2700, 100, 1532
John J. Rese, 75, 75, 1000, 75, 740
James Hagood, 125, 161, 1144, 30, 309
John Hagood, 80, 162, 1000, 60, 458
Robert A. White, 200, 400, 1600, 50, 120
William G. Duke, 300, 173, 2000, 100, 684
Wesley G. Pitchford, 60, 89, 775, 40, 670
Churchwell Curtis, 150, 188, 1000, 50, 215
David Cole, 150, 204, 1416, 50, 271
Duclla Darnell, 150, -, 600, 30, 487
John C. Johnson, 150, 154, 1520, 25, 154
Winefred J. Mayfield, 700, 980, 6000, 400, 424
Green B. Paschall, 40, -, 200, 25, 1410
Martha Walker, 104, 25, 500, 10, 171
William Davis, 300, 535, 4500, 300, 208
Matilda Davis, 800, 800, 4800, 200, 1091
James S. Walker, 100, 187, 861, 30, 1187
Aaron Pitchford, 60, 52, 400, 10, 288
Churchwell Bartlett, 65, 18, 249, 20, 139
Wesley Perkinson, 225, 175, 1600, 25, 155
John Martian, 40, -, 140, 10, 257
William B. Hendrick, 400, 30, 1600, 125, 156
Henry Walker, 20, -, 80, 5, 729
Alfred King, 50, 80, 400, 25, 30
Travis Tally, 200, 290, 1490, 20, 170
Rebecca Coleman, 150, 65, 645, 25, 295
William Pearcy, 20,-, 100, 5, 97
Frederick King, 50, 45, 300, 20, 55
Ebeneza Coleman, 75, 225, 900, 25, 106
William Hicks, 100, 175, 1096, 100, 444
Elizabeth Hawks, 50, 50, 300, 16, 310
Baxter Smith, 20, -, 80, 5, 77
Jessee Perkinson, 350, 420, 2680, 40, 357
Frederick Hawks, 75, 39, 400, 30, 410
Sumner Ellis, 54, 167, 818, 30, 430
William Hicks, 150, 258, 2040, 75, 320
Gideon W. Nicholson, 260, 360, 4000, 130, 527
Thomas T. Jenkins, 200, 317, 1557, 30, 745
Thomas James, 30, -, 90, 15, 471
Aaron A. Hudgins, 10, 15, 1000, 20, 167
James M. Myrick, 20, -, 80, 5, 43
Weldon E. Carter, 15, -, 60, 3, 36
Jane Powell, 100, 50, 550, 40, 166
Sales Weldon, 40, 170, 400, 30, 187
George W. Justice, 45, 95, 410, 30, 18
John Egerton, 125, 352, 1000, 30, 676

Guildford Lake, 100, 40, 420, 60, 485
Henry A. Foot, 400, 620, 5100, 125, 1116
Mary Foot, 120, 60, 1200, 25, 286
William G. Archer, 25, -, 75, 10, 40
William Rose, 150, 238, 200, 75, 442
Miles Bobbitt, 175, 565, 7241, 400, 817
Alpheus Bobbitt, 140, 192, 1000, 30, 465
Alexander King, 100, 234, 1002, 25, 420
Michel Riggan, 30, 150, 1000, 50, 302
Zebulon M. P. Cole, 60, 23, 458, 50, 240
Reuben Solomon 12, -, 48, 5, 82
Henry Wright, 100, 100, 1500, 50, 398
Joel Talley, 50, 63, 500, 30, 160
John P. Beasley, 30, 73, 500, 25, 262
Francis M. Jenkes, 200, -, 1000, 50, 653
John M. Rodwell, 200, -, 2000, 300, 791
Peter Evans, 40, 70, 500, 60, 175
Rhoden Parker, 200, 90, 870, 100, 224
Cintha Hooper, 12, -, 560, 5, 42
Edmund White, 180, 104, 1000, 40, 391
Mary Partilla, 150, 300, 1200, 40, 288
Anthony Hawks, 86, 86, 575, 15, 177
Wardens of the Poor, 125, 155, 2040, 200, 160
Ann Sherrin, 40, 140, 1000, 10, 170
John E. Twitty, 100, 400, 2000, 100, 719
Joshua Harris, 20, -, 100, 6, 70
A. F. Brame, 200, 1000, 7800, 150, 626

Mathew M. Drake, 300, 415, 2860, 50, 705
William Duncan, 150, 457, 2428, 75, 666
Hardy Myrick, 300, 400, 2000, 100, 738
Anderson Wright, 60,-, 300, 75, 233
Sarah Wright, 50, -, 250, 30, 146
William Carter, -, -, -, 20, 130
Drury Gill, 300, 523, 3292, 50, 569
William Bell, 55, 110, 495, 22, 246
Joseph Sherrin, 150, 210, 1080, 100, 240
James Y. King, 100, 50, 620, 25, 226
Robert D. Paschall, 75, 25, 200, 30, 206
James Sherrin, 75, 245, 960, 20, 217
William Mustians (Mushans), 25, 47, 216, 19, 139
Edward Felts, 20, 34, 270, 5, 85
William W. King, 16, -, 60, 40, 178
Nathaniel Felts, 40, 10, 200, 15, 128
Michel Paschall, 175, 175, 1000, 100, 585
John W. Hick, 200, 370, 1500, 1000, 335
Peter Coleman, 30, 44, 296, 5, 102
Thomas W. Walker, 300, 600, 2700, 50, 263
Mathew King, 70, 50, 360, 30, 165
George Wortham, 20, -, 40, 30, 115
Joseph Sherrin, 60, 15, 215, -, 215
James Hawks, 50, 33, 249, 30, 293
Armstead King, 150, 224, 1122, 30, 226
Charles Myrick, 100, 650, 2250, 20, 462
Isham Riggan, 10, -, 50, 5, 28
Hawkins Canada, 50, 79, 516, 50, 214
John R. Edmunds, 50, -, 200, 15, 81
Rachel Myrick, 75, 57, 528, 30, 536
Nancy Gardner, 100, 260, 1080, 50, 364
John W. Balthrop, 150, 270, 160, 25, 312

Elizabeth Tankl, 20, 20, 160, 10, 175
Horrace Palmer, 700, 800, 14200, 200, 2035
James C. Robinson, 350, 590, 5000, 100, 6109
Richard Robinson, 250, 75, 6000, 75, 6153
Abner Mosely, 150, 800, 4500, 25, 343
Edmund W. Shell, 40, -, 200, 5, 166
James Richardson, 20, -, 100, 6, 76
Mathew Carroll, 100, 206, 1000, 20, 382
William V. Mabry, 20,-, 100, 5, 150
Henry Lewis, 500, 300, 600, 200, 1280
William Thornton, 200, -, 4000, 100, 830
Richard M. Johnson, 20, -, 200, 15, 167
John E. Boyd, 200, 320, 4160, 200, 988
Drury W. Walker, 10, 10, 80, 20, 147
Daniel Haithcock, 20, 50, 210, 10, 133
John L. Evans, 75, 185, 750, 100, 319
Claiborn Sherrin, 60, 61, 600, 30, 223
Samuel Pike, 35, 15, 125, 30, 215
Kinchen Harris, 30, -, 60, 5, 199
James P. Harris, 40, 57, 145, 6, 275
Seth Sherrin, 15, 60, 150, 5, 55
Elisha Sherrin, 100, 215, 1300, 25, 322
Nathaniel Sherrin, 20, -, 100, 20, 120
Drury Thompson, 11, 11, 44, 5, 114
Ezekiel Sherrin, 20, 67, 130, 5, 251
Willis Sledge, 500, 50, 1000, 15, 353
William F. Harris, 30, -, 120, 7, 116
William Carter, 75, 200, 689, 30, 292
James G. Robertson, 100, 250, 875, 10, 226
James Riggan, 75, 125, 1000, 35, 419
William Little, 75, 145, 660, 30, 32
James Walker, 15, -, 75, 6, 159
Albert Haithcock, 20, -, 80, 5, 10
Frederick J. Sherrin, 100, -, 300, 30, 254
Bolar Dobbin, 140, 350, 490, 40, 510
Hugh Devina, 20, 221, 843, 100, 184
Benj. G. Harris, 40, -, 200, 100, 262
Sarah Vaughan, 150, -, 600, 20, 218
Mark W. Sledge, 75, 484, 2000, 25, 235
William H. Bobbitt, 50, 77, 351, 20, 314
William W. Riggan, 20, 80, 400, 30, 148
Nathaniel Nicholson, 25, -, 125, 40, 163
John Brodie, 400, 1000, 5600, 500, 1800
M. R. Williams, 400, 900, 12000, 210, 166
Lucy E. Williams, 400, 840, 8000, 150, 914
Mrs. Eaton & Sam Eaton, 150, 460, 2500, 30, 683
Maj. Henry Eaton, 100, 110, 1600, 15, 802
Alex. B. Hawkins, 350, 352, 4000, 125, 1005
Samuel Calvert, 300, 100, 16000, 150, 607
William K. Kearney, 1300, 2900, 1700, 1000, 4097
Soloman Stallings, 310, 300, 1800, 125, 641
Thomas Green, 75, 105, 300, 25, 170
John A. Williams, 700, 1892, 10368, 146, 2011
Solomon Williams, 350, 356, 1365, 150, 134
Elizabeth Williams, 350, 804, 2880, 25, 495
A. D. Alston, 450, 850, 7000, 200, 217

John Brown, 200, -, 800, 50, 523
Samuel Hardy, 40, 110, 600, 25, 251
John J. Nicholson, 150, 450, 3000, 25, 840
John R. Sherrin, 250, 212, 2310, 79, 533
John J. Rodwell, 214, 214, 1700, 40, 648
Nathaniel Nicholson, 50, 110, 644, 25, 236
William E. Brown, 350, 300, 2600, 140, 593
Philimon Jenkins, 270, 460, 3500, 125, 1414
John B. Williams, 500, 3541, 12273, 200, 2021
Lucy Williams, 50, -, 200, 30, 578
George W. Alston Executor, 500, 1000, 5250, 180, 1485
Joseph Acock, 20, 90, 330, 10, 113
Gideon Hamlet, 20, 40, 180, 6, 128
Jesse Marshall, 25, -, 50, 10, 203
Edward King, 15, -, 40, 20, 133
Samuel T. Alston, 1000, 3000, 15000, 700, 2238
Mrs. Sally Acock, 100, 400, 1180, 30, 265
Edward Alston, 600, 1536, 8000, 150, 2412
Alexander Hall, 300, 430, 500, 160, 954
Benj. Powell, 200, 300, 2500, 25, 748
Thos. A. F. Alston, 400, 1370, 7000, 200, 1485
Francis A. Thornton, 2000, 6000, 60000, 1000, 3350
Thomas Gale, 450, 2150, 13000, 100, 968
John Hicks, 200, 100, 750, 150, -
Gideon B. Alston, 150, 450, 3000, 80, 555
Thomas S. Neall, 60, 36, 200, 25, 153
Hanthus Snow, 60, 125, 500, 30, 334

Eliz. A. B. Shearen, 100, 200, 1000, 40, 1010
William King, 15, -, 75, 2, 132
Patsy Robinson, 25, 25, 135, 5, 130
Curtis Hardy, 100, 100, 450, 25, 340
Arthur Harris, 30, -, 150, 25, 182
Thomas Hardy, 100, 129, 454, 25, 145
Allen King, 40, 10, 75, 10, 161
James Rudd, 40, -, 250, 5, 99
Eli Tucker, 40, 100, 150, 20, 210
John Burgess, 600, 1100, 4250, 300, 2415
Mrs. Martha Austin, 120, 280, 5500, 120, 533
Abner Richardson, 15, -, 45, 5, 152
Absolom Richardson, 30, 50, 160, 25, 151
Harrod Thompson, 15, -, 90, 10, 37
Isaac Little, 70, 566, 40000, 75, 352
Henry Southall, 30, 142, 515, 15, 117
Emily Burt, 500, 1200, 3400, 200, 1417
Emanuel Ashe, 15, -, 75, -, 49
William Stokes, 25, 95, 120, 12, 116
Ann Acock, 45, -, 250, 20, 340
Leah Arrington, 200, 217, 834, 25, 512
Sam. A. Williams, 600, 3900, 22000, 500, 3362
Maria Powell, 50, 228, 789, 15, 255
Richard A. Johnson, 200, 572, 1755, 30, 990
William Bennett, 15, -, 75, 15, 40
John Pearson, 100, 200, 600, 30, 1000
Littlebury Robinson, 156, 350, 3036, 38, 865
Thomas Harris, 80, 457, 1537, 35, 407
Thomas Reed, 35, 100, 536, 25, 628
Lemuel Lancaster, 100, 175, 825, 30, 567
John S. Davis, 200, 340, 2500, 100, 745

John B. Powell, 400, 2081, 7443, 350, 1941
Thomas J. Pitchford, 400, 500, 3600, 120, 1135
Edward Davis, 320, 300, 5800, 60, 1165
John T. Kearney, 50, 458, 1524, 30, 34
Lunsford Baker, 12,-, 36, 10, 52
Arthos Davis, 50, -, 75, 20, 480
Thomas H. Pitman, 10, -, 50, 35, 153
William M. Powell, 200, -, 800, 40, 1050
Luke Lancaster, 400, 900, 4000, 40, 1161
Wille. Lancaster, 120, 201, 567, 25, 472
Peter D. Powell, 100, 438, 1614, 75, 1187
Heirs of William Newell, 50, 235, 900, 8, 103
Washington Laintings, 15, 31, 120, 12, 52
Thracon Capps, 20, -, 60, -, 13
McKenny Capps, 40, 42, 245, 6, 104
James B. Moore, 15, -, 45, 3, -
Lemuel P. Wilkins, 10, -, 30, 25, 100
William Haithcock, 15, 2, 51, 5, 112
Solomon Williams, 400, 875, 5000, 200, 1880
J. J. Vaughan, 100, 400, 1500, 100, 757
Benj. Norwood, 600, 500, 4500, 200, 1675
Joseph H. Riggan, 50, 150, 500, 5, 125
Henry Harris, 306, 700, 5000, 200, 1085
Buchrax Eaton, 200, 1300, 7500, 168, 825
Edward Williams, 300, 600, 2700, 50, 1075
W. Hudgings, 50, 113, 1500, 35, 328
Thomas J. Judkins, 100, 350, 3500, 150, 955
Susan West, 40, 160, 300, 25, 375
Eliz. Lancaster, 20, 230, 500, 20, 187
James A. Cheek, 500, 1300, 5400, 150, 1150
William F. Lamkins, 150, 95, 735, 19, 315
Samuel Davis, 300, 800, 6000, 40, 1135
Elizabeth Stallings, 53, 100, 612, 20, 380
Thomas P. Harris, 50, -, 150, 50, 220
Cath. W. Womble, 60, 65, 500, 25, 292
William C. Clanton, 600, 1130, 13000, 200, 2576
Drury Harris, 20, 236, 500, 10, 95
Hawkins Carter, 12, -, 60, 6, 51
Winney Harris, 10,-, 40, 2, 75
Soloman Moody, 12,-, 48, 5, 166
Josiah Stallings, 100, 152, 1004, 20, 289
William P. Stallings, 20, -, 80, 6, 30
John Verser, 12, 24, 75, 30, 260
Robin N. Harris, 40, 60, 175, 20, 194
Bennet Harris, 100, 120, 500, 25, 522
Robert E. Harris, 50, 88, 345, 25, 230
Littleton H. Riggan, 50, 130, 540, 35, 267
Robert Riggan, 20, 12, 64, 40, 103
John Verser, 25, 40, 445, 25, 254
John P. Sherrin, 100, 175, 600, 50, 444
Thomas Fleming, 300, 612, 4000, 200, 1109
Soloman Fleming, 150, 150, 900, 50, 384
Jacob R. Harris, 45, 100, 362, 12, 188
Willis Reed, 20, -, 80, 5, 154
Edward J. Hooper, 30, -, 120, 20, 289
Rev. William Hooper, 80, 1030, 4120, 145, 473
Robert Rodwell, 300, 700, 4000, 300, 1357

Richard Boyd, 600, 1500, 9100, 400, 2952
James Burrough, 30, -, 90, 30, 382
Nathan Milam, 600, 1600, 12000, 400, 2102
Dudley Muiga, 140, 180, 1137, 50, 556
James Howard, 12, 7, 125, 3, 70
Kinchen Bobbitt, 60, 70, 500, 40, 316
John R. Bobbitt, 100, 231, 500, 25, 495
John P. Johnson, 150, 580, 1656, 50, 1308
Mary A. Brown, 200, 1106, 3915, 200, 1514
Ridley Brown, 100, 800, 2800, 30, 854
Jacob F. Brown, 300, 900, 2900, 150, 686
Ida and Virswin Brown, 100, -, 300, 30, 356
Mary S. Sherrin, 200, 512, 1950, 110, 891
Marcellus J. Montgomery, 100, 480, 1800, 100, 634
Charles Skinner, 250, 500, 3780, 200, 1684
John Bobbitt, 70, 230, 450, 25, 586
Allen Pegram, 15, -, 45, 10, 40
William Pegram, 25, 37, 222, 5, 104
Martha Pegram, 80, 120, 1000, 25, 293
John L. Pegram, 30, 87, 365, 25, 250
Margaret Edgerton, 75, 329, 1400, 30, 1078
Thomas D. Aikins, 200, 200, 1500, 150, 532
M. T. Hawkins, 600, 500, 4400, 200, 828
W. A. Kearney, 700, 1200, 5700, 500, 1860
William F. P. Martin, 300, 200, 2000, 125, 368
Mary H. Clark, 150, 430, 5000, 25, 538
Anthony Dantor(Daubor), 600, 2020, 8822, 300, 2260
Samuel Bobbitt, 300, 100, 200, 125, 775
Doctor M. Harris, 150, 72, 666, 40, 409
Elizabeth H. Michel, 600, 3900, 20500, 300, 1728
William Person, 40, 2460, 12300, 500, 708
John F. Williams, 500, 963, 600, 200, 1168
Benjamin Nicholson, 200, 270, 1446, 25, 477
Anthony Johnson, 370, 400, 3850, 50, 1194
Edward Kearney, 400, 999, 5000, 150, 1216
Charles M. Cook, 88, 500, 5000, 110, 262
Phil. Alston, 500, 1750, 6750, 100, 937
John H. Hawkins, 200, 850, 4000, 200, 1500
Edward N. Faulcar, 100, 273 2500, 10, 408
Winifred Davis, 200, 560, 3000, 60, 481
William D. Jones, 530, 100, 30000, 400, 1655
George D. Barker_lle, 1000, 500, 710000, 400, 1983
Albert E. Jones, 200, 800, 3000, 100, 600
William Eaton, 3000, 3000, 75000, 1000, 4080
Welden N. Edwards, 1100, 1660, 16000, 510, 4312
Lucy E. M. Fitts, 400, 500, 4000, 125, 1044
Elizabeth Alston, 350, 750, 4400, 100, 1366
Georg Settle, 400, 1315, 6840, 225, 1150

Washington County, North Carolina
1850 Agricultural Census

The University of North Carolina at Chapel Hill filmed the 1850 agricultural census for Washington County from originals at the North Carolina State Department of Archives and History under a grant from the National Science Foundation in 1961.

Columns 1, 2, 3, 4, 5, and 13 represent the following information on the census:
1. Name of Owner, Agent or Manager of Farm
2. Acres of Improved Land
3. Acres of Unimproved Land
4. Cash Value of the Farm
5. Value of Farming Implements and Machinery
13. Value of Livestock

Bailey Spruill, 10, 23, -, 10, 50
Darius Phelps, 30, 40, 370, 20, 100
Joshua N. Phelps, 3,-, -, 10, 50
John Comstock, 20, 210, 450, 30, 100
Amariah Long, 15, 200, 350, 20, 115
Micajah Phelps, 15, 35, 150, 20, 110
Bailey Woodley, 15, 35, 250, 20, 150
Jacob Spears, 20, 50, 150, 50, 125
Bennet Craddock, 20, 30, 120, 15, 85
John Craddock, 10, -, 50, 10, 50
John Langley, 10, -, 50, 15, 90
Maximilian Tatem, 60, 75, 550, 50, 235
Naomi Davenport, 20, 30, 130, 20, 100
Josiah Collins, 1500, 10900, 63532, 10000, 10360
Charles T. Phelps, 8, -, 40, 10, 75
Geo. B. Davenport, 18, -, 90, 75, 175
Deborah Phelps, 3,-, 15, 5, 100
Mary Spruill, 34, 370, 3995, 5, 60
Wm. S. Pettigrew, 539, 891, 12000, 990, 1685
Leuritta Swain, 25, 275, 400, 100, 125
Caleb Phelps, 100, 50, 550, 175, 200
Joshua G. Gallop, 75, 165, 960, 60, 300
Charles A. Bateman, 25, 145, 680, 100, 300
Wilson D. Arnold, 60, 100, 600, 20, 10
Henry Spruill, 50, -, 175, 50, 60
James Furlaugh, 15, -, 75, 10, 25
Naomi Chesson, 10, -, 50, 15, 60
Sylvanus Phelps, 5, -, 25, 5, 50
Nathan Oliver, 40, 60, 280, 20, 100
Whary Tarkinton, 10, 10,100, 15, 50
Hezekiah Oliver, 12, 75, 150, 40, 170
Daniel Oliver, 15, 35, 200, 30, 160
Wm. P. Travis, 5, 45, 70, 5, 50
Laban Craddock, 5, -, 25, 10, 50
David Spruill, 4, -, 20, 5, 20
Jefferson Ambrose, 25, -, 125, 5, 25
Nehemiah H. Phelps, 10, 40, 150, 20, 100
Isaac Bateman, 10, 15, 200, 30, 125
Zeph. D. Spruill, 30, 88, 715, 77, 20, 70
McDaniel Tarkinton, 30, -, 150, 12, 150
John Gorlet, 400, 1800, 2570, 200, 600

Alexander Turner, 20, -, 100, 100, 288
Zilpha Brown, 5, -, 25, 4, 50
Frederick Steeley, 5, -, 25, 10, 21
Jno. L. Barnes, 20, -, 100, 8, 160
Wm. B. Harrison, 130, 120, 600, 150, 300
James S. Spruill, 90, 40, 450, 200, 175
James Vesey, 30, 60, 350, 25, 135
Smith M. Claghorn, 40, 115, 600, 100, 400
Isaac Oliver, 7, -, 35, 5, 10
Hester A. Chesson, 75, 50, 200, 40, 100
Eveline Frazier, 30, 25, 150, 10, 75
Lemuel Spruill, 5, -, 25, 5, 6
Wiggins Blount, 100, 129, 700, 250, 350
Joseph Downing, 340, 360, 1850, 750, 1407
Daniel Blount, 9, 41, 86, 10, 100
Henry Downing, 200, 400, 1900, 300, 1092
Joshua Swain, 20, 47, 175, 50, 185
James F. Blount, 20, -, 100, 20, 321
Mahaly Blount, 100, 200, 885, 20, 144
Jesse Lewis, 10, 90, 125, 25, 100
Daniel Swain, 30, -, 150, 10, 40
Solomon D. Armstrong, 15, -, 75, 5, 28
Jno. A. Hubble, 25, 28, 200, 100, 150
John Snell, 10, 12, 158, 50, 150
Abner N. Vail, 10, 390, 100, 30, 200
Harman Oliver, 20, 30, 130, 10, 6
Miles Simpson, 10, 40, 90, 5, 10
Thomas Robertson, 40, 60, 200, 15, 15
John G. Patrick, 25, 97, 164, 100, 437
Charles Skittlethorp, 25, 7, 128, 30, 125
Samuel Young, 2, 73, 83, 5, 30
Wm. Skittlethorp, 2, -, 10, 5, -
Lorinton Simpson, 2, 23, 25, 5, 50
Joe Simpson, 35, 220, 345, 100, 300
Thos. Knowles, 10, -, 50, 8, 60
Thos. Swain, 15, 135, 250, 100, 150
Ransom Robertson, 20, 30, 200, 20, 150
Jordan Volivay, 20, 100, 120, 20, 300
Baldy Whitaker, 8, -, 40, 3, 10
Jesse Hassle, 25, 55, 80, 15, 100
Harriet Chesson, 50, -, 280, 250, 377
Nathaniel Chesson, 80, 86, 750, 100, 200
Canny Fagan, 2,-, 10, 5, 1
Frederick E. Alfred, 150, 120, 1500, 50, 266
Samuel S. Holliday, 35, 125, 300, 30, 150
Edward Spencer, 30, -, 150, 25, 125
Wm. W. Meazel, 75, 332, 950, 200, 582
Anson J. Meazel, 40, 21, 84, 75, 200
Hezekiah Larris, 50, 350, 782, 30, 135
Losra S. Gaylord, 50, 550, 773, 75, 600
John F. Gaylord, 75, 450, 940, 100, 550
Thos. J. Walker, 160, 115, 775, 250, 572
Alfred Leggett, 3,-, 15, 5, 15
Wm. Woodley, 70, 13, 500, 175, 423
Mary Hassel, 50, 140, 686, 75, 230
James Everett, 50, 100, 400, 70, 173
Sarah Chesson, 50, -, 600, 70, 175
Geo. W. Chesson, 2, 38, 48, 5, 5
Reddin Racock, 15, 65, 140, 25, 140
Jordan W. Meazel, 40, 60, 200, 50, 200
Malachi Moss, 40, -, 200, 5, 48
James Davenport, 75, 139, 650, 20, 425
Richard Racock, 60, 200, 1075, 200, 440
Solomon Patrick, 35, 30, 205, 10, 140

Jerry Pierce, 40, -, 200, 20, 116
James P. Leggett, 15, -, 75, 10, 116
Bailey Oliver, 25, -, 125, 5, 24
Charlotte Woodley, 6, -, 30, 10, 175
Daniel Leggett, 20, 81, 300, 25, 272
Jessee Sawyer, 20, 94, 342, 25, 260
Enoch Hassel, 30, 20, 200, 40, 300
Thos. H. Turner, 35, 27, 224, 20, 400
Thos. L. Hassel, 60, 300, 1500, 35,460
Loretta Everett, 60, 130, 724, 30, 444
Thos. Bembridge, 50, 35, 300, 10, 274
Richard Skiles, 20, -, 100, 5, 70
Abraham Newberry, 125, 217, 2300, 100, 665
Caleb Bembridge, 30, 220, 900, 20, 145
Nancy Blount, 10, 29, 100, 15, 5
James Wilkinson, 45, 45, 424, 20, 200
Hester A. Leary, 6,144, 376, 75, 150
Joseph Leary, 10, 170, 220, 30, 150
Lazarus Cross, 40, -, 200, 30, 160
Eveline Blount, 20, 10, 900, 10, 125
Mary L. Harrison, 20, 130, 230, 20, 135
Joshua S. Swift, 269, 431, 4505, 300, 1000
Miles Sitterson, 9, 17, 125, 10, 150
William Fagan, 40, 120, 300, 10, 150
Asa Stubbs, 13, 20, 85, -, 30
Aaron Stubbs, 5, 7, 32, -, 40
Prussia Walker, 100, 200, 1996, 200, 500
Leonard Skittlethorp, 10, -, 50, 10, 45
Elizabeth Beasley, 60, 340, 640, 30, 100
George Airs, 160, 80, 880, 26, 264
Martha A. Walker, 350, -, 3284, 200, 525
Thos. F. Snell, 10, -, 50, 10, 150
Ely Moore, 15, -, 75, 10, 175
Margaret Wilkinson, 10, 50, 100, -, 5
Joseph Long, 10, -, 50, 5, 25
Geo. W. Armstrong, 50, 75, 375, 100, 100
Spencer Tetterton, 55, -, 275, 25, 164
Thos. H. Harrison, 55, 125, 500, 20, 270
Joseph Toxey, 5, 16, 150, 5, 75
James Freeman, 25, 78, 500, 50, 225
Edwin S. Everett, 50, 200, 400, 100, 200
Samuel Davenport, 50, 214, 870, 50, 250
Malachi Craddock, 4, 96, 116, 5, 15
Abner Craddock, 20, -, 100, 10, 40
Jacob D. Windley, 50, 200, 600, 20, 200
Mary Garrett, 300, 400, 4000, 175, 1600
Thos. S. Latham, 90, 50, 500, 30, 400
Benj. Harrison, 45, 30, 260, 30, 200
Asa Johnson, 250, 450, 4088, 150, 1055
Thos. R. Allen, 35, 41,400, 15, 100
James Marriner, 3, 22, 37, 10, 12
Garson Fulcher, 17, 25, 100, 20, 50
Jasper Lewis, 10, 40, 50, 15, 50
Jno. Q.A. Lewis, 10, -, 30, 10, 20
Elvy Corprew, 20, 30, 250, 20, 175
Joshua White, 4,-, 20, 5, 85
Jno. P. Skiles, 7, 112, 175, 20, 100
King Hacket, 18, 112, 202, 25, 100
Enoch Waters, 20, 46, 150, 25, 125
Hardy F. Everett, 50, 550, 400, 50, 200
Betsy Davenport,-, -, -, -, 30
Harvey M. Bateman, 25, 175, 500, 20, 300
Bailey D. Bateman, 20, 80, 250, 15, 250
James Miller, 2, -, 10, 1, 10
Hardy Everett, 50, 150, 858, 50, 630
Lovey Harrison, 8, 25, 65, 2, 25
Isaac Harrison, 40, 70, 900, 15, 225
Jno. R. Corprew, 50, 300, 970, 25, 400

Ometer W. Davis, 60, 250, 1200, 30, 300
Randal Boston, 20, -, 100, 5, 28
Nancy Brown, 2, -, 10,-, 20
Semuel Douglas, 50, 161, 600, 30, 160
Abram Chesson, -, -, -, -, 260
Rodny Banes, 12, 488, 700, 20, 160
Joshua Everett, 30, 270, 825, 30, 300
Mary Allen, 30, 770, 1600, 25, 300
William J. Bowen, 50, 500, 900, 50, 150
Mary Browen, 20, 80, 300, 5, 150
Esther Latham, 10, 90, 400, 5, 200
John Bowen, 3, -, 15, 5, 100
Langly R. Rispass, 25, 550, 1100, 15, 150
Henry Bowen, 40, 310, 750, 20, 250
William Bowen, 60, 650, 400, 40, 350
Alfred Gaylord, 100, 160, 600, 100, 400
Jesse Allen, 35, 115, 600, 15, 300
Asa Allen, 40, 80, 350, 25, 150
Wm. L. Bowen, 40, 860, 1200, 25, 200
William Allen, 30, 914, 1100, 10, 200
Marina Everett, 35, 100, 200, 5, 30
Edward W. Airs, 50, 250, 884, 50, 550
Mary A. Adams, 10, -, 50, 5, 75
George Watson, 25, 275, 100, 25, 200
Joseph W. Phelps, 15, 145, 550, 25, 125
Benson Barber, 15, 55, 130, 20, 21
John Green, 4, 10, 30, 12, 25
Amasa Davenport, 45, 279, 450, 25, 585
David T. Airs, 50, 140, 500, 25, 500
Harman Harrison, 30, 270, 180, 10, 400
Edward B. Davis, 5, -, 25, 15, 75
Reuben Wells, 10, 106, 275, 15, 100

Edmund Harrison, 20, 170, 450, 25, 200
Amariah Stubbs, 10, 90, 250, 25, 175
Arnet Watters, 10, 150, 275, 5, 70
Maston Jackson, 10, 150, 125, 20, 250
Wellington Fitzmorris, 10, 40, 90, 15,200
Elizabeth Moore, 34, 415, 600, 10, 150
Bethuel Gerkins, 15, 385, 240, 30, 200
Geo. W. Jackson, 2, 48, 150, 15, 30
John Kelley, 45,140, 540, 12, 200
Sangley Kelley, 4, 50, 70, 10, 30
Hardy Jackson, 25, 225, 450, 25, 200
Geo. Wiley, 55, 20, 450, 25, 235
John Swinson, 40, 35, 300, 25, 175
Thomas Jethro, 7, -, 35, 5, 7
Iritta Phelps, 5, -, 25, 6, 50
Benj. Tetterton, 3, 2, 17, 20, 125
Asa O. Gaylord, 40, 50, 912, 15, 350
William G. Gaylord, 15, 15, 90, 5, 25
Benjamin Adams, 19, 30, 125, 15, 150
Albert Badger, 20, 40, 150, 25, 175
Wilson Mariner, 40, -, 200, 10, 100
Enoch Steeley, 8, -, 40, 11, 75
Ebenezer Bateman, 10, -, 50, 12, 60
John M. Bateman, 25, 175, 300, 10, 250
Downing M. Davis, 20, -, 100, 10, 175
William M. Davis, 25, 75, 200, 15, 180
David Griffin, 30, 58, 437, 10, 250
Semuel Swain, 2, 98, 108, 15,100
Simon Robertson, 25, 39, 164, 10, 75
Bryant Watters, 10, 125, 175, 20, 100
William A. Watters, 5, -, 25, 5, 50
Jno. M. Gurganus, 50, 850, 600, 30, 545
Eliphalet Gurganus, 10, 190, 240, 5, 100

Clarissa Craft, -, -, -, 6, 34
James Watson, 50, 30, 90, 10, 45
Francis Lee, 12, 40, 100, 15, 125
George Sennet, 10, -, 50, 5, 20
John Sennet, 10, 50, 50, 20, 75
Mayberry Stillman, 20, 75, 175, 10, 100
Wiley Moore, 25, 75, 300, 10, 125
Levi Jackson, 25, 75, 250, 20, 250
Nancy Sennet, 2, 30, 40, 15, 100
William W. Sullivan, 2, 100, 125, 15, 85
James Bullock, 5, 95, 120, 10, 15
David Pearce, 7, 90, 300, 24, 180
Asa J. Watters, 40, 270, 800, 25, 125
James Billops, 30, 25, 400, 25, 180
Thos. S. Johnson, 275, 455, 2700, 200, 779
James Allen, 8, 13, 53, 25, 150
Joel Dickson, 15, 39, 150, 10, 170
Gabriel Griffin, 20, 80, 150, 10, 190
Thos. N. Spruill, 50, 200, 600, 25, 200
Allen F. Osborne, 100, 500, 1600, 40, 190
Henry B. Gerkins, -, 40, -, 5, 50
Wm. A. Gerkins, 30, 175, 325, 50, 120
Jesse G. Griffin, 10, 200, 100, 5, 170
Hardy H. Waters, 100, 240, 1325, 100, 580
Lewis Todd, 20, 12, 112, 5, 30
Solomon White, 45, 105, 350, 15, 150
Bailey Swain, 50, 120, 370, 35, 130
James Swain, 20, -, 100, 20, 60
Susan E. Duckett, 30, 250, 525, 50, 150
Haywood D. Walker, 6, -, 30, 20, 140
W. R. Mariner, 4, 3, 53, 3,
Benj. Bryan, 40, 80, 280, 15, 50
Enoch Ainsley, 60, 36, 300, 25, 60
Macy Johnston (B), 8,-, 40, 5, 75
Thos. T. Tarkinton, 50, 400, 1000, 25, 315
Bennet Mariner, 20, 60, 200, 20, 350
Wm. B. Cahoon, 60, 400, 750, 30, 300
Archibald Hassel, 90, 230, 1300, 40, 200
John K. Rea, 40, 225, 500, 50, 30
John B. Chesson, 330, 600, 1100, 150, 650
Andrew L. Chesson, 120, 550, 600, 100, 400
Charles Collins, 15, 125, 363, 24, 125
Noah White, 60, 117, 3000, 70, 400
Gisbourne J. Cherry, 15, 10, 149, -, 290
Henry E. Wolfe, 1,100, 105, -, 20
James E. Rhodes, 50, 50, 270, 30, 450
Jordan Hopkins, 25, 50, 180, 25, 200
Wm. R. Phelps, 50, 90, 300, 40, 250
Nancy Tooley, 50, -, 50, 5, 40
Wm. Hopkins, 25, -, 125, 10, 75
Elizabeth Hopkins, 20, 30, 130, 10, 120
Downing Leary, 10, 130, 430, 5, 50
Sally Knowles, 3,-, 15, 12, 50
Harmon Leary, 25, 75, 300, 25, 200
James Lucas, 12, 38, 100, 25, 150
Frederick Leary, 20, 128, 185, 20, 75
Joshua T. Leary, 10,-, 50, 15, 75
U. W. Swanner, 75, 90, 700, 50, 350
Franklin Spruill, 125, 170, 1100, 16, 250
William Lewis, 8, 107, 150, 25, 410
Mary Spruill, 6,-, 30, 5, 20
Enos Tarkinton, 20, 30, 103, 60, 375
Esther Phelps, 50, 95, 345, 20, 400
Jos. J. Phelps, 30, 10, 160, 30, 250
Alexander McCabe, 10, -, 50, 5, 50
William Overton 10, 20, 70, 5, 15
Amy Davenport, 20, -, 100, 5, 25
Jeptha Davenport, 10, 20, 70, 10, 60
Eli Woodley, 70, 100, 1000, 150, 500
Jno. S. Woodley, 25, 50, 175, 30, 75
Charles Woodley, 6, 50, 80, 5, 60

Saml. Newberry, 25, 260, 310, 40, 175
Ham. W. Davenport, 80, 242, 1059, 300, 500
Saml. Woodley, 25, 400, 705, 75, 200
Robertson Davenport, 30, 64, 198, 100, 100
Zebulon Alexander, 2, 50, 80, 5, 50
Martha Davenport, 5, -, 25, 5, 15
Aaron Davenport Jr., 10, -, 650, 10, 25
Steph. A. Davenport, 7, 91, 53, 60, 174
Zachariah Alexander, 7, -, 35, 5, 50
Danl. Clifton, 15, 120, 386, 20, 191
Jno. Clifton, 6, 35, 110, 5, 80
Sally Bodwin, 25, -, 125, 10, 60
Moses Spruill, 25, 75, 200, 10, 100
Moses Davenport, 15, 60, 265, 5, 100
Martin Craddock, 20, 175, 150, 20, 125
Bailey Phelps, 9, -, -, 5, 160
Aaron Davenport Sr., 85, 125, 600, 75, 350
Levi W. Hassel, 40, 185, 636, 50, 300
William Brown, 15, 100, 210, 25, 200
Benjamin Phelps, 25,100, 230, 30, 400
Alexr. M. Phelps, 10, 50,108, 40, 300
Nathan D. Phelps, 20, 5, 105, 25, 175
Bailey F. Ambrose, 30, 5, 250, 15, 100
Mary Ambrose, 30, 5, 100, 5, 400
Martin Garrett, 10, 25, 75, 10, 50
Aaron Furlaugh, 10, -, 50, 5, 30
Wm. Furlaugh, 15, -, 75, 5, 35
Joseph Allen, 30, 200, 370, 100, 250
Daniel Long, 10, -, 50, 5, 25
Benj. Hassel, 25, 175, 200, 25, 275
Calvin Hassel, 20, -, 100, 10, 80

Levi Ambrose, 30, 500, 1314, 100, 800
Stephen Biggs, 10, 15, 50, 5, 200
Henry Ambrose, 20, 100, 300, 10, 75
Charles Carson, 2, 50, 60, 10, 15
Andrew Phelps, 20, 17, 200, 80, 250
Jno. L. Phelps, 5, 32, 100, 20, 150
Noah N. Phelps, 225, 101, 1582, 400, 500
Thos. B. Nicholls, 400, 400, 3805, 200, 1500
Joshua W. Leary, 3, 20, 35, 2, 25
Elias H. Snell, 30, 100, 250, 50, 125
Jordan W. Snell, 10, 60, 171, 10, 50
Durham Oliver, 10, 20, 180, 15, 60
Joshua B. Davenport, 70, 50, 400, 75, 205
Wilson Owens, 30, 32, 450, 25, 150
Isaac B. Bateman, 50, 30, 200, 150, 175
James M. Davis, 70, 50, 700, 15, 60
Horace Spruill, 10, -, 50, 5, 40
Wm. W. Davenport, 135, 162, 3000, 200, 1000
Joshua B. Davis, 75, 60, 1300, 250, 1000
Robt. B. Davis, 225, 70, 3570, 500, 2000
Jordan Phelps, 20, 10, 75, 15, 125
Jacob Phelps, 20, 15, 120, 10, 60
Andrew Phelps, 10, -, 50, 20, 75
Charles Spruill, 20, 30, 349, 125, 200
Levi Phelps, 12, 16, 140, 50, 150
Carney Spruill, 12, 12, 120, 25,125
William Steelman, 5, 28, 35, 4, 10
Priscilla Swain, 20, -, 100, 10, 125
Charles L. Pettigrew, -, -, 18908, -, -
James Steelman, 20, 30, 250, 10, 150
William Roe, 40, 125, 400, 170, 500
John Giles, 20, 80, 250, 10, 100
Wilson A. Norman, 40, 125, 325, 20, 150
John Calhoun, 60, 62, 1000, 20, 50
Wm. A. Spruill, 200, 587, 1000, 300, 1000

Levi Biggs, 13, 7, 180, 20, 70
John Liverman, 20, 10, 110, 25, 120
Hardy Phelps, 10, 70, 10, 10, 25
Andrew Spruill, 75, 75, 450, 20,200
Thos. S. Hassel, 20, 50, 500, 20, 100
Geo. McClary, 20, -, 100, 10, 25
Hester A. Davenport, 50, 250, 400, 50, 150
Wm. D. Davenport, 150, 1188, 3800, 600, 560
Alfred Davenport, 20, -, 100, 5, 50
Hezekiah Basnight, 20, 80, 200, 20, 175
Isaac Furlaugh, 10, -, 50, 5, 40
Saml. W. Davenport, 25,100, 200, 5, 85
David Davenport, 8, 92, 132, 10, 155
Mary Davenport, 20, -, 100, 5, 260
James W. Newberry, 10, 30, 100, 5, 60
Charles M. Maison, 5, 45, 50, 3, 10
William Norman, 5, 10, 50, 4, 36
Mary Freeman, 10, 25, 53, 5, 30
Abram Swain, 10, 40, 90, 2, 25
Nehemiah Norman, 8, 75, 71, 20, 100
David Johnston, 10, 40, 60, 10, 38
Peter S. Swain, 20, 80, 128, 10, 125
Charles Swain, 20, 80, 147, 15, 100
Jesse Davis, 10, 16, 34, 10, 100
Jordan Spruill, 50, 200, 363, 30, 150
Nathan E. Spruill, 5, 50, 120, 20, 50
Elizabeth Alexander, 20, 35,110, 25,120
Jesse F. Hassel, 45, 40, 150, 50, 200
Shadrac Ambrose, 10, 30, 75, 10, 110
Simeon Clifton, 15, 35, 75, 10, 140
Thos. Clifton, 3, -, 15, 20, 75
Benj. Jethro, 10, -, 25, 10, 10
James Chesson, 12, 38, 100, 25, 250
Thos. Vail, 5, -, 25, 5, 35
Thos. S. Latham, 90, 50, 500, 50, 500
Hez. G. Spruill,-, 100, 500, -, 240
James Lee, 15, -, 600, 50, 150
Jehu Nicholls, 120, 186, 1826, 300, 700
Robert Armistead, 100, 700, 1785, 50, 450
Jno. C. Pettyjohn, 600, 3500, 12580, 250, 2500
Jno. H. Hampton, 40, 140, 500, 154, 350
Thos. E. Pender, 50, 500, 1575, 100, 935
Saml. Hollis, 10, -, 50, 8, 175
Thomas Long, 30, -, 150, 5, 75
Charles Latham, 12, 300, 435, 50, 200
Caleb T. Walker, 100, 750, 1250, 300, 400
John McC. Boyle, 12, -, 60, -, 350
Joseph C. Norcom, 400, 250, 4000, 250, 750
Judith Bozman, 75, 100, 1900, 50, 200
Amariah Biggs, 20, 105, 75, 20, 60
Emanuel Collins, 10, 30, 80, 10, 78
James Clifton, 5, -, 25, 5, 50
John Newberry Sr., 115, 390, 1250, 100, 350
John Newberry Jr., 100, 100, 100, 25, 120
Abner Peny, 10, -, 50, 5, 25
Charles T. Lewis, 120, 90, 450, 50, 350
Joseph P. Patrick, 30, 110, 175, 150, 200
Catharine Patrick, 48, 125, 217, 50, 100
Wm. Patrick, 20, 30, 63, 30, 400
Martin Davenport, 50, 200, 275, 20, 400
Wm. M. Davenport, 15, 10, 125, 10, 20
Nancey Davenport, 12, 13, 75, 1, 30
Wm. C. Sleight, 100, 1000, 1000, 100, 500
James Tarkinton, 70, 30, 380, 50, 300
Wm. Smith, 60, 140, 1000, 40, 150

James Cahoon, 50, 50, 400, 15, 75
Hardy Norman, 100, 50, 600, 50, 200
Joseph Norman, 430, 777, 3205, 1000, 1500
Geo. W. Snell, 18, 232, 200, 50, 150
Charles Phelps, 20, 680, 1030, 20, 100
Geo. Swain, 30, 160, 264, 20, 75
Wesley Stutz, 10, -, 50, 5, 30
Hardy Davenport, 30, 158, 278, 20, 160
Asa Stutz, 10, 66, 116, 30, 90
Abner Lamb, 15, 48, 125, 10, 100
Ranson Lamb, 3, -, 15, 5, 50
Asa Snell, 25, 100, 190, 50, 70
Franklin Snell, 50, 300, 675, 20, 100
Evelin Goodman, 20, 300, 200, 10, 50
Jos. B. Long, 25, 25, 372, 30, 100
Thos. Norman, 200, 450, 1613, 200, 1500
Saml. J. Davenport, 25, 125, 200, 20, 200
John Phelps, 70, 190, 552, 30, 260
Wm. J. Starr, 50, 25, 547, 10, 200
John Cox, 300, 306, 2010, 150, 100
Jeremiah W. Sutton, 60, 400, 700, 10, 500
Jno. G. Williams, 800, 13350, 15500, 1500, 2500
Wm. A. Armistead, 300, 2000, 10000, 100, 2000
James L. Bateman, 50, -, 290, 50, 200
Hardy Hardison, 30, -, 12, 50, 333
Reuben Spruill, 5, 130, 295, 25, 160
Penny Davenport, 20, 50, 500, 75, 385
Alexander Davenport, 25, 176, 500, 50, 260
Elizabeth Davenport, 10, 30, 60, 20, 75
Elsbury Ambrose, 20, 200, 200, 25, 100
Mary Ambrose, 10, 50, 100, 10, 50
Ephraim Alexander, 25, 70, 195, 5, 150
Edw. Alexander, 10, 5, 55, 5, 30
John Davenport, 15, 8, 83, 7, 100
Calvin Hassel, 20, 10, 110, 5, 75
Benj. Hassel, 10, 15, 65, 12, 20
Malachi Hare, 20, 30, 110, 20, 150
Green Ambrose, 7, 10, 45, 5, 50
Jno. M. Furlaugh, 15, 35, 110, 10, 100
Jos. Furlough, 40, 250, 500, 25, 150
Seth Bateman, 2, -, 10, 5, 20
Alvy Davenport, 30, 25, 324, 60, 175
Peter Lamb, 7, 15, 50, 10, 25
Isaac Davenport, 25, 5, 200, 15, 75
Doctrine P. Davenport, 400, 100, 4126, 800, 1500
Anson A. Spruill, 20, 40, 500, 20, 75
Andrew J. Wynn, 8, -, 40, 10, 50
James Norman, 40, 100, 650, 15, 100
Nancy Norman, 40, 160, 188, 5, 50
Jesse Norman, 50, 150, 663, 20, 100
Betsy Dillon, 8, 36, 160, 25, 75
Hester Swain, 10, 25, 75, 5, 15
Franklin Spruill, 30, 45, 195, 50, 200
Martin Spruill, 50, 200, 866, 100, 200
Wm. L. Arnold, 50, 170, 300, 100, 400
Joseph Calhoun, 35, 15, 340, 20, 75
Ashberry Norman, 100, 95, 2000, 250, 400
Daniel Overton, 12, 23, 200, 25, 75
James McCabe, 50, 90, 528, 40, 300
J. J. Lindsay, 400, 300, 5050, 2000, 2000
Sarah Phelps, 10, 10, 60, 10, 50
Mordecai Basnight, 10, 27, 75, 20, 85
Charles Norman Sr., 8, -, 40, 10, 65
Elizabeth Steelman, 10, 27, 77, 10, 75
Sarah Norman, 20, 75, 175, 15, 60
Joseph Basnight, 10, 20, 135, 17, 80

Watauga County, North Carolina
1850 Agricultural Census

The University of North Carolina at Chapel Hill filmed the 1850 agricultural census for Watauga County from originals at the North Carolina State Department of Archives and History under a grant from the National Science Foundation in 1961.

Columns 1, 2, 3, 4, 5, and 13 represent the following information on the census:
1. Name of Owner, Agent or Manager of Farm
2. Acres of Improved Land
3. Acres of Unimproved Land
4. Cash Value of the Farm
5. Value of Farming Implements and Machinery
13. Value of Livestock

Jordan Council, 400, 1744, 4000, 500, 1055
James Council, 50, 150, 600, -, 160
W. B. Council, 10, 190, 200, -, 75
B. J. Munday, 1, 50, 200, 200, 35
N. Critcher, 25, 210, 235, 75, 112
Eli Brown, 80, 320, 1000, 100, 204
Elisha Holder, 20, 60, 150, 20, 45
Cyrus Fairchild, 75, 125, 500, 20, 320
George Mitchel, 50, 106, 400, 30, 250
Jacob Townsend, 30, 120, 250, 15, 50
Russel Triplet, 100, 500, 1000, 50, 390
William Cook, 50, 175, 375, 25, 245
Thos. Cook, 20, 140, 200, 15, 130
John Pennel, 75, 335, 1200, 100, 325
Jacob Cook, 40, 120, 400, 15, 220
Thos. F. Shearer, 75, 624, 1500, 30, 300
Haron Hampton, 30, 400, 330, 10, 150
H. C. Pennel, 25, 150, 300, 30, 210
John Green Jr., 55, 80, 400, 50, 250
Larkin Green, 60, 90, 400, 30, 250
Richard Brown, 25, 250, 400, 20, 250
William Miller, 20, 350, 300, 30, 150
Richard Green, 100, 40, 400, 100, 450
James Davis, 15, 23, 100, 10, 30
Jacob Winebarger, 25, 200, 300, 20, 150
Jonathan Miller, 20, 80, 250, 10, 50
Joseph Miller, 25, 100, 250, 10, 110
Jas. Ragan, 100, 293, 1000, 50, 440
Squire Green, 30, 60, 300, 25, 200
John Wilson, 30, 20, 100, 50, 200
Benj. Green, 50, 250, 500, 20, 220
Jeremiah Green, 20, 90, 400, 40, 226
John Harris, 60, 100, 1000, 26, 450
Susannah Horton, 100, 150, 1000, 20, 400
Daniel Green, 50, 220, 700, 100, 400
Asa Triplet, 50, 150, 500, 10, 160
John Hodges, 25, 175, 300, 10, 175
Jesse Mullins, 30, 170, 700, 10, 150
John Green, 50, 400, 500, 50, 400
Henry Elrod, 20, 5, 100, -, 200
Thos. Green, 20, 100, 300, 10, 130
Daniel Moritz, 40, 60, 150, 100, 180
Joseph Brown, 12, 336, 500, 20, 125
William Miller, 25, 125, 450, 20, 75
David Norris, 35, 20, 150, 10, 90
Joel Norris, 20, 80, 300, 10, 340

William Case, 20, 50, 200, 10, 40
Isaac Blackburn, 35, 90, 400, 15, 10
Sarah Canter, 25, 150, 300, 20, 80
William Hodges, 20, 75, 150, 10, 50
E. Blackburn, 20, 80, 250, 10, 200
Levi Blackburn, 50, 150, 300, 50, 310
Jas. Greer, 20, 80, 300, 20, 80
Micajah Tugman, 15, 85, 100, 10, 120
Thos. Greer, 25,100, 250, 20, 160
Jesse Hodges, 70, 130, 600, 20, 250
E. R. Jones, 50, 100, 300, 20, 120
Jas. Davis, 20, 60, 350, 10, 90
Bartlet Bryant, 40, 60, 300, 10, 40
David Luckabill, 50, 110, 400, 15, 215
John Miller, 100, 540, 2000, 100, 300
Hnna Stansberry, 75, 477, 800, 125, 520
Nathan Harrison, 7, 20, 100, 10, 60
Joseph Harrison, 22, 230, 450, 10, 150
Adam Cook, 50, 200, 300, 50, 450
Sarah Shearer, 100, 50, 500, 75, 220
Laban Baker, 50, 150, 100, 10, 150
John Shearer, 150, 1160, 2000, 150, 1690
Jesse Council, 100, 200, 1000, 50, 315
Harbin Harlly, 100, 20, 1000, 50, 370
Demarcus Hodges, 60, 90, 800, 100, 400
Ransom Hase, 100, 250, 1000, 70, 480
Saml. Lusk, 15, 35, 150, 10, 65
Peter Townsand, 30, 510, 600, 20, 190
Sarah Council, 100, 100, 1000, 60, 220
William Gragg, 70, 91, 1000, 100, 390
William Hodge Jr., 30, 100, 400, 25, 290
Elizabeth Clanson, 40, 250, 400, 10, 30
Elijah Tabam, 50, 150, 1000, 20, 600
Samuel Tribet, 50, 317, 1000, 50, 230
James Todd, 35, 530, 600, 130, 370
William Ray, 20, 140, 400, 50, 600
Jesse Greer, 40, 40, 100, 10, 20
Jas. Holeman, 40, 240, 600, 20, 170
Benj. Brown, 25, 125, 350, 100, 300
Wm. Davenport, 12, 50, 200, 10, 160
John Isaacs, 25, 200, 300, 30, 182
Lane Wilson, 100, 350, 900, 120, 400
Alex. Wilson, 20, 280, 600, 10, 200
Mary Greer, 15, 85, 150, 10, 100
Eli South, 75, 624, 1000, 100, 665
Thos. Cook, 10, 60, 100, 10, 50
Enoch Potter, 100, 300, 500, 40, 300
Nancy Main, 25, 75, 100, 10, 70
Wm. Thomas, 25, 195, 300, 20, 100
Jas. Thomas, 15, 200, 250, 10, 100
r4lfred Thomas, 25, 300, 330, 20, 182
John Farthing, 100, 400, 500, 40, 330
Dudley Farthing, 30, 100, 300, 40, 190
Robt. Houston, 5, 50, 100, 10, 60
L. Eggers, 90, 300, 1500, 150, 560
Hugh Reese, 40, 200, 500, 130, 350
Vol. Reese, 30, 170, 650, 50, 130
David Lewis, 34, 270, 375, 25, 340
Jas. Reese, 50, 150, 600, 20, 160
Richard Isaacs, 20, 100, 400, 20, 150
Jas. Norris, 70, 400, 1000, 40, 240
Isaac Wilson, 30, 140, 400, 20, 160
Laster Ford, 25, 100, 300, 15, 160
Washington Eggers, 7, 55, 100, 10, 80
Gilbert Noris, 15, 150, 300, 15,150
Jas. Isaacs, 40, 175, 350, 15, 190
Cleavland Eggers, 40, 80, 400, 15, 240
Hugh Eggers, 40, 80, 600, 20, 225
Joel Eggers, 50, 100, 500, 30, 250

William Wilson, 75, 300, 400, 75, 370
Alex. Wilson, 20, 190, 250, 10, 110
John Wilson, 40, 93, 300, 50, 353
Hiram Wilson, 100, 200, 450, 150, 627
Isaac Wilson, 12, 190, 250, 30, 214
Elias Swift, 30, 120, 300, 20, 160
A. M. Isaacs, 3, 97, 100, 10, 100
Jas. Swift, 60, 130, 700, 150, 515
Calvin Moody, 16, 75, 100, 10, 40
B. McBride, 80, 145, 800, 100, 580
Saml. Lourance, 70, 110, 450, 40, 315
Melton Davis, 60, 140, 350, 40, 215
George Hays, 75, 375, 825, 130, 373
Abner Smith, 75, 400, 1000, 60, 355
Jehiel Smith, 65, 340, 1100, 150, 583
Jacob Green, 40, 60, 500, 90, 364
Allen Adams, 50, 250, 500, 100, 505
Squire Adams, 60, 190, 300, 135, 460
Alfred Adams, 50, 40, 350, 40, 315
Elias Swift, 25, 50, 300, 25, 157
John L. Adams, 7, 85, 150, 10, 92
N. Gragg, 30, 40, 150, 20, 230
Amos Gillmer, 10, 25, 100, 10, 30
Sol. Presnel, 15, 85, 200, 10, 85
Mary Munday, 3, 20, 50, 5, 40
D. Holesclaw, 10, 100, 300, 10, 80
Abram Lewis, 80, 220, 500, 10, 320
John E. Horton, 100, 330, 2500, 500, 1440
Thos. Swift, 30, 35, 150, 20, 140
E. Smith, 45, 400, 600, 20, 235
Frederick Demsy, 12, 60, 200, 10, 117
Wm. Shoup, 10, 65, 100, 30, 50
Moses Hately, 5, 140, 150, 10, 75
Alfred Hately, 50, 375, 600, 25, 181
L. Whittington, 25, 100, 400, 140, 1045
John Gragg, 50, 100, 1000, 20, 90
Elijah Pressnel, 30, 80, 200, 10, 60
Elizabeth Pressnel, 20, 100, 600, 10, 150
Gilbert Hodges, 80, 140, 1000, 40, 400
Thos. Hodges, 25, 243, 300, 30, 330
J. H. McGuire, 4, 93, 175, 10, 100
John McGuire, 40, 360, 1000, 100, 375
Luke Triplet, 100, 300, 600, 5, 80
Shadrick Greer, 25, 200, 300, 10, 156
Michael Cooker, 35, 180, 400, 20, 130
J. T. Bingham, 35, 265, 400, 15, 130
Robt. Hodges, 10, 90, 100, 15, 145
Saml. Greer, 40, 60, 200, 15, 206
Dennis Carrol, 10, 200, 200, 10, 40
John R. Hodges, 25, 345, 200, 10, 108
L. Triplet, 30, 100, 225, 50, 380
Peter Danner, 15, 50, 50, 5, 30
David Lands, 15, 175, 450, 10, 15
Palmer Baird, 7, 600, 1000, 15, 116
Wm. Elrod, 60, 290, 1500, 50, 190
H. W. Hardin, 100, 220, 2000, 150, 810
J. W. Clark, 6, 66, 100, 10, 40
Eli Hartley, 100, 230, 800, 130, 512
Thos. Blair, 50, 480, 3000, 160, 330
Henry Blair, 63, 146, 1500, 140, 525
Levi Norris, 25, 75, 140, 30, 80
Isaac Green, 25, 25, 120, 150, 170
Rachel Norris, 40, 260, 350, 300, 250
Thos. Hagaman, 100, 850, 2000, 295, 910
John Whittington, 75, 135, 1000, 125, 320
Melvin Whittington, 20, 30, 200, 40, 800
Sarah Hagaman, 8, 20, 100, 10, 45
David Duggar, 50, 150, 1000, 100, 140
Wm. Duggar, 30, 80, 500, 30, 114
John Mast, 80, 900, 3000, 150, 1100
Jas. H. Mast, 20, 100, 600, 10, 186
Thos. Curtis, 60, 500, 1000, 200, 520
Elijah Dodson, 50, 175, 600, 25, 330

Elizabeth Trivitt, 30, 70, 300, 10, 25
Benj. Hartley, 15, 35, 200, 40, 90
Henry Johnson, 60, 90, 400, 50, 495
Andr. Johnson, 4, 96, 100, 10, 110
B. Fletcher, 45, 100, 275, 20, 190
Harrison Johnson, 20, 105, 200, 10, 140
Madison Johnson, 20, 155, 190, 20, 170
Isaac Hagaman, 30, 170, 500, 50, 462
Howard Church, 40, 50, 700, 40, 170
Alfred Hilyard, 100, 634, 1000, 60, 785
C. Pilkinton, 25, 135, 125, 10, 158
Levi Gwyn, 10, 240, 250, 10, 50
Isaac Gwyn, 25, 325, 500, 10, 210
Calvin Gwyn, 10, 140, 150, 10, 20
Ervin Green, 10, 200, 200, 10, 100
Saml. Swift, 11, 89, 500, 40, 140
Saml. Pilkinton, 6, 44, 50, 5, 85
George Green, 25, 185, 300, 14, 150
John Gragg, 40, 110, 30, 15, 200
J. A. Farthing, 40, 121, 500, 30, 114
Paul Farthing, 12, 250, 300, 20, 155
Wm. Y. Farthing, 8, 80, 200, 50, 186
Stephen Farthing, 40, 70, 500, 70, 235
R. P. Farthing, 50, 500, 1000, 100, 400
A. C. Farthing, 60, 40, 600, 25, 268
Wm. B. Farthing, 35, 265, 600, 150, 230
Edwr. Pennington, 14, 86, 200, 10, 100
Hugh Eggers, 3, 97, 75, 5, 63
E. Mitchell, 10, 65, 100, 10, 123
James Luntaford, 18, 80, 150, 8, 40
Solomon Smith, 30, 120, 150, 15, 130
Henry Glen, 7, 93, 75, 5, 10
John Cable, 25, 237, 350, 90, 207
Claborn Cable, 40, 500, 470, 30, 180
Dudley Farthing, 50, 750, 1500, 175, 555
Thomas Farthing, 50, 300, 1500, 35, 335
Calvin Hartly, 10, 65, 130, 10, 123
Isaac Green, 15, 215, 300, 40, 80
Alfred Simmons, 20, 120, 200, 10, 80
Silas Merphew, 40, 460, 500, 10, 30
David Green, 8, 17, 40, 10, 93
Solomon Green, 100, 300, 500, 125, 357
Riley Green, 20, 80, 200, 10, 94
William Green, 7, 43, 100, 10, 122
Michael Wilson, 25, 195, 300, 10, 100
Cyrus A. Allen, 50, 273, 300, 320, 410
Alfred Miller, 40, 200, 500, 50, 222
Reuben Lands, 50, 110, 400, 10, 95
Heath Breadlove, 17, 120, 25, 67, 65
Wyatt Carlton, 50, 400, 450, 60, 132
Larkin Green, 25, 75, 150, 15, 138
John Trivett, 35, 115, 175, 40, 214
Elijah Trivett, 10, 90, 75, 10, 127
Madison Mitchel, 7, 113, 100, 4, 43
Mary Mitchell, 7, 23, 30, 3, 50
Wm. Hodges, 4, 21, 30, -, 50
Elihu Watson, 40, 160, 200, 15, 94
David Watson, 10, 40, 150, 10, 55
Noah D. Duck, 25, 275, 300, 30, 104
George Watson, 20, 121, 150, 10, 140
Larkin Hamby, 6, 44, 75, 5, 20
Larkin Bushop, 35, 265, 250, 10, 167
Thos. Watson Sr., 65, 35, 400, 10, 290
Thos. Watson Jr., 7, 43, 75, 5, 63
Elisha Green, 20, 175, 250, 95, 218
John Robins, 20, 55, 150, 10, 112
Elijah Isaacs, 15, 60, 100, 10, 177
Jas. Cooper, 15, 110, 500, 50, 100
Alfred Rominger, 15, 85, 150, 4, 25
Eben Castle, 20, 30, 100, 10, 24
John Castle, 30, 40, 300, 70, 175
Nimrod Triplet, 15, 75, 300, 5, 125
Wm. Triplet, 15, 160, 200, 5, 40
Mary Carrel, 20, 280, 200, 7, 87

David Lewis, 55, 40, 800, 10, 400
Eli Rimer, 7, 50, 200, 5, 30
Elisha Fanner, 8, 42, 100, 5, 80
Thos. Triplet, 50, 300, 600, 10, 509
Moses Hendrix, 12, 38, 100, 10, 75
Aley Hampton, 8, 92, 100, 3, -
Lewis Triplet, 10, 65, 250, 5, 165
Clifton Keeton, 4, 46, 25, -, -
John Greer, 7, 43, 50, 2, 20
Joseph Sanders, 15, 75, 100, 5, 100
Jacob Lewis, 80, 1000, 1000, 15, 575
Chas. Hase, 20, 130, 200, 10, -
Cleavland Carrel, 15, 100, 100, 5, 117
Ephraim Miller, 10, 140, 150, 10, 200
John Moritz, 80, 1200, 2000, 200, 750
David Moritz, 20, 50, 150, 10, 116
Martin Triplet, 25, 385, 300, 5, 267
Wm. Hartley, 30, 315, 400, 10, 340
Nathan Cornels, 50, 360, 400, 15, 285
Joel Mast, 50, 35, 1200, 125, 632
Lewis Townsend, 5, 95, 125, 5, 85
John Walker, 3, 47, 50, 10, 120
Frederick Shook, 5, 45, 100, 5, 75
Alex. Baird, 50, 700, 1350, 40, 430
Allen Mitchel, 5, 45, 100, 2, 40
Franklin Baird, 50, 276, 900, 200, 322
Bedent Baird, 60, 50, 2000, 400, 325
Jas. Ward, 150, 850, 300, 200, 685
Noah Mast, 90, 2900, 4000, 150, 712
Robert Teaster, 4, 36, 75, 15, 80
Jackson McClain, 20, 180, 200, 30, 12
Hiram Hicks, 6, 144, 150, 10, 110
William Hately, 6, 44, 100, 10, 110
Wm. Hicks, 12, 50, 100, 5, 20
Joseph Hicks, 75, 1125, 700, 3, 116
Hiram Hicks, 35, 15, 100, 10, 120
David Hicks, 8, 92, 300, 7, 90
John Teaster, 11, 44, 100, 10, 120
Rila Ward, 5, 45, 50, 5, 30
Ranson Teaster, 10, 290, 200, 10, 110
Wm. Trivet, 12, 288, 400, 10, 120
Council Harman, 30, 220, 300, 10, 245
Wiley Harmon, 15, 150, 175, 5, 74
Joel W. Dyre, 12, 50, 150, 10, 71
Gouldman Harmon, 25, 270, 350, 15, 400
Eli Presnel, 8, 50, 100, 5, 75
Miles Presnel, 7, 143, 100, 2, 45
Jas. Presnel, 10, 90, 50, 5, 60
Andrew Bower, 10, 90, 100, 5, 50
Duke Ward, 10, 240, 250, 10, 130
Jas. Ward, 10, 40, 100, 3, 20
Eli Mast, 10, 115, 250, 15, 100
Calvin Ward, 7, 18, 75, 8, 60
Saml. Hicks, 40, 260, 300, 12, 250
Calvin Harmon, 20, 100, 250, 15, 140
Edmund Price, 10, 80, 75, 5, 44
Saml. Teaster, 5, 45, 50, 2, 20
Jesse Ward, 10, 50, 100, 5, 110
Mary Yelton, 10, 40, 100, 5, 40
Lenson Mast, 30, 530, 800, 40, 262
Joel Duggar (Duggas), 3, 20, 50, 5, 50
Ann Ward, 40, 320, 425, 40, 305
Thos. Love, 35, 230, 400, 15, 212
David Harmon, 25, 206, 825, 15, 175
Malden Harmon, 20, 130, 750, 15, 146
George Moody, 60, 322, 650, 50, 363
Solomon Isaac, 35, 195, 230, 15, 150
Saml. Swift, 12, 38, 50, 5, 30
John Dinkin, 3, 47, 50, 5, 30
Wm. Prophet, 15, 45, 75, 5, 45
Elizabeth Spears, 10, 50, 150, 5, 30
Mary Ford, 40, 60, 200, 15, 114
Elizabeth Rolin, 10, 40, 50, 5, 15
G. M. Bingham, 80, 350, 1300, 35, 327
Elizabeth Henson, 20, 160, 250, 25, 80
James Henson, 6, 24, 50, 5, 85

Richard Isaac, 40, 156, 300, 50, 142
David Miller, 50, 206, 600, 80, 315
Franklin Norris, 30, 250, 400, 20, 385
Benjamin Greer, 30, 540, 700, 60, 240
Nancy Greer, 20, 10, 40, 5, 50
Jonathan Norris, 100, 325, 1500, 100, 600
Wm. Brewer, 25, 25, 150, 10, 114
Joel Brewer, 6, 93, 100, 5, 15
Jessee Greer, 10, 100, 100, 5, 10
Joshua Greer, 6, 44, 100, 15, 35
Jordan Greer, 3, 47, 50, 10, 20
Isaac Wenkler, 15, 85, 100, 5, 30
Sarah Morplew, 45, 355, 300, 15, 200
Martin Lisse, 40, 160, 400, 10, 30
W. L. Allen, 2, 6, 100, 150, 40
David Shook, 3, 82, 85, 50, 10
Jacob Tice, 8, 92, 100, 10, 95
Wm. Rollen, 30, 220, 250, 70, 436
Jacob James, 7, 93, 100, 5, 45
Martin Banner, 20, 630, 1300, 25, 135
Delila Baird, 70, 410, 1200, 20, 425
Abraham Gwyn, 7, 140, 300, 5, 60
Mary Gwyn, 15, 85, 150, 3, 110
David Hier, 30, 70, 350, 5, 130
Wm. Hicks, 50, 70, 200, 5, 60
Andr. Hicks, 30, 70, 200, 5, 80
G. Hicks, 20, 80, 200, 10, 155
Michael Snider, 50, 709, 600, 100, 573
Thos. Pritchet, 50, 125, 500, 10, 250
A. Ervin, 30, 170, 2000, 20, 626
John Hardin, 75, 19000, 10000, 300, 900
Jas. Caraway, 30, 120, 200, 5, 60
Thos. Perry, 24, 100, 200, 35, 189
Wm. Holtsclaw, 25, 75, 250, 10, 35
M. Ellis, 45, 65, 30, 10, 330
G. W. Sizemore, 10, 240, 250, 5, 130
H. Johnson, 80, 220, 1000, 100, 482
John Franklin, 100, 950, 1500, 25, 540
Wm. Buckhanon, 30, 295, 500, 10, 110
P. Daniel, 4, 296, 150, 10, 160
John Johnson, 15, 115, 100, 10, 155
Isaac Franklin, 40, 760, 530, 10, 264
Isaac Franklin, 100, 700, 1000, 15, 288
M. Dillinger, 20, 130, 400, 15, 173
Margaret Wise, 100, 900, 600, 15, 335
Jas. Wise, 40, 160, 500, 20, 268
Senter Wiseman, 14, 100, 150, 5, 130
Rueben Dillinger, 8, 60, 100, 5, 110
Henry Dillinger, 15, 85, 500, 15, 180
John Vance, 15, 135, 150, 10, 208
Levi Franklin, 30, 670, 1000, 15, 220
J. M. Franklin, 15, 285, 150, 5, 170
David Carpenter, 40, 260, 400, 10, 200
Z. Coffee, 10, 190, 100, 10, 200
Tyre Webb, 20, 355, 200, 10, 102
Z. Peircy, 30, 180, 300, 50, 200
Isaac McClere, 20, 80, 200, 5, 30
James McClere, 20, 180, 150, 5, 60
Adam Green, 30, 195, 450, 40, 245
Joseph Hays, 20, 80, 200, 5, 133
Benj. Council, 100, 2000, 3000, 325, 1022
E. Baird, 50, 100, 1500, 300, 750
R. Mast, 100, 400, 2000, 150, 607
D. Johnson, 70, 400, 1300, 10, 70
Wm. Passmore, 150, 1450, 5000, 400, 754
Jas. Townsend, 8, 32, 100, 5, 50
Geo. Lifford, 4, 142, 100, 5, 25
Rufus Holseclaw, 6, 94, 250, 10, 100
Harrison Aldridge, 50, 50, 300, 75, 200
J. Clark, 12, 140, 300, 10, 75
Joel Moody, 40, 940, 1500, 150, 513
L. F. Foster, 20, 100, 312, 10, 50
H. H. Prowt, 40, 260, 1000, 15, 145
Isaac Green, 20, 20, 300, 12, 96
Alberton Johnson, 12, 90, 400, 10, 95

Elisha Coffee, 20, 180, 600, 15, 100
Jas. McCanles, 30, 70, 500, 25, 212
P. Shull, 100, 318, 1800, 200, 500
Amos Green, 17, 133, 500, 10, 91
Calep Coffee, 40, 260, 500, 75, 274
Joseph Shull, 350, 590, 3350, 400, 834
Mary Mast, 60, 315, 1200, 300, 400
Geo. Foster, 12, 188, 300, 15, 200
D. C. McCanles, 10, 140, 75, 15, 114
Canada Shull, 20, 110, 400, 15, 160
Wm. F. Cannon, 25, 200, 350, 10, 210
Hugh Fox, 20, 3730, 3830, 5, 80
Lott Eastus, 100, 1050, 1110, 175, 527
Alexr. Green, 30, 522, 1000, 160, 356
Joseph Green, 84, 190, 400, 50, 340
Amos Green, 100, 400, 1000, 125, 477
E. Lamy, 75, 175, 1000, 10, 30
James Mase, 30, 245, 250, 30, 206
Jefferson Hartly, 50, 150, 500, 40, 372
C. Lewis, 30, 170, 500, 25, 100
Wm. Storie, 10, 175, 100, 15, 145
Robt. Green, 50, 730, 1500, 90, 526
Thos. Davis, 30, 120, 200, 10, 120
John Storie, 100, 60, 1500, 50, 800
Rufus Storie, 13, 85, 150, 10, 50
A. D. Penley, 50, 300, 900, 15, 440
Thos. Day, 25, 200, 225, 5, 30

Wm. Day, 30, 30, 150, 5, 25
Thos. Robins, 30, 180, 400, 10, 175
Thos. Robbins, 20, 30, 150, 10, 245
Peter Hamlet, 2, 48, 50, 5, 45
Chas. Hatton, 40, 160, 400, 50, 325
Nathan Harrison, 15, 145, 200, 10, 42
Joshua Storie, 125, 850, 1300, 60, 625
Alfred Brown, 130, 680, 2000, 100, 545
Larkin Hodges, 8, 535, 1000, 100, 367
Wm. Hodges, 5, 95, 100, 8, 150
Burton Hodges, 15, 190, 400, 15, 400
Thos. Hodges, 30, 15, 500, 15, 130
Benjamin Green, 150, 520, 1200, 75, 646
Saml. Pennel, 20, 5, 100, 15, 145
John Profit, 20, 355, 200, 10, 240
Levi Wilson, 40, 600, 300, 10, 175
John Cook, 70, 730, 1000, 150, 730
Phineas Horton, 80, 720, 2500, 125, 484
Jonathan Horton, 100, 150, 2200, 120, 580
Thos. Cotteral, 60, 210, 1000, 20, 280
John Winebarger, 8, 142, 300, 10, 130
Hiram Green, 10, 190, 300, 8, 190

Wayne County, North Carolina
1850 Agricultural Census

The University of North Carolina at Chapel Hill filmed the 1850 agricultural census for Wayne County from originals at the North Carolina State Department of Archives and History under a grant from the National Science Foundation in 1961.

Columns 1, 2, 3, 4, 5, and 13 represent the following information on the census:
1. Name of Owner, Agent or Manager of Farm
2. Acres of Improved Land
3. Acres of Unimproved Land
4. Cash Value of the Farm
5. Value of Farming Implements and Machinery
13. Value of Livestock

This county had some tenants which showed up on this census.

Elizabeth Langston, 70, 85, 1000, 25, 255
Levi Bunn (tenant), 50, -, 750, 75, 280
Richard Wastington, 60,-, 600, 300, 500
Moris Howell, 35, 26, 300, 25, 90
Woodard Howell, 250, 235, 2910, 80, 400
Raiford Hooks, 80, 844, 10000, 500, 1600
Jno. Howell, 17, -, 85, 5, 65
Susan M. Vale, 75, 225, 2000, 150, 500
Jno. Starling, 20, -, 60, 20, 90
Barden Bradbury, 60, -, 275, 100, 275
Soloman Bradbury, 240, 498, 3000, 175, 425
Jno. Perkins, 100, 265, 1000, 75, 325
Jno. Fulgham, 35, -, 140, 10, 90
William Manner, 60, 177, 700, 25, 140
Arthur Davis, 75, -, 300, 20, 111
Thos. A. Dains, 50, 111, 400, 25, 245
Mary Price, 65, 60, 500, 20, 250
Thos. Price, 90, 55, 800, 15, 150
Jno. Wiggs, 50, -, 100, 25, 175
Peter L. Peacock, 1000, 1335, 6600, 500, 1550
Saml. Hales, 100, 162, 350, 30, 230
Mathew Pike, 100, 437, 1000, 30, 230
Cherry Wiggs, 100, 35, 100, 15, 150
Henry Wiggs, 100, 470, 1500, 30, 250
Hardy Yelventon, 150, 341, 3000, 55, 550
Soloman Pearson, 163, 200, 2500, 100, 500
Rigden Dees, 150, 280, 1640, 100, 580
Thos. Edgerton Jr., 100, 100, 1000, 20, 200
Rufus Wiggs, 20, -, 40, 5, 150
William Edgerton, 140, 310, 1750, 50, 490
Henry Mitchell, 180, 100, 400, 25, 200
Jas. Mitchell, 22, -, 44, 15,100
William Edgerton, 200, 650, 1800, 125, 500
N. T. Perkins, 75, 37, 800, 75, 275
Mathew Edgerton, 500, 550, 4500, 160, 840

Elizabeth Boswell, 1456, 130, 500, 40, 270
Jas Halter (Haller), 50, 400, 1000, 40, 120
Oliver Smith, 75, 710, 500, 12, 125
Enoch Haller (Halter), 50, 125, 450, 20, 100
Ruffin Hooks, 50, 150, 500, 20, 165
Calvin Perkins, 90, 100, 1000, 100, 215
Micajah Pike, 85, 321, 1000, 30, 235
Jno. Smith, 240, 608, 4000, 200, 720
Benjamin Best, 150, 550, 200, 50, 375
Stephen Pate, 47, 61, 500, 25, 115
Kenan Langston, 200, 300, 1150, 30, 300
Jno. Pate, 150, 74, 500, 10, 200
Robt. Coounts, 45, 15, 250, 20, 125
Jas. Smith, 150, 168, 2000, 50, 310
Stephen Pate, 200, 100, 2000, 25, 265
W. Barnes, 35, -, 87, 5, 150
William Sherrard, 1000, 1900, 20000, 700, 2750
Burwell Edmondson, 75, 98, 900, 25, 175
Eliza Mattox, 25, -, 50, 20, 100
Garry Darden, 25, -, 62, 5, 25
Erestus Ham, 175, 108, 1300, 25, 375
W. Williams, 100, 200, 100, 30, 200
William Lewis, 400, 1400, 5000, 400, 1200
David Barden, 225, 200, 2500, 50, 450
Lewis P. Musgrove, 200, 497, 2750, 50, 250
Eliga Sherrard, 200, 500, 2000, 150, 700
William Hooks, 80, 157, 1000, 50, 382
Jas. B. Hooks, 60, 90, 600, 25, 215
Joshua Ellice, 130, 30, 480, 30, 368
Julia Dickerson, 150, 268, 1500, 30, 270
Daniel Howell, 150, 300, 1500, 25, 260
Lewis Pike (tenant), 25, -, 100, 20, 150
Robt. Copeland, 50, 170, 500, 20, 210
Prabest Scott, 100, 130, 1000, 25, 200
Arthur Copeland, 200, 85, 900, 70, 125
Isham Pate (tenant), 40, -, 150, 20, 100
Jno. Calyear, 60, 240, 350, 20, 150
Amos Jenkins, 30, -, 75, 10, 125
William Pope, 100, 200, 1200, 40, 185
Michael Edgerton, 75, 450, 1800, 40, 275
Eligha Haller, 55, 118,850, 125, 300
Tobias Jones, 100, 500, 200, 200, 450
Zachariah Morris, 60, 40, 500, 20, 100
Jno. G. Barnes, 110, 240, 1500, 50, 325
Semen Hooks, 100, 298, 1000, 50, 300
W. Barnes, 60, 40, 500, 20, 455
Wate Thomson, 600, 1279, 11500, 300, 810
Jno. R. Tilton, 30, 30, 200, -, 10
Haywood Ham Jr., 200, 219, 3600, 300, 1000
Robt. W. Best, 250, 488, 4000, 125, 500
James M. Hines, 572, 1294, 5000, 300, 1000
Arthur Sasser, 150, 300, 2500, 25, 250
Adnual Thomas, 15, 35, 100, 10, 75
George Grant, 25, 50, 200, 5, 100
Daniel Grant, 100, 260, 2000, 40, 400
Bennet Rouse, 225, 425, 2500, 100, 700
Henry Sasser, 87, 325, 1300, 20, 260

Abi Herring, 150, 400, 1250, 50, 430
Council Briggele, 125, 375, 2000, 50, 345
William Henson (tenant), -, -, -, 10, 100
Jno. Wooten, 400, 300, 3000, 300, 500
Robt. Ham, 140, 220, 600, 20, 150
Elijah Briggele, 300, 160, 5000, 300, 750
Adam C. Davis (tenant), -, -, -, 10, 230
Robt. Ivey, 125, 225, 2000, 50, 435
John Ivey, 70, 210, 2000, 20, 365
Jno. Parks, 95, 450, 3000, 10, 200
Henry Parks, 50, 200, 1000, 20, 200
Major Parks, 130, 185, 3000, 40, 375
Joseph Henson, 35, 215, 500, 20, 100
Daniel Sutton, 40, 210, 1000, 15, 150
John Mervin, 13, 45, 300, 10, 75
Calvin Hays, 4, 16, 100, -, 45
Everett Elmore, 100, 233, 666, 75, 446
Robt. Henson, 25, 50, 300, 25, 100
James Elmore, 25, 275, 1000, 25, 300
Aaron F. Moses, 350, 457, 13000, 350, 1200
Needham Watress, 120, 293, 1200, 75, 375
James Medlin, 75, 150, 300, 15, 70
Council Wooten, 300, 300, 2000, 30, 600
Thos. Farecloth, 30, 75, 300, 25, 150
Jacob Herring, 140, 404, 2250, 40, 320
James Boyet, 55, 38, 85, 10, 175
Joshua Uggele(Aggele), 250, 350, 4000, 75, 100
Martin Wharton, 55, 60, 300, 15, 100
William Grant, 80, 105, 400, 25, 150
John Roberson, 25, 42, 150, 15, 150
John Fraseuer, 35, 89, 300, 60, 75
Kinchen Grant, 100, 172, 1200, 110, 250
Appy J. Whitley, 70, 137, 600, 40, 450
Bingah Herring, 180, 346, 2090, 25, 830
Etheldred Herring, 100, 275, 1250, 40, 225
Jno. M. Uggele, 250, 350, 3000, 100, 600
John Garriss, 50, 36, 430, 40, 150
Henry Anderson, 37, -, 75, 15, 100
Stephen Sasser, 100, 230, 1200, 100, 300
Jno. Venson, 125, 125, 2000, 60, 200
Richd. Henson, 250, 300, 1500, 100, 600
Jas. R. Parker, 300, 900, 5000, 1500, 640
Mathew Uggele, 350, 300, 4000, 50, 704
Ephram Grant, 100, 106, 500, 25, 350
Henry Herring, 75, 165, 1000, 25, 150
Benj. Best, 250, 900, 7000, 60, 800
Thomas Uggele, 500, 473, 5000, 100, 1000
Jessee Briggele, 200, 360, 2000, 100, 500
Micajah Caisey, 80, 345, 750, 20, 250
Council Best, 540, 1360, 13000, 400, 1700
Joseph S. Game, 554, 1200, 12000, 100, 1700
George C. Moris, 300, 850, 5000, 50, 450
Barna Daniel, 50,-, -, 10, 270
Ranson Garriss, 40, 43, 800, 30, 200
D.H. Whitley, 350, 90, 2640, 20, 450
F. H. Hooks, 250, 410, 6000, 50, 640
Jos. E. Kennedy, 400, 250, 7000, 200, 1164
Jno. Kennedy, 700, 1300, 12000, 150, 1050

Jno. T. Kennedy, 500, 700, 7500, 150, 520
Charles Howell, 75, 31, 1000, 5, 150
Cullen Howell, 210, 300, 2500, 75, 180
Hamilton Howell, 60, 23, 400, 25, 210
Daniel Edwards (tenant), -, -, -, 30, 305
William Rose, 140, 168, 1325, 150, 650
John Cameron, 180, 140, 3500, 50, 500
Stephen Edmonson (tenant), - ,-, -, 35, 300
Waller Howell (tenant), -, -, -, 35, 200
Durham Jones, 70, 28, 1000, 50, 125
Vudar Howell, 100, 100, 1000, 20, 150
James Jones (tenant), -, -, -, 25, 100
Jos. A. Ingram (tenant), -, -, -, 100, 750
Edwin Game, 100, 78, 1750, 25, 250
Edwin Bradbury (tenant), -, -, -, 25, 150
Lamson Edwards (tenant), -, -, -, 25, 215
Jno. Sasser, 100, 75, 750, 50, 250
Ollen(Allen) C. Sasser (tenant), -, -, -, 5, 40
Edwin Jones, 50, 106, 750, 25, 150
James B. Northam, 250, 450, 3500, 200, 620
Edwin R. Cox, 250, 750, 6000, 100, 765
Levi D. Howell, 100, 220, 2500, 50, 550
Edmond Coor, 113, 474, 3000, 40, 400
Jos. Ingram, 160, 250, 3200, 50, 450
Phenly Smith, 200, 100, 500, 50, 300
Kesiah Rose, 100, 150, 500, 25, 250
Mathes Hines, 50, 125, 700, 25, 200
Ranson Rose, 100, 160, 1000, 30, 275

Jno. Hines, 75, 125, 750, 25, 175
Martha Howell, 60, 40, 400, 20, 200
Eliza Hastings, 150, 150, 1500, 25, 150
Albert Smith, 40, 150, 600, 25, 50
Martha Sasser, 150, 150, 800, 40, 250
Lewis Sasser, 300, 234, 3000, 80, 700
Raiford Linch (tenant), -, -, -, 50, 160
Curtis Hastings, 90, 240, 1000, 25, 175
Robt. Gurley (tenant), -, -, -, 40, 150
Benj. Johnston (tenant), -, -, -, 15, 150
Saunders P. Cox, 350, 800, 000, 500, 1150
Arena Gurley (tenant), -, -, -, 10, 150
Jethro Murphey, 300, 518, 7000, 200, 1200
Levi Hollowell, 100, 400, 2000, 50, 400
Jno. Holt, 80, 145, 1000, 100, 295
Joseph Holt, 100, 254, 1000, 10, 125
James Rose, 50, 100, 500, 10, 100
Jas. Tarlton (tenant), -, -, -, 5, 50
William Cox, 300, 1000, 7000, 50, 300
Levi Worley (tenant), -, -, -, 5, 50
Jno. J. Fendleson (tenant), -, -, -, 25, 75
Daniel Gurley, 550, 500, 12000, 300, 1700
Rachel Spencer, 75, 55, 420, 60, 254
Appa J. Musgrave, 150, 90, 1000, 50, 450
Jno. Edwards (tenant), -, -, - , 40, 175
Henry Wiggs (tenant), -, -, -, 25, 100
Daniel Pate (tenant), -, -, -, 25, 185
Jas. Stanton (tenant), -, -, -, 40, 280
Jeremiah Stricklin, 30, -, 60, 7, 120
Saml. Perkins, 160, 1200, 4000, 200, 360
Barnes Aycock, 100, 160, 2500, 75, 400
Ichabud Garriss, 70, 60, 300, 20, 187

William Ward, 25, 70, 400, 25, 150
Nathan Pike, 50, 100, 525, 25, 235
Jno. Perkins, 100, 275, 1750, 150, 190
Graddy Garriss, 200, 336, 2200, 100, 575
David Jones, 60, 135, 500, 25, 300
James Davis, 40, 75, 600, 20, 150
Ollen Coor, 300, 360, 5000, 100, 950
Jno. J. Hamilton, 300, 315, 6000, 100, 1100
Garry Peacock, 70, 143, 1000, 60, 140
Jonathan Pearson, 100, 320, 3000, 75, 350
Jno. Mosingo, 75, -, 300, 25, 215
James Handley, 125, 149, 1500, 75, 485
Richd. Singleton, 25, -, 125, 10, 100
Britton Scott, 150, 41, 1500, 40, 350
Jno. R. Pate, 20, 50, 100, 5, 50
Micajah Pate (tenant), -, -, -, 5, 80
Ashley Whitley (tenant), -, -, -, 100, 900
Henry Langston (tenant), -, -, -, 20, 150
Wille Smith, 30, 97, 340, 10, 150
Mowile Thomas (tenant), 25, -, 175, 20, 140
Jno. Langston, (tenant), 34, -, 150, 25, 100
Wm. C. Bryan, 178, 100, 3000, 100, 600
Wm. B. Edmonson, 100, 100, 4000, 50, 420
Wm. B. Fuld, 34, -, 4000, 50, 150
Shats Pate, 50, 105, 1000, 25, 85
Wm. Rouse, 700, 775, 14000, 100, 1150
Nathan Boyte, 50, 54, 640, 25,100
Wm. K. Lane, 900 1400, 21000, 500, 2954
Jno. Hill, 60, 140, 2500, 50, 276
Leml. Feilds, 25, -, 1000, 65, 200
Jesse Pipkin, 200, 197, 6000, 100, 615

Jno. A. Green, 90, 72, 2000, 80, 400
Tarlton Thomson, 150, 150, 3000, 150, 465
Cheley Langston, 60, 188, 1250, 30, 150
Thomas Howell, 4, 46, 300, 15, 90
Charity Aycock, 75, 25, 250, 25, 300
Warren Aycock, 125, 370, 1500, 75, 390
Burwell Howell, 100, 206, 1250, 100, 400
Jonah Gardner, 163, 435, 2800, 100, 600
Theo. Smith (tenant), 25, -, 100, 25, 110
Willis Peal (tenant), 17, 33, 300, 5, 140
Jas. H. Lewis, 300, 400, 5000, 150, 850
Henry B. Gardner (tenant), 25, -, 100, 5, 60
Wiloby H. Gardner, 200, 640, 6000, 200, 1140
Joseph Parks, 250, 580, 5000, 100, 930
Giles Smith, 300, 520, 3500, 150, 610
Mark W. Smith, 120, 170, 1400, 30, 300
Jno. J. Johnston, 30, 42, 300, 20, 100
Owen Peal, 40, 162, 1000, 20, 120
Aaron Parks, 165, 385, 2500, 150, 400
Robert Peal, 100, 105, 1000, 20, 125
Henry W. Johnson, 30, 175, 1000, 5, 85
Rufus Smith, 80, 96, 800, 25, 280
Henry Johnston, 170, 380, 3500, 250, 400
Mary Newsom, 55, 130, 500, 25, 280
Ezekiel Smith, 100, 200, 1000, 30, 187
William Newsom, 100, 260, 1500, 35, 335
Eliza Newsom, 90, 180, 1200, 35, 200

Simon Newsom, 60, 140, 1500, 25, 150
Richd. Newsom, 27, 63, 500, 20, 75
Council Best, 475, 825, 13000, 250, 1850
James Parks, 350, 600, 6000, 150, 460
Nancy Parks, 175, 150, 3000, 100, 640
Major Smith, 95, 92, 1000, 24, 140
Benj. Britt, 200, 147, 2000, 125, 575
William Britt, 90, 77, 800, 25, 194
Wineford Jorden, 150, 176, 1500, 30, 275
William Smith, 125, 225, 1700, 50, 300
Leml. Hill, 100, 609, 3000, 250, 535
William Taylor, 150, 350, 1500, 75, 500
Calvin Edmonson, 125, 108, 1260, 50, 450
Geo. W. Thomson, 350, 490, 5000, 500, 975
Zadock L. Thomson, 550, 750, 7000, 200, 1050
William Elmore, 100, 100, 1000, 30, 255
James Shading, 200, 500, 3000, 80, 525
William Exum, 120, 680, 3000, 40, 345
Henry Daniel, 25, -, 75, 25, 105
Thomas Smith, 200, 700, 4500, 200, 600
Joseph Farrell, 75, 225, 2000, 50, 330
Jonathan Barnes, 300, 716, 3000, 75, 750
Elisha Davis, 90, 100, 200, 25, 175
Joseph Davis, 65, 150, 400, 10, 135
John Pope, 75, 56, 250, 25, 110
William N. Barnes, 300, 600, 4500, 2000, 830
John Hays, 100, 275, 1500, 75, 300
Elias Barnes, 200, 547, 2000, 125, 525
Jesse Buss, 100, 300, 1500, 25, 300
Ephraim Buss, 100, 312, 1000, 20, 260
Jeremiah Buss, 30, 85, 200, 5, 100
Arthur Buss, 100, 150, 1000, 15, 175
Elias Buss, 100, 150, 1000, 15, 175
Abigal Simms, 125, 250, 2000, 150, 394
Amos Horn, 200, 300, 1600, 75, 445
Robt. M. Cox, 140, 280, 2000, 100, 460
Burna Rose, 75, 225, 1000, 25, 190
Noel Farrell, 75, 300, 750, 50, 300
Thomas Tomerlin, 100, 300, 1800, 30, 235
David Pope, 50, 69, 350, 20, 120
Silas Lucas, 50, 180, 900, 20, 140
Ichabud Pearson, 100, 610, 2000, 300, 314
Ben Aycock, 100, 280, 1600, 75, 250
Simon Newson, 125, 505, 1800, 100, 400
Elias Farrell, 50, 95, 300, 5, 175
John Horn, 40, 235, 900, 25, 165
Thomas Horn, 130, 507, 2500, 105, 375
Josiah Horn, 50, 175, 700, 25, 170
Elias Pope, 50, 130, 600, 25, 150
Jacob Woodard, 50, 205, 300, 50, 300
Henry Lucas, 65, 181, 350, 30, 250
Stephen Lamb, 65, 240, 900, 25, 250
John Lucas, 50, 61, 300, 25, 150
Solomon Lamb, 100, 100, 600, 25, 125
Benajah Scott, 150, 300, 1000, 100, 450
Daniel Lucas, 75, 25, 150, 25, 150
Isaac Lamb, 75, 305, 750, 50, 225
Muclendley Darden, 100, 500, 1800, 75, 300
Arthur Barden, 100, 103, 900, 35, 450
Jesse Mayo, 250, 550, 6000, 45, 450
Simon Aycock, 70, 125, 700, 50, 225

Woodard Hollow (Hollon), 200, 350, 2000, 150, 560
Apsola Hollon, 100, 150, 1000, 25, 190
Druw Barnes, 100, 233, 1000, 75, 385
Eli H. Crocker, 100, 185, 450, 20, 143
Calvin Aycock, 200, 400, 1400, 50, 410
Hezzekiah Aycock, 160, 158, 1500, 75, 313
Mary Aycock, 100, 200, 1500, 75, 290
John Barnes, 100, 300, 2000, 25, 200
Enos Pope, 200, 624, 1000, 40, 250
Jno. Barnes, 100, 509, 2000, 25, 210
William Barnes, 65, 700, 1000, 50, 275
Milly Barnes, 150, 175, 800, 150, 340
Josiah Barnes, 60, 344, 600, 40, 250
David Pope, 100, 240, 500, 20, 125
Annis Bass, 100, 100, 500, 30, 200
Calvin A. Winson (tenant), 30, -, 180, 25, 95
Benj. Barnes, 100, 1000, 4000, 50, 458
Julia Bass, 100, 70, 300, 25, 190
Jacob Hooks, 300, 700, 3000, 250, 1290
James Hooks, 50, 225, 1000, -, 150
Mathew Hooks, 30, 479, 1250, -, 150
Bennet Hooks, 50, 233, 800, -, 100
Martha Hooks, 150, 75, 600, 40, 250
Tabitha Jones, 50, 350, 1000, 25, 205
Simon Hooks, 100, 200, 1000, 25, 245
John Bass, 100, 47, 725, 25, 125
A. G. Perkins, 75, 275, 2000, 20, 260
John Hays Esq. 400, 500, 3500, 100, 850
Archibald Knox, 50, -, 200, 10, 210
Nathan Davis, 35, -, 140, 15, 150
Isaac Aycock, 75, 265, 1000, 15, 200
Washington Hooks, 35, 190, 750, 40, 100
Daniel Aycock, 50, 150, 600, 20, 175
Jesse Aycock, 100, 242, 1500, 50, 270
James Hollon, 10, 40, 300, 30, 130
Richd. A. Baker, 80, 80, 1000, 25, 228
Godfrey Stansill, 30, 155, 100, 30, 300
William Bass, 100, 251, 2000, 50, 500
James Newsom, 450, 450, 6400, 75, 900
Jesse Sauls, 100, 176, 2000, 30, 400
Jonathan Tomerlin, 100, 200, 1000, 40, 200
Joel Rose, 80, 134, 500, 30, 175
Davis Lamb, 50, 300, 70, 25, 155
Jno. H. Lewis, 150, 150, 1200, 50, 300
Stephen Prevet, 125, 175, 1100, 40, 325
Fred Hollomon, 45, 75, 750, 30, 125
William Mumford, 85, 115, 1000, 25, 150
Simon Boswell, 25, 99, 250, 30, 200
Ezekiel Smith, 200, 700, 3000, 50, 200
Thomas Hadley, 600, 1900, 12500, 250, 1850
Warren Tomalson, 75, 75, 300, 25, 150
Henry Worrell, 40, 44, 300, 25, 100
Jacob Daniel, 135, 139, 2000, 50, 400
Mary Tomlinson, 60, 34, 900, 25,300
Daniel Tomlinson, 5, -, 50, 10, 60
Willie Tomlinson, 25, 47, 300, 25, 75
Sarah Simms, 200, 600, 5000, 100, 550
William Pope, 100, 300, 1000, 150, 400

Stephen Woodard, 100, -, 500, 25, 500
Burket Barnes, 200, 600, 4000, 100, 800
Lurey Newsom, 400, 695, 6200, 100, 750
Mary Barden, 175, 175, 1200, 50, 475
Zella Simms, 200, 200, 3500, 5, 175
Balinda Aycock, 150, 230, 1500, 40, 300
James Daniel, 175, 399, 4000, 125, 750
Stephen Woodard, 1400, 1000, 16000, 200, 2510
Jno. Davis, 250, 487, 7000, 50, 400
Zac. Davis, 250, 450, 4000, 30, 250
Ezekiel Davis, 270, 430, 7000, 75, 700
Wm. E. Davis, 150, 170, 2000, 35, 300
Jno. Artis (tenant), 30, -, 150, 10, 75
Vincen Artis (tenant), 30, -, 150, 15, 75
Sarah Newsom, 64, -, 260, 30, 235
William Hollowell, 160, 160, 2000, 40, 375
Absolem Sauls, 200, 200, 2000, 40, 300
Mary Minshur, 50, 70, 500, 25, 200
Jno. B. Jones, 100, 130, 1250, 40, 275
Jno. Exum, 500, 1100, 14500, 500, 2100
Wm. G. Exum, 150, 350, 2500, 100, 500
Wm. Thomson, 600, 900, 12000, 200, 1250
Jno. G. Edmondson, 170, 175, 1200, 30, 225
Simon Edmonson, 75, 71, 1000, 75, 215
Henry G. Ruffin, 300, 205, 3500, 60, 750
Martha Page, 90, 24, 1000, 35, 300
Celia Artis, 50, 700, 6000, 25, 210

Benj. Jones, 175, 192, 2400, 40, 255
Lemuel Taylor, 84, 100, 1000, 40, 325
Jesse Minshur, 35, 140, 1000, 25, 140
Bryan Yelventon, 45, 215, 1500, 30, 200
Nathan Tindal, 25, 85, 200, 20, 100
Jas. Marning, 100, 100, 800, 30, 125
Joseph Sauls, 50, 130, 800, 200, 150
Henry Martin, 100, 200, 1200, 100, 300
Ben Yelventon, 25,-, 100, 20, 130
Jas. Yelventon, 100, 235, 3000, 50, 300
Hubbord Edmonson, 125, 290, 1200, 75, 450
Sarah Ginnett, 60, 40, 300, 30, 120
Wille Morning, 65,120, 1000, 40, 300
Jas. Gardner, 140, 193, 1500, 40, 300
Hillard Artis, 35, -, 300, 20, 100
Gabriel Davis, 160, 90, 2500, 50, 425
Benj. Boswell, 125, 180, 1300, 25, 150
Jonathan Bass, 100, 190, 700, 30, 300
Nancy Newsom, 150, 157, 3000, 35, 390
Sarah Daniel, 150, 64, 1500, 35, 400
Rhoda Read, 125, 195, 1000, 30, 160
Jesse Colemon, 75, 90, 1000, 50, 240
Bennet Bryan, 80, 80, 1000, 35, 275
Elijah Coleman, 150, 183, 1800, 35, 240
Curtis P. Moon, 85, -, 425, 25, 200
Dred Sauls, 300, 500, 6000, 200, 934
Clarkey Martin, 60, 25, 500, 20, 150
Mordecai Yelventon, 350, 450, 5000, 150, 700
Etheldred Yelventon, 350, 400, 6200, 150, 624
Stephen Braswell, 300, 150, 4000, 150, 690

Ben. Byman, 165, 210, 4000, 100, 725
Nancy Outlaws, 125, 229, 2500, 40, 470
Jacen Yelventon, 150, 250, 1500, 40, 325
Sarah Sauls, 75, 45, 250, 20, 125
William Edmonson, 30, -, 180, 15, 160
Thomas Wooten, 75, 135, 750, 20, 130
Bryan Lane, 125, 75, 600, 35, 425
Jno. Edmonson, 80, 200, 800, 35, 450
Geo. Yelventon, 125, 145, 2000, 35, 200
Benj. Sauls, 115, 118, 1400, 35, 227
Martin Sauls, 150, 80, 1500, 40, 350
Thos. Yelventon, 100, 300, 1600, 40, 430
Richd. Rogers, 30, 30, 500, 25, 200
Reding Coley, 600, 900, 5000, 200, 1700
Stephen Pope, 140, 160, 600, 50, 270
Major Farrell, 100, 100, 800, 30, 275
Janus Forhand, 90, 90, 1000, 20, 150
Bryan Lancaster, 125, 175, 1200, 25, 190
Joseph Smith, 100, 133, 800, 30, 275
Wm. Lancaster, 150, 187, 1500, 30, 250
Lewis Pate, 130, 130, 800, 30, 185
David Howell, 100, 125, 1000, 25, 190
Needham Coombs, 20, -, 80, 5, 100
Cullen Howell, 75, 143, 1000, 20, 200
Bennet Coombs, 60, 90, 600, 25, 125
Thos. R. Vinson, 30, 168, 600, 25, 125
Jas. Forehand, 80, 180, 500, 25, 100
John Worrell, 50, 100, 700, 20, 100
Eliga Pate, 150, 427, 1500, 30, 300
Council Scott, 70, 116, 300, 30, 110
Theo. Best, 450, 880, 13000, 250, 1800
Kinchen Smith, 175, 845, 8000, 150, 540
Thos. T. Hollowell, 130, 154, 2800, 60, 510
Haywood Ham, 150, 274, 2000, 100, 500
Silas Pate, 40, 148, 500, 25, 135
Leonard Pate, 100, 164, 1600, 25, 150
Wm. B. Smith, 100, 100, 3500, 40, 350
Isaac Worrell, 50, -, 500, 40, 300
Needham Worrell, 150, 156, 2000, 75, 750
Shade Pate, 75, 113, 700, 40, 150
Bright Thomson, 110, 100, 1200, 30, 240
Jno. W. Sasser, 1000, 2381, 30000, 700, 2850
Saml. Pate, 100, 86, 1250, 50, 280
James Griswold, 260, 1060, 6000, 75, 655
Ben. Strickland, 50, 226, 600, 30, 165
Bunyan Barnes, 300, 600, 7000, 400, 2200
Uriah Langston, 50, 207, 500, 30, 155
Thos. J. Vinson, 60, 30, 400, 30, 200
Bryan H. Pate, 160, 190, 1500, 200, 350
Gerard Thomson, 250, 290, 5000, 150, 460
Joseph Edwards, 400, 650, 5000, 150, 750
Charles Pate, 60, 97, 750, 25, 200
Exum Howell, 75, 165, 500, 20, 50
Dewet C. Pate, 75, 61, 600, 25, 140
Nancy Howell, 75, 125, 800, 30, 250
Gerre Deens, 75, 173, 800, 30, 200
Rebecca Radford, 50, -, 500, 25, 150
Jas. G. Daniel, 200, 200, 2000, 75, 350
Jno. Garner, 200, 200, 2000, 50, 250
Wm. Daniel, 100, -, 600, 45, 450
Lewis Gurley, 125, -, 1350, 50, 425

John Cox, 700, 650, 6000, 200, 1200
Sarah Cox, 300, 400, 7000, 100, 230
William Bass, 200, 1000, 3600, 25, 250
Ezekiel Hollomon, 400, 568, 5000, 75, 730
Wm. Davis (tenant), -, -, -, 25, 165
John Moore (Moon), 25, 178, 1000, 50, 268
Exum Ormon, 35, 55, 500, 5, 100
Jesse Ormon, 100, 113, 1100, 25, 160
Needham Ginnet, 80, 30, 600, 10, 140
Nathan Brogdon, 150, 250, 1200, 25, 270
Uriah Grantham, 200, 277, 2500, 100, 500
Webb Hill, 150, 369, 2250, 75, 325
Thos. Kennedy, 500, 1000, 9000, 100, 600
Isaac Cox, 250, 100, 3000, 50, 600
Thomas Cox, 250, 277, 5000, 100, 525
Stanton Cox, 400, 500, 4000, 75, 525
Polly Starling, 75, 75, 450, 25, 140
Willis Hale, 900, 2500, 18000, 300, 1785
Barbary McKenne (tenant), -, -, -, 25, 275
David McKenne, 250, 250, 3000, 75, 565
Saml. Smith, 590, 2076, 10000, 200, 1200
Jno. C. Slocumb, 500, 534, 8000, 100, 1135
Francis Lewis, 225, 600, 4125, 20, 185
William D. Cobb, 1150, 2584, 8000, 150, 1000
David B. Everett, 1500, 3820, 48988, 300, 2250
Jno. W. S. West, 300, 2190, 18090, 150, 1100
Pearce Brogdon, 200, 175, 1800, 100, 600
W. R. Brogdon (tenant), -, -, -, 10, 310
Thos. Beard, 300, 216, 2500, 30, 580
Silas Cox, 550, 900, 9000, 100, 950
Dr. M. Howard (tenant), -, -, -, 25, 250
Mary Everett, 500, 1500, 7000, 65, 515
Denan (Derran) Grantham, 300, 700, 2500, 75, 500
Jesse Denning, 75, 25, 125, 25, 120
Lovet Wise (tenant), -, -, -, 10, 135
Mathew Carsey, 200, 214, 600, 25, 140
Micajah Cox, 350, 1450, 8000, 150, 500
Benama Herring, 120, 140, 1000, 75, 300
John Williams, 100, 300, 800, 25, 130
Jesse Summerlin, 75, 235, 600, 15, 150
Everett Joiner, 80, 231, 600, 40, 200
Council Deals, 50, 100, 300, 10, 50
Henry C. Crawford, 70, 190, 540, 40, 115
Richd. Rayner, 912, 912, 5540, 50, 787
Jas. Tadlock (tenant), -, -, -, 20, 100
Fred Grantham, 150, 410, 3000, 20, 225
Moris Britt, 70, 130, 600, 5, 92
Susan Britt, 100, 150, 750, 60, 250
Wm. Cox, 400, 360, 2500, 150, 790
John Cox, 400, 450, 4000, 50, 700
Jno. Grantham (tenant), -, -, -, 5, 50
Curtis Holmes, 100, 80, 150, 40, 450
Judy Britt (tenant), -, -, -, 15, 100
Blount Britt (tenant), -, -, -, 15, 120
Jas. Howell (tenant), -, -, -, 40, 190
Theo. Holmes, 80, 220, 750, 15, 150
William Burson (tenant), -, -, -, 5, 75
Leah Brown (tenant), -, -, -, 5, 100
Wm. Smith, 1380, 2761, 20000, 200, 1500
Zac. Parker, 175, 211, 1000, 40, 268

Robt. Hood, 100, 189, 1400, 20, 160
John Hood, 200, 565, 3000, 40, 400
Daniel Hood, 75, 175, 1000, 20, 300
William Hood, 298, 400, 3250, 50, 450
Hiram Grantham, 300, 504, 32000, 50, 500
Joab Ginnet, 80, 183, 1000, 25, 195
Mathew Brogdon, 170, 176, 750, 30, 470
Benam Futral, 90, 38, 380, 20, 240
David Cogdell, 175, 175, 1200, 60, 600
Lewis Cogdell, 1200, 2200, 8000, 255, 23345
Pepkin Jorden (tenant), -, -, -, 20, 185
Harris Hollomon, 72, 100, 1000, 20, 160
Moris Crow, 400, 511, 5447, 25, 550
Ben. Worrick (tenant), -, -, -, 30, 325
John Worrick (tenant), -, -, -, 75, 440
Christopher Hollomon, 80, 120, 1000, 15, 290
Wm. Pepkin (tenant), -, -, -, 8, 125
Everett Smith, 220, 330, 2500, 30, 425
Ezekiel Smith, 350, 379, 5000, 75, 330
Thos. Pridgen, 30, 340, 1250, 75, 150
Furney Imegan(Jernigan), 500, 850, 5000, 450, 1510
Cogdill Massey, 152, 172, 1250, 30, 290
Jno. E. Becton, 570, 839, 10000, 200, 1400
Whitman Price, 200, 453, 2600, 50, 440
U. G. Harrell, 100, 100, 1000, 10, 300
Barna King (tenant), -, -, -, 20, 100
J___ Smith, 500, 900, 6025, 150, 700
Wm. Smith Jr., 200, 382, 2000, 50, 575

Jno. Hill, 75, 160, 600, 20, 80
Henry Best, 225, 602, 2900, 50, 325
Spears Best, 50, 270, 400, 15, 100
Wm. Britt, 40, 67, 1000, 75, 340
Lewis Lindley, 50, 150, 1000, 20, 300
Theo. Best, 300, 300, 1800, 40, 310
Furney Manly, 550, 600, 2500, 20,400
Asher Pipken (tenant), -, -, -, 15, 160
Ben Futral (tenant), -, -, -, 20, 175
Caroline Cogdell, 250, 300, 3000, 75, 880
Kinchen Britt, 125, 175, 1000, 35, 360
Irwin King, 280, 300, 2000, 60, 450
Whitfield Thornton, 20, 54, 225, 5, 76
Jos. Jernigan, 10, 80, 200, 15, 100
Geo. Denning, 100, 150, 500, 10, 80
Jos. Grantham, 300, 1400, 2500, 20, 160
James Jernigan, 200, 578, 2100, 25, 380
Hiram Britt, 15, 208, 200, 5, 80
James Odum, 150, 336, 1400, 50, 435
Richd. Manly, 200, 545, 2200, 50, 375
Nathan Daniel, 60, 40, 200, 20, 165
J. J. Odum, 50, 50, 300, 20, 140
Ann McCallen, 440, 400, 1600, 20, 200
Jas. Britt (tenant), -, -, -, 20, 215
Dawson Durham, 225, 225, 2500, 50, 320
Jesse Martin, 155, 157, 2000, 50, 430
Needham Gennet (tenant), -, -, -, 40, 230
Ingram Rhodes, 190, 56, 1500, 50, 370
Susan Barfield, 100, 300, 2000, 25, 350
Solo. Barfield, 200, 40, 1250, 25, 315

Arthur Martin (tenant), -, -, -, 25, 340
Michael Barfield, 125, 266, 2000, 50, 280
Mary Elliot, 300, 425, 2900, 50, 510
Nancy Ward, 350, 350, 2000, 40, 440
Calvin Smith (tenant), -, -, -, 100, 325
David Barfield, 100, 100, 1000, 25, 250
Theo. Barfield (tenant), -, -, -, 15, 400
Wm. King, 75, 70, 575, 25, 210
Allen Manly, 50, 140, 1500, 50, 350
James Manly (tenant), -, -, -, 20, 350
Thos. Chestnut (tenant), -, -, -, 15, 225
Washington Winn, 50, 88, 400, 25, 85
Calvin Simmons, 130, 173, 800, 40, 155
Polly Simmons, 110, 100, 300, 25, 330
Harris Barfield, 75, 125, 600, 30, 140
Benj. Flowers, 50, 75, 200, 90, 225
William Carsey (tenant), -, -, -, 50, 150
Lavina Price, 150, 219, 1750, 30, 260
John Hughes, 50, 58, 250, 15, 150
Bennet Mallard, 40, 113, 300, 10, 60
Isaac Norris (tenant), -, -, -, 15, 80
Henderson Martin (tenant), -, -, -, 15, 160
Wate Martin, 70, 230, 2500, 15, 225
Ben Griswold, 100, 400, 2500, 10, 175
Rhodes C. Hatch, 300, 300, 5000, 50, 450
Saml. Flowers, 400, 925, 8000, 50, 1000
Wm. Hollowell (tenant), -, -, -, 100, 880
Jno. Caraway, 200, 260, 1000, 80, 230
Simon Herring, 80, 120, 700, 25, 140
Thos. T. Hollowell, 200, 325, 1500, 40, 315
Jesse Hollowell, 300, 450, 3500, 40, 315
Wright Carsey(Causey) (tenant), -, -, -, 15, 100
John Lewis, 100, 305, 1000, 20, 360
Henry Caraway (tenant), -, -, -, 15, 265
William Caraway, 500, 1100, 8000, 200, 1199
Curtis Hooks, 350, 336, 6000, 100, 800
James Kelly, 200, 575, 3000, 75, 550,
Anthony Price (tenant), -, -, -, 20, 125
Dempsey Newell (tenant), -, -, -, 15, 230
John Caisey(Carsey,Causey), 60, 90, 300, 20, 165
Mathew Norris, 20, 30, 100, 15, 110
Levi Winn, 150, 236, 1500, 60, 300
Sally Winn, 60, 163, 500, 15, 165
Jno. Kornegay, 140, 170, 2000, 75, 315
James McDuffee, 200, 646, 4000, 100, 500
Jas. F. Kornegay, 800, 1200, 10000, 150, 1235
Curtis Budd, 40, 60, 300, 15, 105
Oliver Holmes, 50, 193, 800, 25, 300
Eliza Harris, 90, 90, 360, 25, 195
William Lewis, 100, 125, 400, 15, 175
Joel Lewis, 60, 330, 800, 25, 165
William Kelly, 200, 225, 1500, 40, 515
Bryan Caisey, 125, 500, 1800, 10, 100
Thos. Reavis, 80, 520, 1800, 25, 230
William Harris, 52, 100, 305, 20, 160
Abner Graddy (tenant), -, -, -, 20, 275

Jno. Capps, 10, 288, 900, 25, 280
Jno. Smith, Jr., 60, 280, 1360, 20, 185
Wm. Epps, -, 147, 300, 10, 100
Jesse J. Baker, 150, 850, 7000, 200, 933
Edwd. Pearsall, 100, 121,800, 25, 137
Mac. Williams, 325, 1175, 9000, 200, 1150
Mary Loftin, 315, 503, 5000, 50, 330
Saml. Loftin, 285, 375, 3000, 200, 530
Needham Whitfield, 40, 100, 750, 25, 155
Wm. Whitfield, 180, 425, 3000, 50, 420
Rachel Bryan, 200, 325, 1500, 50, 265
Timothy Graddy, 40, 128, 500, 75, 245
Jesse Price, 200, 800, 3000, 100, 400
Robt. Peal, 250, 200, 1350, 40, 380
Jo. Kornegay, 125, 475, 3000, 100, 650
Julia Loftin, 125, 575, 2000, 125, 510
John Nunn, 200, 550, 3000, 150, 545
Benj. Price, 40, 60, 400, 20, 150
Josiah Ward, 40, 160, 900, 30, 185
Dr. J. M. Davis, 150, 280, 8000, 150, 614
Jno. D. Pipkin, 25, 190, 1000, 10, 125
William Hines, 100, 340, 880, 15, 135
William Kornegay, 400, 1700, 6500, 300, 810
Eligha Pipkin, 400, 1850, 7500, 200, 570
Mary J. Whitfield, 640, 1280, 5000, 200, 400
James Dunn, 300, 378, 5000, 200, 630
A. W. Barwick, 25, 275, 600, 25, 330
Benj. Herring, 225, 637, 3000, 100, 600
Ann Herring, 140, 244, 2000, 50, 360
Hefsey B. Hurst, 1195, 2000, 14000, 250, 1630
A. J. Barwick (tenant), -, -, -, 15, 325
Jno. A. Kornegay, 79, 400, 1500, 40, 485
Gabriel Edwards, 75, 367, 1300, 30, 220
Polly Bowden, 200, 300, 1000, 25, 155
Patty Peal, 75, 25, 250, 15, 125
Jno. Price, 40, 110, 400, 25, 190
Leml. Price, 100, 220, 650, 25, 350
Wright Smith, 160, 761, 3000, 155, 450
Josiah Fulds, 25, 45,300, 70, 200
B. L. Hill, 850, 700, 8000, 200, 1320
Richd. Carsey, 300, 931, 5000, 75, 650
Robt. McKenne, 120, 200, 500, 25, 180
Cullen Caisey, 50, 425, 1000, 10, 150

Wilkes County, North Carolina
1850 Agricultural Census

The University of North Carolina at Chapel Hill filmed the 1850 agricultural census for Wilkes County from originals at the North Carolina State Department of Archives and History under a grant from the National Science Foundation in 1961.

Columns 1, 2, 3, 4, 5, and 13 represent the following information on the census:
1. Name of Owner, Agent or Manager of Farm
2. Acres of Improved Land
3. Acres of Unimproved Land
4. Cash Value of the Farm
5. Value of Farming Implements and Machinery
13. Value of Livestock

Elisha Day, -, -, -, 35, 28
John Martin, 60, 197, 250, 60, 175
Martin Reding, 100, 288, 500, 400, 300
Ellzy Mastin, 100, 100, 300, 40, 150
Zackery Adams, 60, 160, 225, 50, 125
S___ Carver, 60, 340, 500, 125, 200
Sirus Culver, -, -, -, 10, 100
Elisha McDaniel, 50, 210, 400, 300, 125
Harry McDaniel, -, -, -, -, 8
Daniel McDaniel, 50, 50, 230, 3, 50
George Whitley, 60, 309, 480, 10, 300
Eli Johnson, 120, 410, 800, 20, 400
Henry Shoe, -, -, -, 8, 40
Perry Johnson, -, -, -, -, 150
Fredrick Ingold, -, -, -, -, 18
Lyman Shoe, 120, 170, 290, 8, -
William Curry, 100, 700, 600, 50, 200
William Williams, -, -, -, 1, 150
John Curry, 100, 320, 375, 15, 250
Alexander Mastin, -, -, -, -, 100
Peter Miller, 60, 440, 1280, 75, 300
Saml. Curry, 25, 25, 50, 2, 25
Simon Glass, 20, 69, 120, 2, 75
Mary Cooper, -, -, -, -, 5

John Glass, 60, 240, 300, 25, 205
Daniel McBride, 75, 75, 200, 6, 150
Benj. Gambill, 10, 240, 120, 5, 100
James Gambill, 25, 210, 125, 5, 80
John Durham, -, -, -, -, 50
Richard Allen, 100, 950, 2000, 120, 400
James Lyon, 50, 200, 250, 2, 100
Henry Gramwell, 50, 250, 195, 1, 102
John Wood, 23, 100, 60, 1, 50
Valentine Lyon, 50, 50, 275, 3, 50
Jacob Hoots, 25, 125, 100, 4, 100
Allen Lyon, 25, 195, 150, 2, 20
John Billings, 30, 160, 95, 3, 70
John Alexander, 100, 325, 400, 3, 150
Isaac Pruit, 100, 350, 500, 5, 75
Petty Shatly, -, -, -, -, -
James McCan, 50, 350, 400, 100, 50
Jordon Philips, 40, 174, 400, 20, 75
Atho Gentry, 100, 300, 400, 12, 150
Jefferson Gentry, -, -, -, 5, 75
Ambro Roberts, 75, 449, 462, 30, 100
Henry Truman, 25, 125, 300, 20, 100
Martin Cothran, 50, 60, 200, 5, 14
Levas York, -, -, -, 5, 25
James Ligon, 8, 42, 250, 3, 50
_____ Carter, 50, 300, 500, 50, 200

John Carter, 40, 60, 250, 25, 75
James Cochran, 80, 160, 200, 100, 250
Caleb Carter, 14, 75, 75, 1, 5
Benj. Carter, 25, 100, 250, 5,100
John S. Pruit, 50, 269, 200, 8, 160
Jeremiah Pruit, 35, 75, 200, 10, 50
William Keneday, 50, 100, 200, 200, 200
William Holaway, 13, 137, 337, 5, 90
Wiley Jones, 40, 236, 200, 4,100
Reuben Sparks, 50, 250, 800, 20, 275
John Caudle, 125, 350, 800, 15, 300
Caleb Holbrooks, -, -, 15, 3, 50
Robert Baugus, 50, 230, 150, 6, 140
Joel Pruit, 60, 350, 400, 200, 240
Henry W. Gambill, 25, 150, 150, 10, 100
Vincent Baugus, 100, 500, 400, 100, 250
James A. Smith, 700, 199, 350, 50, 200
Elisha Billings, 50, 190, 200, 50, 132
Owen Absher, 50, 225, 250, 15, 150
Lindsey Alexander, -, -, -, 6, 120
Eli Blackburn, 50, 200, 175, 2, 125
Peter Brown, 40, 260, 200, 3, 200
Saml. J. Gambill, 100, 250, 450, 50, 300
Nancy Sparks, 40, 70, 400, 5, 150
Ralph Holbrooks, 80, 320, 600, 50, 300
Ralph H. Pruit, 100, 200, 300, 75, 400
Jacob Staly Jr., 15, 85, 50, 3, 125
Larkin Brown, 6, 50, 50, 6, 125
Martin Whitley, 150, 1150, 2000, 50, 400
Walter Absher, 150, 200, 800, 75, 350
Aaron McRadey, 100, 100, 400, 10, 200
Abner Vanoy, 15, 60, 70, 4, 50
Mary Vanoy, -, 100, 50, -, -
Joseph Wood, -, -, -, 5, 12
William Brown, 100, 300, 3000, 20, 200
Vincent Brooks, 25, 8, 25, 8, 50
Isaiah McGrady, 100, 350, 700, 30, 500
John Hall, 70, 200, 350, 30, 200
Elijah Goings, 100, 300, 450, 10, 200
William Sebastin, 50, 50, 200, 5, 100
William Hanks, 30, 45, 45, 5, 20
Christopher McRary, 30, 305, 120, 5, 30
Isaac Adams, -, -, -, 2, 89
Solomon Brown, 50, 50, 150, 5, 125
John Absher, 50, 75, 500, 20, 100
John Herrald, 25, 150, 200, 12, 250
Patrick McGrady, 15, 85, 50, 4,100
John Brown, 25, 150, 300, 10, 100
James Ellis, -, -, -, 2, 1 0
George Wyatt, 50, 366, 770, 35, 350
Larkin Hall, 35, 165, 200, 5, 72
Eli Johnson, 35, 198, 100, 25, 175
Milly McGrady, 75, 125, 200, 5, 150
Jacob Absher, 50, 238, 5600, 2, 140
Alfred Absher, 25, 75, 100, 3, 125
Joshua Reavis, 6, 44, 25, 10, 10
Luke Jennings, 60, 143, 810, 10, 400
William Elledge, -, -, -, 5, 100
Zachary Ellege, -, 165, 60, 2, 45
Presly Browon, 75, 840, 1200, 10, 850
John Keneday, 75, 675, 600, 45, 175
George Owens, 50, 23, 250, 10, 150
William Hall, 65, 252, 455, 10, 200
George McNeal, 40, 47, 250, 10, 200
William Woody, 40, 20, 500, 6, 90
James Shepard, 20, 60, 100, 5, 100
James Vanoy, 200, 500, 2000, 100, 1000
Obadiah Dancy, 25, 450, 730, 25, 1200
Isham Dancy, 60, 200, 400, 40, 305
Lewis Shepard, 50, 220, 400, 30, 300
Henry Adams, 40, 291, 250, 12, 140

Francis Wingler, 50, 300, 500, 20, 150
Haden Rash, 60, 208, 300, 25, 120
William Whitly, 30, 60, 600, 20, 100
Melman Parsons, 30, 80, 300, 15, 150
Merideth Williamson, -, -, -, 2, 15
Joshua Coffee, 20, 85, 125, 4, 55
Aaron Wyatt, 40, 137, 150, 7, 225
Jesse Vanoy, 40, 150, 800, 25, 350
William Williams, -, -, -, 10, 56
Allen Whittington, 140, 460, 3000, 235, 500
Nancy Ball, 25, 175, 200, 8, 150
Alfred Mintin, -, -, -, 10, 50
John Bullison, 50, 119, 300, 10, 200
Allen W. Church, 20, 120, 15, 25, 200
Griffin Summerlin, 100, 400, 1500, 50, 400
Mikel Burgis, 20, 30, 35, 5, 100
Owen Merryman, 15, 35, 50, 10, 200
John Edmondson, 200, 800, 3500, 200, 500
Stephen Bingham, 20, 580, 600, 12, 150
William Eller, 20, 80, 100, 5, 150
Adam Bingham, 150, 200, 240, 30, 50
Martin Laws, 25, 10, 75, 5, 150
David Tinsley, 100, 660, 660, 50, 200
Wm. H. McNeal, 40, 35, 350, 15, 200
Jesse Minton, -, -, -, -, 75
Henry Hott (Holt), 10, 240, 100, 5, 100
John B. Ragsdall, -, -, -, 15, 80
Milton H. Brown, 50, 311, 1000, 10, 120
Joshua Pennal, 175, 1000, 3700, 50, 500
James Hendrix, 100, 300, 2000, 20, 1200
Allen Grinton, -, -, -, 3, 26
John L. White, -, -, -, 25, 200

Joseph Revis, -, -, -, 2, 15
Jesse Evans, -, -, -, -, 3
Noel Stanly, 8, -, -, 2, 17
John Jinkins, -, -, 25, 1, -
James Burton, 20, 130, 125, 1, 37
Franky Brooks, 40, 30, 200, 1, 50
Charles Walker, 150, 450, 1200, 150, 600
Alfred Walsh, 16, 50, 78, 100, 150
Benj. Walsh, 20, 60, 260, 20, 90
John Sales, 50, 100, 700, 30, 150
James Gray, 25, 75, 100, 5, 25
William Gray, 50, 100, 125, 35, 100
William Sales, 40, 10, 50, 5, 70
Jacob Dillan, 35, 87, 114, 5, 75
Green McBride, 75, 375, 450, 7, 225
Robert Calloway, 40, 280, 400, 35, 200
John Gillam, 451, 165, 210, 4, 65
James Martin, -, -, -, 5, 160
Sally Perdue, 100, 20, 75, 3, 16
Jesse Combs, 20, 65, 150, 400, 300
Richard J. Cook, 400, 800, 1150, 75, 350
William Parks, -, -, -, 5, 80
James Sales, 200, 416, 1200, 150, 500
Joel Felts(Fetts), 50, 50, 200, 20, 75
Mabry Wellborne, 75, 125, 1300, 75, 225
Allen Wellborn, -, -, -, -, 100
Thomas Roberts, 150, 400, 700, 200, 500
Herbert Reynolds, 12, 48, 125, 5, 75
Wyley Jenning, 40, 160, 200, 5, 100
Harrison Felts, 50, 65, -, 6, 165
Thomas Norman, 75, 100, 600, 8, 150
Lindsay Felts, 60, 91, 350, 200, 180
Sexton Fletcher, -, -, -, 2, 13
Eliza Felts, 50, 50, 300, 30, 125
Maberry Wellborn, 100, 175, 400, 300, 214
Noah Hampton, -, -, -, 6, 115
Joel A. Wellborn, -, -, -, 6, 100
Tempy Sparks, 30, 66, 150, 5, 80

Robert Perdue, -, -, -, 2, 84
Sarah Perdue, -, -, -, -, 14
John Reding, 50, 110, 175, 150, 175
Micajor Hampton, 100, 150, 400, 75, 250
William Reding, 60, 140, 265, 25, 150
Sterling Barns, -, -, -, -, -
John Brown, 80, 120, 400, 100, 200
Margaret Roberts, 30, 70, 100, 3, 75
Isaac Money, -, -, -, 10, 50
Patsey Mabry, 50, 200, 400, 6, 80
James Erving, -, -, -, 2, 8
George Fetts (Felts), 100, 167, 300, 100, 350
Amus Foard, 40, 75, 250, 7, 175
John Simmons, 200, 440, 1000, 500, 260
Daniel Rash, 100, 310, 600, 76, 300
James Maberry, 200, 320, 1200, 800, 648
Robert Mitchell, 100, 180, 200, 26, 220
William Hinton, 25, 30, 60, 3,-
Randolph Maberry, 60, 233, 600, 65, 160
Francis Gregory, -, -, -, 2, 4
John Roberts, 25,130, 130, 2, 30
George Roberts, -, -, -, -, 9
John Privitt, 40, 150, 160, 4, 40
John Jarvis, 75, 237, 200, 60, 200
Abel Nickoldson, -, -, -, 5, 85
William Nickoldson,-, -, -, 6, 138
James Nickoldson, 400, 126, 800, 175, 500
Mary Rash, 60, 100, 400, 4, 110
William McCary,-, -, -, 2, 70
William Nickoldson, 160, 330, 500, 70, 300
William Maberry, 60, 253, 400, 50, 157
James Jarvis,-, -, -, 5, 14
James Rash, 50, 254, 250, 10, 120
Joel Lunsford, 100, 300, 300, 46, 150
Richard Waters, 25, 126, 30, 24, 120
John Harris, -, -, -, 4, 100
Noah Brown, 50, 225, 1200, 100, 300
Dilly Lunsford, 14, 46, 100, 2, 48
Aaron Souther, -, -, -, 5, 40
William Jarvis, 40, 100, 350, 6, 100
Gracy Brown, 150, 800, 1500, 5, 120
Meson Jarvis, -, -, -, 6, 140
Lewis Rash, 25, 25, 100, 4, 65
Micajah Privit, -, -, -, 2, 35
James Jarvis Jr., 50, 50, 160, 3, 100
James Nickoldson, 18, 132, 150, 5, 100
Isreal Jarvis, 75, 60, 175, 15, 35
Nancy Rash, -, -, -, 5, 125
Sarah Johnson, 20, 55, 100, 2, 25
Iredell Privit, 100, 200, 650, 500, 300
Daniel Rash, 50, 50, 100, 4, 16
David Laws,-, -, -, 5, 32
Alfred Warren, 250, 235, 900, 200, 300
Nancy Rash,-, -, -, 25, 38
Nathan Reding, 125, 208, 1000, 75, 200
William Mastin, -, -, -, 55, 70
William Barns, -, -, -, 4, 37
John Gregory, -, -, -, 5, 65
Keyton Williams, -, -, -, 4, 57
William Warren, 40, 460, 500, 60, 160
Isaac Warren, 50, 175, 175, 4, 80
Robert Bowers, 60, 57, 150, 3, 182
John Coleman, 40, 100, -, 60, 125
Daniel Norman, 60, 107, 250, 10, 60
James Norman, -, -, -, 10, 20
Charles Jennings, 50, 50, 200, 28, 50
Henry Chambers, 50, 300, 360, 90, 120
Thomas McBride, -, -, -, 15, 135
William Reding, 50, 57, 125, 10, 100
Thomas Furgerson, 170, 170, 3000, 30, 380
Nelson Pierce, 10, 50, 50, 10, 50
Charles Gorman, 50, 152, 400, 40, 200

William S. Nelby, 10, 90, 100, 100, 40
Joel Triplett, 70, 300, 2000, 30, 200
John Triplett, 70, 225, 2000, 30, 300
Augustus W. Finly, 125, 1175, 7000, 100, 1786
Anderson Mitchell, 60, 4900, 5000, 120, 435
Jesse Miller, 50, 325, 1000, 5, 100
William Mitchell, -, -, -, 150, -
William Spencer, 35, 65, 250, 40, 200
John Herrald Jr., 80, 170, 400, 15, 300
Noah Dancy, 12, 13, 300, 140, 150
Abel Cass, 225, 545, 1500, 300, 600
Will M. Dula, 100, 200, 500, 16, 300
Nelson Williams, -, -, -, 6, 55
John Lewis, 50, 150, 400, 30, 300
Walter H. Hagler, 60, 328, 1000, 12, 200
Aaron Bashears, 20, 253, 200, 4, 100
John Reding Jr., 30, 288, 400, 60, 160
Argus Hagler, 50, 100, 200, 4, 80
Henry Glass, 30, 164, 200, 40, 55
John C. Sawhill, 75, 400, 1200, 50, 375
Andrew Shatly, -, -, -, 4, 80
James McNeal, 30, 30, 250, 15, 140
Walter Brown, 50, 75, 200, 20, 250
Robinet Anderson, 50, 350, 300, 10, 250
Thomas Gray, 49, 530, 600, 4, 225
Jefferson Dula, 10, 150, 200, 10, 140
William M. Caudle, 30, 90, 400, 6, 60
Joshua Souther, 50, 350, 400, 10, 150
Jesse Moore, 70, 250, 170, 10, 150
James Whitington, 150, 200, 1100, 70, 350
Ephram Davis, 100, 213, 1000, 20, 200
Horton Triplett, 60, 350, 700, 6, 140
William Hall,-, -, -, 5, 7

Will W. Perdue, 25, 49,150, 30, 93
Joel Carry, -, -, -, 4, 40
Joel Sparks, 25, 150, 150, 5, 40
Nathan Sprinkle, 40, 2650, 400, 60, 150
Mike Shipwash, 25, 25, 50, 44, 20
Daniel W. Brown, 36, 116, 45, 8, 72
Garland Lane, 40, 244, 450, 50, 140
John Hallaway, 100, 275, 400, 45, 250
Willis Whitly, 100, 200, 400, 30, 400
Alfred Foster, 125, 512, 1165, 50, 165
Ezekiel Joins, 125, 175, 500, 50, 400
Joel Souts, -, -, -, 4, 40
Gabriel Church, -, -, -, 4, 30
William Inscore, 5, 136, 165, 50, 147
John G. Foster, 20, 180, 200, 5, 125
Edward Griffin, 6, 44, 30, 4, 18
Raleigh Pendergras, 50, 310, 150, 2, 60
Elbert K. Walsh, 40, 235, 300, 15, 233
Ezekiel Absher, 100, 250, 400, 10, 125
Davis Glass, -, -, -, 5, 90
John Brown, 15, 85, 50, 25, 15
Joshua Fletcher, 30, 120, 150, 5, 45
James Queen, 20, 66, 250, 10, 150
John Wyitt, 25, 75, 65, 2, 40
Berryman Lorrance, 10, 37, 150, 10, 125
Thomas Foster, 40, 93, 700, 5, 200
William Reynolds, 50, 325, 300, 8, 125
Hugh Minton, -, -, -, 3, 39
Martin Chathan, -, -, -, 70, 35
William Nance, 30, 138, 100, 10, 160
Elijah Nickolds, 100, 240, 1500, 50, 405
Martin McGlemry, 75, 160, 1000, 50, 120
Thomas Lane, -, -, -, -, 200
Larkin Joines, 50, 100, 350, 50, 220
Walter Payne, 16, 200, 175, 4, 180

Joseph Hays, 100, 895, 500, 30, 150
Wesly Fletcher, 12, 138, 150, 6, 50
Edwin B. Greer, 60, 260, 600, 100, 200
William Pearson, -, -, -, 4, 1
Robert Pearson, 50, 150, 125, 4, 80
Frances Williams, -, -, -, -, 14
Mafis L. Mikel, 100, 635, 1500, 250, 600
John Wellborn, 125, 275, 2000, 150, 400
William M. Forrester, 90, 310, 1500, 150, 500
Howard Walker, 25, 75, 45, 8, 45
Thornton Kelby, 50, 350, 1000, 15, 125
Elisha Vickers, 15, 85, 50, 5, -
Joshua Dowel, 7, 93, 50, 5, 132
John Dowel, -, -, -, 10, 750
Alexander Thomas, -, -, -, 3, -
John Bently, 40, 67, 600, 25, 100
William Parker, 300, 306, 7000, 200, 630
Daniel McBride, 75, 75, 200, 6, 150
John Sales, 75, 848, 1200, 800, 410
James Reding, 20, 180, 125, 15, 125
Richard Walker, 200, 1599, 2510, 500, 400
Hiram Gregory, -, -, -, 10, 7
Michal Shipwash, 20, 30, 50, 6, 10
William J. Triplett, -, -, -, 2, 110
William Hicks, -, -, -, 25, 125
Henry Wellborn, 40, 160, 400, 8, 160
Henry Glass, 10, 10, 40, 60, 60
John Johnson, 100, 400, 630, 10, 450
William Shepherd, 25, 28, 25, 2, 55
Moses Johnson, 100, 80, 300, 25, 150
Nathan Triplett, -, -, -, -, 12
Jacob Staly, 40, 162, 300, 30, 350
John Shatly, -, -, -, -, 10
Alexander Thomas, -, -, -, 4, 48
Alfred Staly, 15, 85, 100, 30, 100
Amelia Cleavland, -, -, -, -, 30
William Whitley, 50, 240, 300, 10, 200
William Jarvis, 40, 116, 150, 5, 80
George Thornburg, -, -, -, 3, 6
William Bird, 100, 140, 150, 10, 800
Alfred Hicks, 40, 110, 100, 20, 100
Constant Gray, 250, 350, 560, 800, 465
Polly Mathis, 40, 10, 100, 10, 40
William Sales, -, -, -, 5, 60
Robert Sales, 200, 500, 600, 15, 200
Robert Sales Jr., -, -, -, 2, 120
Amelia McDaniel, 30, 45, 300, 2, 50
Thomas Myres, -, -, -, 10, 60
John Hampton, 35, 75, 110, 7, 100
George Curry, 70, 225, 200, 5, 110
Malinda Gregory, -, -, -, 4, 30
Thurston Reding, -, -, -, 5, 80
Lewis Dishman, 50, 400, 300, 31, 100
William Greenwood, 40, 353, 400, 6, 410
Joel Brown, 30, 196, 200, 6, 50
L_m_a L. Shumate, -, -, -, 30, 250
Isaac Shumate, 20, 150, 400, 130, 250
John L. Absher, 100, 83, 200, 25, 150
William Johnson, 75, 175, 600, 100, 500
Joshua Lewis, 30, 130, 300, 10, 160
Alexander Herald, 35, 190, 200, 8, 150
James Durham, 6, 194, 150, 5, 100
Phelix B. Parks, 90, 210, 2000, 25, 432
William P. Wetherspoon, 50, 603, 1000, 250, 697
Lenard Whitington, 55, 250, 800, 6, 250
Hyram Pipes, 60, 179, 1500, 100, 559
Thomas Pipes, -, -, -, 10, 60
John Thornton, 110, 300, 1500, 50, 475
Thomas Hall, -, -, -, 6, 10

Edmond Simmons, 30, 50, 300, 4, 70
Chas. A. Parks, 30, 60, 200, -, 65
Harvy Dula, -, -, -, 5, 275
John T. Fargurson, 50, 100, 1000, 15, 600
John Keller, 15, 85, 100, 150, 75
Nimrod Triplett, 50, 300, 900, 100, 300
William Dyer, 80, 427, 2500, -, 70
John B. Furgurson, 350, 2100, 9050, 50, 620
James Holder, -, -, -, 5, 200
Elyah Dyer, 60, 240, 800, 80, 463
Hugh M. Wellborn, -, -, 200, 100, 365
Thomas Combs, 75, 508, 400, 12, 285
John Shepard, -, -, -, 6, 75
Thomas Wellborn, 40, 270, 500, 135, 337
William Cass, 15, 60, 500, 3, 20
John Finley Sr., 624, 3630, 12915, 400, 1220
Andrew Parlier, -, -, -, 12, 111
Alexander Church, 100, 2100, 3000, 250, 504
Clarinda Bouchelle, -, -, -, 31, 100
Sophia Bullis, 7, 93, 100, 5, 40
Mariah Eller, -, -, -, 2, 10
Wesly Ball, 15, 115, 100, 10, 150
John Harris, -, -, -, 30, 100
Henry Waudle, -, -, -, 15, 160
John Reynolds Sr., 125, 405, 2125, 150, 409
John Foster, 87, 342, 2000, 120, 450
Warning Wallice, -, -, -, -, 30
Lucy Higgins,-, -, -, -, 18
Thomas Mahathy, -, -, -, 30, 26
John Mahathy, 60, 112, 200, 2, 90
William Mahathy, 25, 175, 50, 3, 45
David Crows, 100, 280, 100, 2, 65
Joseph Wood, 25, 198, 150, 3, 70
Sally Wilkie, -, -, -, -, 22
Thomas Mahathy, 8, 90, 100, 3, 125
William McCrary, 50, 147, 150, 5, 75

John Johnson, 20, 80, 150, 5, 90
Joseph Parlier, 50, 250, 250, 40, 75
James Partee, 30, 60, 150, 5, 55
Zacariah Johnson, 20, 190, 125, 1, 70
Lewis Johnson, -, -, -, 1, 65
Hardie Johnson, 10, 178, 50, -, 16
Lewis Johnson, 50, 250, 300, 3, 100
Franklin Johnson, -, -, -, 3, 60
Adam Grimes, 30, 95, 125, 5, 50
Eli Grimes, -, -, -, 2, 25
James Whitley, 40, 60, 350, 3,120
John Hall, -, -, -, 2, 10
Sarah Adams, 25, 50, 50, 3, 70
Sarah Stamper,-, -, -, -, 12
Ezekiel Brown, 12, 58, 50, 2, 20
Abraham Buttery, 40, 460, 300, 5, 150
Grineda Smoot, 35, 425, 200, 3, 60
Thomas Billings, 20, -, -, 2, 20
Richard Ellis, -, -, -, 2, 30
John Milles, -, -, -, 8, 85
Thomas Roberts, 30, 160, 300, 6, 60
Hager Holbrooks, -, -, -, 2, 30
Sally Waters, 5, 35, 400, 2, 40
Robert Walker, -, -, -, 20, 50
Ezekiel Holbrooks, 30, 70, 100, 3, 100
Martin Holbrooks, 3, 2, 5, 2, 20
Nathan Gambill, 200, 500, 1000, 10, 125
Colby Alexander, -, -, -, 75, 75
Harden Spicer, 150, 300, 1250, 100, 700
Benj. Johnson, 60, 152, 800, 20, 279
James Johnson, 40, 229, 350, 5, 168
Owen Hall, 200, 600, 2000, 200, 300
Willis McNealy, -, -, -, 3, 28
Solomon Lyon, 40, 240, 225, 20, 225
James Baugus, 40, 500, 600, 20, 225
Jacob Lyon, 35, 250, 350, 60, 200
Austin Lyon, 40, 250, 300, 40, 200
Robert B. Bryan, 40, 250, 300, 40, 200
James M. Gambill, 15, 135, 150, 20, 120

Hyram Pruit, 25, 125, 150, 2, 50
Will. B. Blackburn, 40, 109, 10, 3, 80
William Upchurch, 15, 50, 50, 3, 80
Saml. Johnson, 100, 350, 800, 175, 475
Lucy Waddle, 30, 270, 300, 6, 100
William R. Sparks, 75, 145, 800, 25, 131
Jesse J. Gambill, -, 132, 175, 10, 25
John S. Johnson, 100, 250, 900, 100, 300
James Johnson, 100, 150, 300, 100, 100
John A. Steelman, -, -, -, 5, 100
James Spicer, 125, 316, 715, 35, 400
John Sparks, 50, 125, 125, 10, 200
Jesse Billings, 50, 170, 150, 6, 180
Leeland Martin, 150, 550, 4500, 50, 810
John Martin, 5, 95, 100, 4, 40
John Gentry, 75, 120, 200, 21, 150
William Blackburn, 55, 181, 300, 30, 210
John Buttery, 25, 125, 300, 10, 155
Benj. P. Martin, 100, 662, 2500, 25,500
John Brome, 15, 162, 100, 10, 100
Claborne Waddle, 2, 48, 50, 3, 75
John M. Tucker, -, 210, 500, -, 25
Adalade Hunt, 100, 350, 2000, 300, 475
Rufus W. Martin, 60, 263, 3000, -, 30
Jesse Hendrix, 40, 100, 800, 10, -
John Roberts, 15, 50, 100, 3, 40
Alfred Roberts, -, -, -, 2, 15
E. Honeycut, -, -, -, 4, 61
John Myers, 40, 60, 100, 4, 50
Joseph Myers Jr., -, -, -, 4, 70
Joseph Myers Sr., 60, 66,100, 25, 90
William Yokely, 6, 44, 50, 12, 50
William Day,-, -, -, 3, 40
Nancy Henderson, 10, 65, 500, -, 30
Allen Jennings, 100, 391, 585, 100, 350
David Hamilton, 20, 68, 83, 3, 15
Ezekiel Morgan, 40, 58, 150, 3,175
John Roberts, 20, 20, 30, -, 100
James Chambers, 50, 110, 160, 5, 75
Elizabeth Coleman, 60, 90, 150, -, 30
John Chambers, 3, 97, 50, 5, 50
George Chambers, -, -, -, 80, 200
Seth Chambers, -, -, -, 2, -
Noah Green,-, -, -, 1, 64
James Parker, -, -, -, 1, 4
Christopher Howard, 50, 200, 550, 10, 400
John Money, -, -, -, 8, 50
John Coleman, 50, 145, 300, 5, 400
John Bird, -, -, -, 50, 200
Henderson Pendergrass, -, -, -, -, 10
Ambrus Johnson, 100, 490, 450, 4, 200
Micajah Lewis, -, -, -, 2, 55
James Gregory, -, -, -, -, 35
William Triplett, 25, 40, 65, 8, 150
Franklin Gregory, -, -, -, 4, 20
Thomas Gray, 10, 50, 60, 5, 40
Larkin J. Bicknold, 70, 246, 1000, 70, 500
Elizabeth Bicknold, -, -, -, -, 100
Lucy Ball, -, -, -, 6, 35
John W. Privitt, 50, 80, 200, 6, 150
James Worday, 30, 18, 200, 4, 30
Richmond Sparks, 50, 120, -, 6, 80
Joseph Hall, -, -, -, -, 9
William Moore, 30, 42, 50, -, 6
Payton Tedder, 20, 45, 85, 5, 60
Andrew Silcocks, -, -, -, 5, 102
James Sparks, -, -, -, 5, 106
Eliza Myers, -, -, -, 5, 92
John Privitt, 50, 190, 200, 6, 65
Synthia Madison, -, -, -, 2, 19
Sally Bell, 30, 30, 60, 2, 68
Avery Bell, 20, 80, 50, 4, 71
Matthew Kemp, 200, 210, 500, 6, 225
Ransom Kemp, 6, 72, 250, 3, 10
Ambrus Mullis, 35, 115, 400, 40, 167
John Brown, 50, 196, 350, 5, 30

Abraham Waters, 100, 107, 207, 6, 75
John Reynolds, 60, 100, 800, 10, 1650
James Gwyn, 200, 800, 9200, 200, 150
Isriel Holland, 16, 44, 125, 10, 46
Ambrus Silcocks, -, -, -, 4, 8
Meradeth Shoemaker, 7, 25, 12, 2, 65
John Dishman, 15, 118, 100, 8, 45
Roody Bushop, 50, 61, 150, 3, 97
Tillis Busstle, 20, 57, 10, 10, 55
Wellington Souther, 20, 155, 138, 6, 75
Joel Souther, 15, 65, 60, 4, 85
William Dishman, -, -, -, 2, 55
Henry Souther, -, -, -, 30, 100
Presly Busstle, 40, 241, 300, 10, 185
William Combs, 40, 200, 1000, 50, 58
Amanda Williams, 25, 95, 200, 3, 16
Daniel Brown, 100, 130, 500, 45, 175
Joseph Lewis, 120, 280, 600, 60, 500
Robert M. Wright, 30, 130, 400, 10, 160
William Hendrix, -, -, -, 5, 125
W. W. Wright, 60, 190, 700, 90, 200
Polly Marlow, 60, 300, 400, 50, 218
George Brown, -, -, -, 3, 32
Sally Henderson, 34, 66, 100, 1, 25
Hix. Combs, -, -, -, 8, 130
Will R. Parlier, 20, 40, 150, 30, 150
Elvira Martin, 160, 300, 7000, 70, 750
William Call, 20, 150, 200, 6, 184
Oliver Hendrix, 6, 105, 50, 5, 175
Wyitt Hendren, 6, 83, 75, 5, 52
Daniel Call, 80, 520, 1200, 75, 175
James M. Call, 15, 385, 200, 3, 40
Elizabeth Call, -, -, -, 10, 132
William Durham, -, -, -, -, 24
John James, 12, 100, 200, 5, 95
William Crysel, -, -, -, 20, 55
Edly Staly, 50, 415, 2000, 50, 200

John T. Finley, 2, 2, 800, 50, 360
Annias C. Allen, 60, 190, 700, 15, 80
John Hendren, -, -, -, 12, 180
Gabriel Denny, 15, 85, 65, 8, 75
John S. Dackery, 20, 330, 500, 6, 60
Elijah Dackery, 15, 85, 300, -, 25
Nathan P. Parker, 12, 58, 100, 3, 90
David Watson, 20, 55, 200, 5, 66
James D. Hubbard, 8, 92, 300, -, 70
George W. McNeal, 30, 75, 400, 6, 94
John T. Furgurson, 350, 1000, 10000, 60, 1000
Thomas Brooks, -, -, -, 5, 35
Elisha Vickus, 20, 80, 150, 4, -
James Calloway, 300, 3668, 10560, 150, 700
William Hendren, 100, 570, 1200, 95, 195
Susanna Smitha, 12, 88, 100, 4, 40
Sarah Stanly, -, -, -, -, 12
Alexander A. Hall, 60, 198, 1200, 150, 300
Mary Martin, 75, 275, 2000, 40, 385
James Mitchell, -, -, -, 125, 154
Harvy Smitha, -, -, -, 5, 55
Ephraim Cook, 60, 360, 500, 30, 320
William W. Finley, 175, 200, 3500, 40, 310
James Martin, -, -, -, 5, 31
Willis Childers, -, -, -, 5, 143
Charles Calloway, -, -, -, 52, 197
Elijah Wilcockson, 35, 308, 300, 100, 200
Smith Johnson, 20, 180, 150, 5, 90
Joseph Porter, 60, 440, 2000, 100, 150
Elisha Porter,-, -, -, 5, 50
James E. Reynolds, 100, 1200, 1800, 180, 351
Franky Morgan, -, -, -, 4, 20
John Roland, 40, 131, 300, 30, 35
Hezekiah Brown, -, -, -, 3, 40
Lucy Shavis, 30, 270, 400, 50, 150
John Wadkins, -, -, -, -, 30
Jordon Shavis, 12, 168, 150, 5, 46

Isaac Walker, -, -, -, 5, 8
Saml. Baugas, 120, 90, 200, 15,106
Fanny Adams, 22, 179, 300, 5, 68
David Yeates, 100, 1116, 1200, 45, 360
George Higgins, 20, 80, 60, 5, 100
John Moore, 16, 150, 125, 5, 35
Thomson Wood, 20, 230, 150, 40, 70
Silus Brown, 10, 130, 200, 5, 40
Lindsy Wood, 20, 175, 150, 5, 73
Jesse Caudle, 50, 508, 300, 10, 150
Elisha Stone, -, -, -, 2, 24
William Hill, -, -, -, 2, 50
John Brown, -, -, -, 2, 15
James Johnson, -, -, -, 2, 75
Edmond Johnson, -, -, -, -, 15
Will. B. Alexander, 100, 217, 800, 15, 230
Milly Alexander, 50, 50, 300, 5, 202
John K. Baugas, 60, 140, 250, 5, 120
Birdel Combs, 50, 140, 300, 10, 160
Hyram Childers, 6, 69, 75, 2, 75
John Billings, 40, 210, 200, 2, 80
Herbert Childers, 30, 250, 200, 5,120
Thomas Caudle, 60, 672, 1000, 6, 320
Evan Wiles, 20, 210, 220, 5, 62
Peggy Wood, 40, 175, 150, 5, 105
Reubin Wood, -, -, -, -, 50
Thomas Wood, 12, 88, 50, 4, 34
Robert Privitt, 100, 500, 600, 75, 250
Hylle Privitt, 40, 150, 250, 6, 75
Polly Crabb, 15, 125, 200, 3, -
Joseph Wood, 25, 275, 300, 5,110
Syrus Privitt, 30, 160, 250, 5, 125
Willie Garris, 5, 45, 50, 3, 75
Isaac Martin, 200, 550, 5750, 300, 1325
John McBride, 25, 100, 200, 70, 100
John Martin, 40, 60, 200, -, 300
Carmelius Buckhanan, -, -, -, 5, 80
Nancey Hampton, 175, 300, 5000, 120, 580
John Keneday, 100, -, 500, -, -
John Martin, 100, 150, 2500, 85, 322
Francis Allen, -, -, -, 6, 165

John Martin, 200, 400, 3500, 250, 775
James Perkins, 10, 40, 50, 5, 35
Robert Serple, -, -, -, 6, 60
Martin Greer (Green), 140, 138, 800, 200, 310
John Greer, 40, 116, 313, 4, 85
Harrison Gray, 80, 320, 600, 10, 120
John Rankins, -, -, -, 5, 24
William Gillam, 120, 336, 456, 50, 200
Hyram Reding, 25, 75, 125, 35, 100
Allen Ansbour, 30, 70, 200, 40, 120
David Woodruff, 30, 58, 125, 6, 190
John Gillam, 100, 280, 400, 10, 165
James Baugas, 60, 90, 200, 10, 195
William Baugas, 25, 25, 100, 5, 75
Joseph Sparks, 30, 70, 200, 75, 121
William Gray, 150, 250, 700, 80, 475
Delphia Bryan, 100, 50, 1600, 15, 200
John J. Bryan, -, -, -, 5, 175
Willis Ellis, 60, 114, 1000, 5, 70
James Dimmit, -, -, -, 50, 140
Edmond Parks, 75, 250,800, 80, 390
George Natt,-, -, -, 4, 60
Richmond Sparks, 30, 286, 250, 8, 139
Obediah Sprinkle, 60, 140, 1500, 30, 550
Thomas Perdue, -, -, -, 6, 60
James Perdue, -, -, -, 3, 45
Hugh Joins, -, -, -, 5, 25
John Rose, -, -, -, -, 2
Nathaniel Edwards, 6, 295, 250, 5, 55
William Edwards, -, -, -, 5, 224
David Edwards, 200, 1700, 4000, 260, 1082
Joseph Sheak, 100, 465, 1000, 12, 265
Henry Burchett, 6, 200, 200, 10, 20
George Poplin, -, -, -, 6, 90
John Galby, 20, 130, 100, 4, 50
Abel Galby, 70, 470, 250, 33, 385

William Galby, 12, 88, 50, 4, 85
Peter Billings, 20, 180, 200, 3, 40
Hamilton Childers, 4, 96, 100, 1, 22
Thomas Cothran, 60, 403, 600, 40, 230
David L. Cothran, -, -, -, 7, 164
John Crabb, -, -, -, 5, 80
James Bird, 40, 200, 200, 10, 130
Thomas Bird, 20, 125, 140, 8, 164
William Bird, 10, 115, 125, 38, 80
James Bird, 30, 70, 300, 60, 240
Sarah Brooks, 35, 140, 150, 10, 125
Emmanuel Baugas, 30, 120, 200, 8, 100
William Johnson, 15, 35, 100, 2, 100
John Holbrooks, 50, 250, 400, 75, 150
Will J. Holbrooks, -, -, -, 10, 75
Lucy Waddle, 2, 98, 100, 3, 30
Willis Walker, 100, 450, 500, 100, 290
William Walker, 100, 400, 400, 30, 400
Alby Grimes, -, -, -, 5, 35
William Bird, -, -, -, 2, 14
Hardewick Johnson, 100, 425, 500, 75, 250
John Whitley, 30, 90, 87, 1, 5
John Whitley, -, -, -, 3, 80
Alfred Cothran, 20, 80, 100, 3, 21
Ezekiel Hawkins, 20, 58, 70, 7, 90
William Hawkins, 20, 80, 100, 6, 50
Charles Adams, 40, 130, 400, 7, 140
David Adams, 25, 23, 150, 6, 35
William Adams, -, -, 50, 3, 24
William Ellis, -, -, -, 6, 44
Sally Brown, -, -, -, -, 43
James W. Wyatt, 30, 70, 100, 5, 75
Lenard Wyatt, 25, 25, 50, 4, 80
Joseph Elledge, 200, 725, 2000, 50, 300
Wilie Brown, 30, 170, 200, 6, 60
John S. Brown, 15, 20, 100, 60, 38
Eli Brown, 30, 140, 300, 8, 160
Johnathan Gentry, 100, 409, 500, 35, 325
Joshua Reaves, 20, 45, 75, 5, 25
William Herald, 60, 140, 300, 10, 254
Will H. Adams, 30, 245, 400, 8, 150
Nancy Gambill, 70, 100, 250, 10, 245
Saxton J. Hall, 4, 98, 300, 3, 35
Susanah Shumate, 30, 120, 250, 8, 60
John Gambill, 50, 150, 275, 5, 200
Saml. Johnson, 80, 120, 800, 5, 200
Ezekeet Brown, 3, 47, 40, 4, 70
John M. Brown, 10, 255, 150, 5, 75
Allen Abshier, -, -, -, 5, 50
Wyllie Adams, -, -, -, 1, 15
Major Joines, 100, 400, 500, 50, 365
John Shumate, 75, 125, 100, 10, 100
Toliver Shoemate, -, -, -, -, 20
John Browon, 10, 33, 50, 5, 30
Ezekiel Brown, 40, 240, 400, 10, 150
Thomas Wiles, 40, 665, 590, 10, 145
George Owens, 30, 140, 300, 10, 153
Elizabeth Absher, 75, 200, 700, 50, 300
Hyram Billings, -, -, -, 7, 140
William Absher, 10, 65, 50, 5, 80
Elijah Roads, 50, 450, 400, 41, 200
Solomon Roads, -, -, -, 4, 80
Robert Hall, 3, 47, 50, 2, 30
Ezekiel Brown, 15, 35, 50, 5, 30
John Patrick, 3, 47, 50, 4, 25
William Marsh, 15, 35, 50, 4, 100
Elizabeth Darnell, 7, -, -, 3, 40
William Church, 20, 20, 75, 5, 80
Gabriel Church, -, -, -, 3, 25
Abel Darnell, 30, 150, 150, 5, 150
Joseph Lee, 10, 40, 25, 5, 65
Caleb Church, 20, 55, 75, 35
Marion Brown, 30, 70, 100, 10, 230
Ezekiel Brown, 5, 45, 50, 5, 75
Christian Miller, 10, 90 70, 5, 60
Reubin Sparks, 70, 130, 500, 35, 190
Tobias Long, 6, 6, 50, 6, 115
Andrew Vanoy, 30, 70, 200, 10, 110
Aaron Wyatt, 40, 110, 150, 12, 270
John Owens, 75, 375, 700, 80, 275

John Vickus, 30, 200, 200, 7, 120
John M. Vanoy, 40, 80, 250, 25, 150
Enoch Vanoy, 40, 160, 1000, 75, 125
William Abshier, 40, 175, 500, 10, 150
Joseph Rooper, 10, 40, 50, 5, 60
Thomas Brinegar, 20, 80, 100, 15, 140
Abednego Bruitt, 100, 210, 300, 75, 300
Joel Pruit, 100, 150, 300, 3, 75
William Absher, 10, 30, 30, 4, 80
Dimmet Long, 30, 140, 100, 4, 83
Reubin Hays, -, -, -, 2, 9
Joseph Blevins, 30, 90, 100, 5, 80
John Ellis, -, -, -, 3, -
Burnet Richardson, 25, 275, 400 10, 271
Nancy Richardson, -, -, -, 5, 28
Claborn Richardson, 35, 185, 400, 10, 148
Thomas Handy, 150, 300, 500, 80, 300
Wesly Brown, 5, 45, 20, 5, 23
Aaron Brown, 25, 25, 75, 5, 59
James Stamper, 20, 80, 100, 4, 25
Lewis Johnson, 50, 60, 1000, 10, 220
Marion Adams, 12, 38, 50, 4, 19
Amey Adams, -, -, -, 5, 69
Ellis Adams, 30, 145, 300, 6, 95
Ellison Adams, 30, 270, 300, 6, 104
Henry Adams, -, -, -, 7, 50
Daniel Brown, 120, 270, 2500, 75, 835
John Alexander, 385, 1415, 3125, 125, 1272
Ishmael Walker, -, -, -, 3, 25
John Armus, -, -, -, 2, 12
Amus Ellis,-, -, -, 3, 24
James W. Kilby, 40, 150, 1000, 10, 170
Alexander Clary,-, -, -, -, 18
Ezekeet Joines, 110, 192, 700, 50, 415
Anne Praytor, -, -, -, -, 22
James Perdue, -, -, -, 15, 55

Jonah Caudle, 100, 50, 300, 10, 191
David Caudle, -, -, -, 20, 55
James M. Johnson, 60, 500, 850, 10, 130
Albert P. Brown, 20, 52, 200, 8, 55
William Jennings, 30, 170, 300, 6, 150
John Brown, 50, 120, 300, 200, 500
Stokes Brooks, 50, 365, 300, 59, 300
James Burchett, -, -, -, 5, 12
Larkin Brooks, 20, 101, 75, 10, 100
William Brooks, -, -, -, 2, 16
Young N. Brooks, -, -, -, 20, 38
Hardy Brooks, 30, 105, 150, 8, 69
John W. Brown, -, -, -, 3, 12
Benjamin Hall, 30, 370, 400, 25, 75
John Holbrooks, 40, 125, 600, 12, 255
Erasmus Walker, 30, 70, 100, 6, 80
William Caudle, 40, 60, 100, 5, 150
Thomas Caudle, 15, 10, 25, 5, 53
John Caudle, 15, 35, 50, 7, 100
Lewis Johnson, 100, 200, 1000, 12, 357
Robert Baugas, 50, 200, 1000, 5, 220
Lewis Baugas, -, -, -, 10, 20
Robert Baugas, 40, 200, 300, 10, 294
John B. MtGomery, -, -, -, 12, 150
Larkin Unthank, 30, 220, 900, 6, 60
Alexander Lyon, 40, 75, 150, 50, 235
John Prather, 16, 60, 700, 8, 115
Hampton Hollaway, 75, 225, 400, 30, 175
Daniel Hollaway, 50, 150, 200, 50, 205
John Hollaway Sr., 30, 140, 300, 15, 95
Reubin Crouse, 40, 160, 200, 15, 140
Daniel Sparks, -, -, -, 10, 90
Nancy Crumpler, 8, 22, 200, 3, 20
David Baugas, 15, 35, 75, 6, 107
Joseph Spicer, 100, 200, 400, 8, 144
Thomas Bryan, 75, 275, 600, 100, 300
Francis Bryan, 15, 85, 100, 5, 110

Milton Couch, 1, 20, 20, 130, 72
Jackson Thompson, -, -, -, -, 100
Ausborn Baugas, 40, 110, 200, 5, 100
Thomas Douglass, -, -, -, 5, 24
Nancy Blackburn, -, -, -, 10, 45
David Hawks Sr., 20, 155, 200, 10, 132
Davis Hawks Jr., 30, 220, 500, 10, 60
Samuel Hawks, 30, 40, 250, 25, 120
James Hawks, 20, 200, 400, 10, 120
William Hawks, 12, 80, 300, 10, 80
John McCann, 40, 120, 250, 5, 60
Washington Gentry, 30, 70, 200, 10, 175
Stephen Connely Sr., 30, 70, 100, 15, 35
Stephen Connely Jr., 14, 86, 125, 5, 40
John Caudle, 40, 281, 300, 5, 155
Hugh Cochran, 50, 250, 375, 20, 160
John Walls, 70, 460, 600, 75, 196
Anne Parks, 40, 287, 500, 65, 200
Martin S. Parkes, 30, 120, 400, 10, 175
James Caudle, 40, 216, 300, 29, 129
Malaki Spicer, 60, 180, 300, 5, 95
Stephen Connely, 30, 80, 100, 30, 40
Johnathan Abshier, 100, 300, 300, 20, 80
Isaiah Fields, 50, 400, 300, 50, 77
Bingamin Johnson, 4, 96, 50, 2, 12
James Laraton Sr., 20, 80, 150, 2, 120
James Saraton, 7, 114, 150, 2, 40
Henry Fugett, 10, 35, 40, 5, 12
William Boother, 8, 192, 100, 2, 35
John McCann, 20, 130, 300, 10, 70
Jame McCann, 30, 270, 300, 15, 275
William Furgurson, 44, 18, 50, 4, 12
Little Hicherson, 400, 800, 8000, 150, 1165
Serif ___ Gwyn, -, -, -, 75, 785
Elizabeth Duvell, -, -, -, 5, 120
Silus Sales, 60, 168, 600, 50, 275
Enoch S. Harris, 75, 360, 1500, 50, 480
William McMastins, 28, 132, 700, 5, 28
Andrew Morrison, -, -, -, 5, 13
George Williamson, 60, 110, 800, 70, 275
Johnathan Gentry, 40, 220, 800, 50, 90
William Durkell, -, -, -, 8, 150
William Mickle, -, -, -, 5, 40
Lucy Tolbert, 25, 91, 200, 7, 125
John Lyon, 24, 335, 250, 5, 80
Mark N. Combs, -, -, -, 5, 22
William Bucham, 50, 180, 500, 80, 200
Joshua Lee, 2, 83, 85, 3, 43
Samuel Carter, 40, 105, 600, 50, 200
John Burcham, 200, 190, 1000, 110, 240
Shubal Burcham, 50, -, 100, 5, 180
Joshua Combs, 27, 53, 200, 150, 150
James Johnson, 40, 260, 200, 7, 150
Nancy Smoot,-, -, -, 3, 339
Jacob Walls, 20, 86, 100, 6, 68
William Darnell, 20, 100, 200, 6, 75
William Billings, 40, 259, 400, 6, 43
John Billings, 20, 259, 200, 6, 300
David Laws, 60, 229, 500, 30, 90
Jacob Laws, -, -, -, 7, 25
John Blackburn, 5, 95, 100, 4, 25
Joseph Laws, -, -, -, -, 90
Benjamin Carter, 25, 80, 300, 10, 95
William Simmons, -, -, -, 4, 25
Edward McRary, -, -, -, 3, 10
Jonathan Gentry, 50, 300, 700, 300, 425
Lina Henderson, 20, 30, 100, 5, 60
Joseph Fields, 30, 131, 500, 10, 180
Danuet Fields, 60, 290, 1000, 25, 200
Robert Creed, 40, 190, 700, 25, 125
Jordon Gentry, -, -, -, 5, 70
Austin Gentry, -, -, -, 5, 150
Ausburn Harris, 15, 85, 100, 5, 60

William Greer, 25, 75, 100, 3, 25
Charlott Hayns, 38, 92, 100, 4, 110
Elias Hayns, 10, 100, 125, 4,110
Drury Haynes, 40, 80, 150, 8, 100
David Haynes, 30, 70, 150, 8, 90
David S. Napier Jr., 15, 180, 200, 20, 100
Davis S. Napier, 50, 350, 360, 30, 200
Harrison Haynes, 15, 35, 150, 6, 12
Joseph Haynes, 20, 80, 150, 6, 50
Micajah Philips, 40, 120, 200, 10, 50
William M. Philips, -, -, -, 3, 52
James Caudle, 30, 170, 200, 25, 140
Micajah Philips, 70, 518, 800, 10, 507
James Harris, 60, 440, 1000, 7, 450
John Harris, -, -, -, 5, 20
Wilson Huffman, 20, 80, 200, 10, 102
William Huffman, 15, 85, 200, 8, 65
Nathan Canter, -, -, -, 5, 11
Ambros Johnson, 130, 50, 500, 15, 174
Barnet F. Johnson, 80, 200, 500, 15, 175
Micajah Philips, 75, 175, 500, 10, 140
Bryson Lyon, 8, 33, 100, 3, 26
Isaac Dickerson, 20, 80, 200, 3, 120
Burrel T. Walls, 20, 80, 200, 6, 125
David Osburn, 25, 125, 150, 5, 33
Gideon Devial, 30, 147, 300, 20, 130
Ezra Devial, 10, 352, 362, 6, 30
Amey Mathews, 30, 94, 150, 5, 100
Wylie Howard, 5, 45, 50, 4, 8
Meredith Henderson, 20, 80, 25, 4, 100
Samuel Johnson, 20, 30, 200, 5, 150
Ingram Love, 30, 100, 200, 5, 40
Sally Parker, -, -, -, 3, 10
Noel Johnson, 60, 300, 500, 10, 273
Howard Walker, 20, 80, 50, 5, 20
John Combs, 20, 90, 50, 4, 70
Mary Bell, 30, 370, 300, 3, 60
John Utsman, 20, 105, 100, 2, 50

Zachariah Combs, 15, 35, 50, 2, 70
Irain Bell, -, -, -, 2, 15
Ambros Johnson Jr., -, -, -, 5, 125
Ambros Johnson Sr., 80, 280, 2000, 75, 225
William Johnson, -, -, -, 5, 125
William Riddle, 10, 47, 50, 4, 2
David E. Lowry, 6, 47, 53, 4, 12
John Riddle, 50, 110, 100, 5, 150
Clara Hays, -, -, -, 3, 28
Sally Lewis, -, -, -, 5, 75
William Lewis, -, -, -, 5, 28
Wilson Moore, 20, 80, 50, 5, 75
James Moore, 8, 92, 50, 3, 36
James Lovelace, 100, 900, 1500, 100, 400
William Goforth, -, -, -, 6, 150
Anthony Goforth, -, -, -, 3, 25
Wesley Anderson, 200, 300, 250, 10, 300
Susanah Johnson, 100, 50, 50, 5, 25
Nathaniel Dishman, 20, 38, 50, 2, 70
Robert Moore, 40, 300, 200, 7, 135
William Moore, 6, 119, 50, 4, 40
James Marlow, 80, 600, 900, 110, 300
Hilliah Marlow, -, -, -, 6, 50
Elam Marlow, -, -, -, 10, 150
Beverly Marlow, -, -, - 5, 10
John Hubbord, -, -, -, 4, 12
Henry Hays, -, -, -, 15, 28
Shadrick Stanly, 22, 690, 300, 30, 80
John Moore, 3, 57, 30, 4, 60
Joseph W. Barnet, -, -, -, 5, 100
John Parker, 10, 40, 25, 4, 60
James Barnet, -, -, -, 10, 225
Jesse Rains, 20, 40, 50, 6, 75
Miles Nance, 50, 350, 300, 15, 300
Noah Gilreath, 120, 620, 1000, 100, 375
Nancy Vickus, 20, 100, 75, 5, 55
James Williams, -, -, -, 5, 18
John Durham, 40, 20, 250, 4, 120
Elijah Davis, 50, 165, 200, 75, 250
John Laws, -, -, -, -, 3
William Duncan, -, -, -, 4, 40

Elijah Davis, -, -, -, 3, 31
Martin Williams, -, -, -, 5, 50
William Minton, -, -, -, 4, 60
James Canter, 40, 40, 350, 10, 170
George Hendrix, 100, 397, 1000, 50, 300
Solomon Morris, -, -, -, 10, 70
Phineas Marlow, -, -, -, 15, 223
Anthony Foster (agent), 120, 600, 3000, 7, 100
John Foster, -, -, -, 4, 125
John Anderson, 100, 200, 130, 70, 130
James Simson, 20, 57, 100, 10, 100
Eli Hendren, 30, 520, 110, 10, 225
Amus Bingam, -, -, -, 4, 40
James Morris, -, -, -, 5, 85
Benjamin Sabastin, 10, 30, 150, 5, 50
Jacob Hutchison, 100, 160, 400, 10, 200
Elisha Marly, -, -, -, 5, 30
James Price, 20, 30, 100, 15, 100
Calvin J. Cowles, -, 46, 40, 8, 244
David Hufman, 60, 320, 800, 50, 250
James Maginnis, 35, 165, 300, 5, 182
Jesse Baley, 30, 170, 200, 8, 140
Luke Hendrix, 100, -, 2000, 15, 400
James Armstrong, 40, 1700, 4500, 250, 650
Colby Sprinkle, 100, 70, 700, 100, 375
John Goforth, 30, 120, 200, 5, 100
David Tinsley, -, -, -, 6, 30
Charles Carlton, -, -, -, 25, 150
Samuel Sparks, 130, 85, 400, 50, 350
James Cothran, 18, 82, 50, 5, 50
William Church, 50, 325, 800, 10, 140
John W. Church, -, -, -, 5, 30
Lemore Landsdown, -, -, -, 10, 100
Nathan Ward, 100, 400, 1500, 25, 300
John Worten, -, -, -, 2, 14
Eli Joines, 18, 192, 150, 5, 60
Jonathan Canter, 15, 35, 150, 3, 130

Radford Queen, -, -, -, 5, 25
Sherwood S. Howell, 150, 300, 1000, 70, 300
John A. Howard, 150, 413, 1000, 10, 325
Jordon Harris,-, -, -, 7, 60
Thomas Billings, 20, 180, 200, 5, 75
William L. Horton, 100, 400, 1750, 50, 150
Benjamin Calloway, 100, 822, 1800,-, -
John Anderson, -, -, -, 25, 36
Alfred Absher, 40, 389, 300, 8, 138
John Love, 20, 100, 100, 5, 120
John Stone, -, -, -, 5, 33
Sally Walker, 15, 185, 300, 5, 30
George W. Dinkin, -, -, -, 10, 175
Franklin Adams, 70, 430, 600, 10, 100
Elijah Stone, -, -, -, 5, 20
Henderson Cheek, -, -, -, 5, 75
William Pagett, 100, 100, 1500, 60, 170
Mikel Perdue, -, -, -, 5, 66
Henry Warren, 70, 320, 1000, 15, 110
John S. Hix, -, -, -, 3, 22
David Crouse, 11, 290, 200, 6, 85
James W. Nickolds, 30, 330, 500, 5, 175
A. L. Hackett & Brothers, 200, 1500, 7000, 150, 1100
Benjamin Clary, 8, 41, 725, 60, 175
J. B. Bullis, 25, 75, 250, 4, 90
John Wright, 25, 1976, 2000, 62, 200
Samuel C. Wellborn, 200, 360, 7500, 100, 1400
James Wellborn, 500, 2039, 11950, 40, 250
Mary Oglesby, 150, 350, 4000, -, 30
David M. Laws,-, -, -, 5, 75
Amos Church, 100, 500, 2000, 100, 400
Caleb Minton, 90, 606, 1200, 5, 50
Madison Minton, -, -, -, 4, 10
John Walker, -, -, -, 5, 26

Alexander McLean, -, -, -, 4, 100
Joseph W. Hankel, 100, 260, 4000, 125, 482
Jesse L. Minton, -, -, -, -, 221
Edmond Simmons, 10, 4, 75, 8, 120
Jesse Adams, 40, 120, 200, 6, 125
John Perdue, -, -, -, 6, 85
George Baggerly, 25, 25, 50, 4, 88
Todwick Jenkins, -, -, -, 5, 22
Samuel Brown, 50, 900, 600, 50, 100
William Willis, 75, 825, 600, 30, 350
James Walls, 150, 300, 1300, 250, 300
Lewis Barker, -, -, -, 10, 20
Elisha B. Philips, 60, 240, 800, 50, 275
George Minton, -, -, -, 5, 60
John German, 60, 330, 1000, 20, 250
Calvin Adams, 18, 82, 150, 15, 100
Jason R. Laws, -, -, -, 45, 100
John Handy, 50, 325, 500, 20, 150
John Frazier, 50, 50 ½, 150, 75, 75
John W. Vanoy, 45, 155, 800, 100, 246
William Smitha, 50, 350, 600, 5, 125
Lovlace Minton, -, -, -, 5, 50
Larkin Owens, 18, 51, 200, 10, 66
Gabriel Church, -, -, -, 4, 25
Meradeth Lyon, 40, 110, 300, 10, 50
Joel Waters, 50, 216, 21000, 55, 225
Braxton Bird, 40, 60, 200, 4, 100
Gideon Hall, 30, 120, 100, 5, 100
Solomon Bird, 12, 51, 59, 4, 75
Thomas Walsh, 12, 38, 50, 7, 75
Jordan Church, 7, 43, 50, 4, 78
Lewis Sabastin, 75, 335, 500, 15, 250
John Havender, 50, 210, 300, 30, 60
Henry Meadows, 60, 115, 200, 100, 261
Henry Lenderman, 120, 280, 1000, 150, 320
Edmond Blackburn, 15, 85, 100, 8, 100
George Owens, -, -, -, 10, 20
William Blackburn, 25, 125, 150, 10, 150
John Parsons, 60, 540, 600, 10, 300
W. B. Transon, 15, 30, 400, 8, 200
James W. Vanoy, 150, 190, 800, 10, 200
Jeremiah Ray, -, -, -, 15, 80
Thomas Triplett, 100, 167, 2000, 5, 350
Evan Anderson, 40, 222, 175, 10, 70
Hezekiah Curtis, 175, 125, 4000, 190, 672
Robert Hays, 25, 290, 360, 5, 7
Oliver McNeal, 50, 175, 500, 10, 200
Thomas H. St. Clair, 12, 91, 202, 5, 85
David Huffman, 50, 120, 500, 10, 200
Larkin G. Jones, 200, 500, 10000, 100, 168
Chambers Patterson, -, -, -, 10, 218
Micajah Watson, 30, 120, 200, 4, 34
William Brotherton, 50, 649, 2000, 100, 453
Sons of Thomas Triplett, -, -, -, 25, 225
Alfred Brewer, 50, 250, 1200, 15, 400
Aaron Sanders, -, -, -, -, 30
John Brown, 100, 160, 200, 55, 180
Charles Walsh, -, -, -, 5, 80
Wheler Oddle, -, -, -, 7, 36
Charles Hix, -, -, -, 5, 40
William Triplett, 10, 190, 300, -, 90
Thomas Jones, -, -, -, 5, 60
James Bowers, 50, 100, 550, 5, 70
Lucy McGee, 60, 260, 1000, 30, 200
Wesly Hamby, -, -, -, 7, 30
Jeremiah Furguson, 40, 260, 600, 12, 140
James Holt, 65, 300, 800, 8, 200
Jesse Furguson, 65, 40, 300, 78, 175
James German, 40, 231, 300, 4, 125
Martha Hamby, 4, 71, 75, 4, 6
Caleb Minton, -, -, -, 5, 115

William D. Philips, 30, 120, 700, 5, 125
John G. Spencer, 40, 640, 1000, 50, 200
William Ares, -, -, -, -, 40
Thomas Pearson, 70, 320, 800, 57, 325
Anthony Lepsford, 30, 357, 500, 15, 227
Larkin McNeal, -, -, -, 5, 50
William Tugman,-, -, -, 5, 125
Thomas Laws,-, -, -, 4, 29
Frankey Laws, -, -, -, 4, 40
Sarah Vanoy, 20, 35, 100, 2, 40
Jesse Allison, -, -, -, 4, 20
Thomas Webb,-, -, -, 5, 35
Hella H. Gilreath, 100, 500, 2500, 50, 306
Franklin Walsh, 25, 75, 150, 10, 160
Philip Walsh, 40, 280, 300, 5, 175
Briget Fox, -, -, -, 2, 50
Milly Horton, 500, 900, 10000, 200, 1370
Holland McGee, -, -, -, 10, 150
Cornelious Speaks, -, -, -, 8, 40
Margaret Gibbs, -, -, -, 8, 93
Thomas G. Watley, 4, 58, 30, 4, 71
Robert Hays, 200, 590, 1800, 100, 580
Polly Watts, -, -, -, 7, 55
Braxton Bartow, -, -, -, 5, 48
Peter Sainer, 70, 530, 2000, 100, 150
Henry Hamby, -, -, -, 4, 75
William Oliver, -, -, -, 5, 40
Nancy Laws, 60, 320, 500, 65, 325
John Price, 50, 150, 200, 6, 95
William Presly, 50, 150, 350, 8, 125
Jesse Oliver, 30, 170, 400, 10, 150
William Hubbord, 50, 450, 1500, 92, 175
Milus Stroud,-, -, -, 5, 100
Benjamin H. Brown, 50, 70, 500, 20, 200
William Barker, -, -, -, 2, 10
Benjamin Martin, -, -, -, 5, 50

James M. Parks, 500, 2300, 15000, 300, 1458
John Perdue, -, -, -, 5, 10
William Berdue, -, -, -, 5, 20
John Rousson, 150, 500, 3000, 70, 514
Vallet Yale, -, -, -, 6, 90
Daniel Jennings, 75, 375, 600, 55, 430
Adison L. Rousson, 60, 90, 1200, 65, 275
Lucinda Laws, 20, 20, 40, 4, 30
Thomas Rash, 25, 105, 300, 5, 100
John W. Rash, 25, 150, 500, 30, 160
Wesly Harris, -, -, -, 7, 100
James Gordon, 250, 1565, 8000, 300, 1371
Hamilton Brown, 200, 1600, 4000, 100, 1166
Mary Crysal, 50, 300, 600, 40, 150
George Hincher, 20, 153, 100, 5, 60
John B. Crysle, 50, 300, 500, 60, 155
Atho A. Forester, 80, 620, 1000, 55, 442
Richmond Anderson, 35, 36, 300, 50, 170
Chapman Dunkin, 80, 252, 700, 110, 239
Stephen Gentle, 35, 1654, 300, 30, 200
Johnson Hampton, 40, 160, 300, 8, 150
Elizabeth Canter, -, -, -, 5, 88
Raychel Dunkin, 30, 140, 350, 5, 36
James Parlier, 50, 190, 800, 10, 365
John Laws, 30, 120, 150, 20, 95
Hugh Minton, 30, 70, 175, 5, 52
Spencer Oliver, 25, 75, 200, 5, 95
Larkin Joines, 35, 115, 300, 40, 275
John Parlier, -, -, -, 100, 367
John Parlier Jr., -, -, -, 5, 12
Lewis Linbach, 60, 140, 800, 70, 152
Green Morgan,-, -, -, 5, 60
Benjamin Wilson, -, -, -, 5, 70
Lewis Smith, -, -, -, 5, 20
Lindsay Laws, -, -, -, 40, 130

William Fedder, 20, 80, 200, 6, 120
Benjamin Kilby, 20, 53, 590, 50, 156
Cinthia Hubbord, 30, 30, 60, 5, 90
Isaac Russle, 40, 150, 250, 210, 150
David Laws, 50, 150, 400, 25, 230
James Minton, -, -, -, 4, 22
William Clanton, 40, 50, 90, 6, 100
James Broyhill, 40, 40, 500, 50, 250
Franklin Hampton, 45, 405, 400, 3, 40
John Broyhill, 30, 65, 100, 3, 90
Hugh Gilreath, 60, 127, 700, 10, 150
Rachell McDaniel, -, -, -, 5, 15
Benjamin F. Petty, 250, 1250, 4500, 100, 700
Chapman Lewis, 40, 120, 300, 20, 180
Reubin Sparks, 30, 108, 150, 5, 100
William Dan__, 80, 85, 300, 8, 140
Inda Wright, -, -, -, 5, 100
William Segraves, 10, 50, 75, 6, 20
James Harris,-, -, -, 4, 105
James Sparks, -, -, -, 4, 70
Margret Adams, 100, 100, 50, 40, 240
Henry Hix, 20, 85, 110, 5, 38
William Greer, 30, 30, 100, 5, 60
Peter H. Johnson, 8, 107, 300, 5, 125
Wylie Combs, 50, 450, 400, 30, 130
John Burchett, 75, 195, 500, 50, 100
John Durham, 50, 450, 600, 50, 166
Mosses Cochran, 40, 190, 300, 5, 182
Susanah Thornton, 25, 365, 400, 5, 128
Igga Gentry, 10, 90, 200, 5, 108
Conrod Smith, 30, 320, 200, 10, 92
Hyram Smitha, 20, 900, 1000, 5, 230
Saml. P. Smith, 150, 800, 3500, 75, 300
Saml. Cooper, -, -, -, 40, 80
John Hartzog, -, -, -, 4, 60
John Taylor, 50, 120, 800, 20, 350
Abraham E. Nickolds, 40, 75, 150, 250, 125
Robert Yates, 60, 65, 600, 8, 225

John Eller, 30, 20, 150, 8, 150
Jesse McGlemry, 16, 59, 200, 5, 160
William McNeal, 22, 28, 200, 7, 188
Jonathan Stamper, 35, 265, 500, 10, 150
Seth Oliver, 12, 8, 100, 30, 75
John Pierce, 12, -, 300, 10, 75
Jesse Summerlin, -, -, -, 10, 100
James W. Hamby, 75, 428, 2000, 40, 225
John Kilby, -, -, -, 3, 125
Thomas A. Davis, -, -, -, 5, 40
Susanah McGlemry, -, -, -, 3, 18
William Tribble, 20, 205, 225, 5, 150
William Minton, 45, 60, 200, 40, 150
William Robertson, 40, 60, 200, 5, 100
Enoch Cooper, 15, 50, 150, 4, 24
Presly D. Summerlin, -, -, -, 4, 30
Fanny Eller, 110, 540, 1600, 125, 437
John Bishop, 30, 203, 150, 5, 120
John Yates, 45, 105, 600, 200, 300
Peter Eller Sr., 60, 40, 400, 50, 175
Joseph McNeal, -, -, -, 5, 117
John McNeal, 80, 275, 1000, 100, 500
Alfred McNeal, 30, 86, 300, 25, 150
Alexander Whitington, 90, 340, 2000, 200, 725
John Whitington, 50, 225, 1800, 35, 280
Daniel Wilcoxon, 45, 125, 1000, 100, 150
David Wilcoxon, -, -, -, 5, 113
William Wilcoxon, -, -, -, 45, 159
Allevy Shepard, 75, 205, 1200, 20, 225
David Wyitt, 40, 260, 300, 10, 365
Edward Dancy, 50, 130, 400, 30, 250
Abraham Dancy, 20, 130, 300, 100, 235
Abraham Kilby, -, -, -, 6, 50
Solomon Wyatt, 50, 50, 200, 10, 175
James Shepard, 50, 200, 150, 5, 175
Jesse Whitington, 25, 35, 150, 6, 170

Enoch Vanoy, 30, 325, 550, 10, 225
Adam Staly, 100, 1650, 1000, 10, 250
Daniel Hooker, 50, 340, 1100, 65, 150
Wade H. Colvard, 50, 90, 1200, 10, 238
James Gillam, 40, 153, 450, 6, 90
James Parsons, 25, 75, 250, 5, 147
Daniel Miller, 30, 160, 500, 5, 250
Solomon Bolin, 50, 310, 1000, 100, 390
John Dillard, 14, 36, 200, 10, 120
Mikel Miller, 20, 80, 100, 10, 150
Lindsay Brown, 15, 65, 150, 5, 175
Mikel Parsons, 40, 60, 400, 6, 130
Martin Parsons, 10, 35, 100, 8, 155
Stephen Bingham, 95, 1155, 1800, 25, 232
Peter Mash, 10, 90, 100, 5, 36
James Kilby, 20, 800, 500, 5, 100
Oliver McNeal, 75, 75, 400, 10, 131
William S. McNeal, 75, 325, 1000, 15, 370
David Robison, 50, 190, 800, 40, 250
Nancy Nickolds, 40, 160, 500, 6, 150
Anderson & E. Nickolds, -, -, -, 10, 125
George Payne, 25, 75, 200, 5, 30
William Broyhill, 15, 135, 200, 6, 40
Joseph A. Brown, 60, 57, 1500, 6, 120
Vikery Wyatt, 50, 100, 150, 8, 50
Washington Wyitt, 10, 40, 30, 6, 200
Charles Hamby, 30, 70, 150, 6, 125
Jorden Church, 4, 96, 300, 8, 110
George McGlemry, 100, 330, 1000, 300, 515
Tilman Yates, 40, 75, 2000, 50, 375
William Tedder, 40, 105, 1100, 6, 75
Henry Bingham, 25, 75, 100, 6, 75
Thomas Tribbit, 100, 460, 1200, 100, 325
Benjamin Russle, 80, 605, 500, 30, 540

Justice Davis, 30, 108, 400, 5, 90
Danl. & Bide Watson, 20, 5, 100, 4, 30
Henry Foster, 50, 450, 500, 10, 250
Jacob Ellen Jr., 35, 165, 400, 5, 125
William Crane, 50, 350, 800, 5, 150
Jesse Brown, 40, 60, 300, 8, 100
Catharine German, 50, 90, 400, 20, 450
Thomas Land, 60, 515, 2000, 100, 480
Norford Miller, 30, 170, 600, 5, 100
Lanvill Lane, 30, 145, 300, 5, 75
Smith Furguson, 100, 325, 1000, 150, 400
David Miller, 20, 30, 150, 5, 32
Lenard Miller, 40, 35, 200, 6, 200
Abner Tribble, 50, 45, 300, 10, 110
Solomon Davis, 30, 47, 154, 10, 150
John Robison, 75, 420, 400, 30, 200
Charles Davis, 15, 55, 200, 12, 100
Reubin Suttle, 75, 933, 1850, 30, 441
Washington Tucker, 15, 85, 100, 6, 92
Benjamin Tucker, 25, 247, 450, 6, 137
Elijah Lomack, 25, 240, 300, 12, 165
Madison Swift, 15,100, 150, 5 35
Harrison Chapell, 15, 85, 100, 5, 50
Joseph James, 12, 88, 200, 6, 54
William Mastin, 200, 500, 1700, 80, 450
Benjamin J. Tedder, 25, -, 175, 5, 90
Thomas Wright, -, -, -, 5, 23
N. Parker & H. Beaty, 50, 79, 75, 8, 175
Enus Anderson, 30, -, 100, 5, 100
Basslee Parker, 20, 28, 57, 6, 32
A. T. & G. Jones, 2, -, 6, 10, 116
Ephraim Hall, 30, 125, 150, 8, 160
Reubin Hays Jr., 100, 600, 1400, 40, 651
Wille P. Waugh, 1057, 9850, 53721, 1000, 2660
Joshua Greer, 40, 160, 800, 100, 430
Alexander Frazier, -, -, -, 5, 96

John Greer, 50, 250, 500, 60, 288
John Marley, 30, 167, 800, 10, 95
Benjamin Marley, -, -, -, 8, 53
Henry Marley, 25, 175, 400, 5, 107
Henry Durham, 30, 70, 100, 5, 100
Thomas Cooper, 75, 300, 1500, 80, 250
Wright Cooper, 13, 100, 300, 6, 40
Daniel Wellborn, 25, 38, 400, 8, 60
James Wellborn, 20, 110, 600, 100, 180
John Russle, 200, 705, 1000, 100, 725
_____ Welborn, -, -, -, 10, 90
Thomas Fox, 20, 120, 200, 5, 114
Thomas Errpe, 20, 130, 150, 8, 73
William Privit, -, -, -, 6, 91
Wilson Foster, 60, 300, 1600, 80, 275
Barlow Carlton, 75, 225, 1600, 40, 295
Chapman Furgerson, -, -, -, 20, 150
John Walker, -, -, -, 8, 101
James Barnes, 100, 600, 2000, 100, 291
Zachery D. Waker, 25, 100, 250, 10, 109
Braxton Roberts, 60, 416, 2000, 65, 300
Isaac Presly, 30, 323, 200, 15, 43
George Parsons, 100, 200, 300, 5, 150
William R. Parsons, 25, 275, 400, 6, 100
Livingston Carlton, 350, 650, 2400, 115, 492
James Andres, -, -, -, 10, 70
Madison Livington, 30, 100, 150, 33, 143
Thomas Menttry, -, -, -, 8, 60
James H. Furgurson, 50, 202, 500, 90, 225
Isaac Walker, 40, 130, 150, 5, 150
James Land, -, -, -, 8, 36
Nimrod Land, 50, 220, 225, 6, 360
Jackson Dixon, -, -, -, 4, 100

John Carlton, 60, 186, 800, 10, 150
Harris Mooney, 20, 80, 100, 5, 30
Jonathan Land, 40, 110, 150, 10, 180
Pickins Carlton, 200, 680, 1500, 100, 357
Thomas Night, 100, 200, 300, 10, 56
Reubin Night, 50, 50, 100, 10, 112
William Mortly, 75, 115, 200, 10, 226
Thomas Carlton, 200, 1300, 4000, 200, 400
Jesse Greer, -, -, -, 5, 150
William Rindle, 70, 275, 1000, 30, 150
Wesley Waters, -, -, -, 10, 201
Bennet Dula, 30, 170, 600, 5, 145
James Brown, 50, 50, 1000, 5, 34
Jesse Fonce, 40, 168, 800, 10, 110
James Transon, 60, 340, 1000, 50, 224
Lewis Hamby, 25, 100, 150, 4, 100
William Adkins, 15, 85, 100, 50, 100
Wilson Fairchilds, 20, 75, 300, 20, 191
Jacob Eastep, 50, 400, 300, 20, 290
Joseph Ray, 30, 193, 175, 10, 200
James Roberts, 125, 600, 1500, 50, 450
John Walker, 40, 290, 400, 8, 100
Saml. Handy, 40, 88, 200, 8, 210
David Gray, 150, 450, 1775, 130, 311
Raychell Stokes, 550, 1150, 16000, 170, 1770
Abner Shoemaker, 30, 95, 300, 40, 175
Robert Foster, -, -, -, 6, 81
James Parsons, 20, 30, 150, 6, 30
Miles Summerlin, -, -, -, 10, 45
George Eller, -, -, -, 5, 22
Harvey Eller, 70, 55, 1200, 20, 261
David Yates, 100, 525, 2500, 5, 875
John Church, 50, 240, 1000, 100, 496
Jesse Vanoy, 40, 270, 600, 50, 250
Peter Eller, 75, 225, 1200, 100, 450

John Eller, 75, 275, 1000, 100, 300
Absolam Eller, 80, 280, 1500, 60, 350
William K. Vanoy, 30, 80, 300, 40, 200
Abraham Vanoy, -, -, -, 10, 150
Elijah Fairchilds, 50, 325, 1000, 60, 300
Milly Goforth, 60, 190, 800, 10, 253
John Watson, 75, 325, 500, 40, 250
Wiatt Rose, -, -, -, 9, 200
J. P. Mooda & G. Church, -, -, -, 10, 113
McAlphia Welsh, -, -, -, 5, 41
David Baughs, 30, 70, 300, 5, 60
Benjamin Blackburn, 30, 210, 350, 25, 73
William Proffit, 25, 75, 300, 75, 100
Elizabeth Waters, 70, 80, 1000, 6, 140
William Holeman, 100, 3325, 1000, 125, 388
Jefferson Crane, -, -, -, 45, 175
Willis Watson, 40, 235, 150, 10, 200
John Sapps (Lopps), 20, 245, 400, 50, 120
Balus Wist, 25, 100, 100, 16, 110
Mary Foster, 100, 100, 800, 90, 350
Thornton Proffit, 30, 170, 400, 10, 175
Enouch McNeal, 25, 150, 400, 25, 250
Jesse Hendrix, 60, 240, 1000, 70, 250
Vicy Foster, 60, 260, 300, 15, 205
Abraham Bishop, -, -, -, 6, 100
Saml. Bishop, 50, 400, 1200, 10, 40
Joseph Hutson, 40, 160, 150, 5, 50
Eli & Lucy Russle, -, -, -, 10, 50
Sally Mike, 50, 110, 350, 30, 200
Ervan Reid, 25, 155, 150, 5, 164
Stephen Hendren, 70, 450, 300, 75, 230
David Williams, 100, 633, 700, 10, 260

S. James & J. Hays, 10, 90, 150, 8, 50
Jesse Queen, 15, 35, 150, 8, 100
Richard Millsaps, 50, 107, 400, 12, 100
Jarvis Hendren, 75, 125, 200, 90, 350
John Allison, 15, 54, 150, 5, 60
Jonah Hendren, 25, 30, 50, 8, 130
Enoch Ellis, 50, 40, 75, 5, 95
Abraham Gilreath, 25, 107, 115, 10, 140
Rachell Parlier, 60, 140, 500, 20, 315
William Brown, 100, 250, 700, 60, 155
Easten Curtis, -, -, -, 2, 70
James H. Davis, 100, 440, 1000, 50, 220
John Hendren, -, -, -, 50, 185
Joel Hendren, 15, 75, 200, 10, 200
John Smith, 30, 145, 175, 10, 130
John N. Davis, 20, 130, 200, 5, 100
Susanah Adams, -, -, -, 5, 112
Joseph Younger, 30, 120, 150, 6, 37
John M. Brotherton, 30, 20, 150, 10, 150
Hugh Brotherton, 30, 30, 150, 10, 125
William P. Hays, -, -, -, 5, 100
William Baugas, 50, 200, 250, 15, 100
John Gregory, 4, 95, 100, 5, 75
Mary Holbrooks, 60, 140, 700, 20, 175
John Gambill, 100, 475, 2000, 60, 200
George W. Smoot, 100, 313, 1000, 25, 200
William Hutchison, 13, 69, 100, 10, 200
John Herald, 60, 115, 250, 10, 300
Wesly Walker, 30, 220, 300, 10, 220
John Roads, 10, 50, 1450, 150, 180
William Higgins, 5, 20, 280, 20, 100
Jesse Hays, 50, 150, 500, 30, 150
Jesse Hays Jr., -, -, -, 15, 75

Joshua Laws, -, -, -, -, -
Rany Brock, 30, 110, 240, 6, 45
Elijah Brown, 50, 450, 600, 100, 250
John Yates Jr., -, -, -, 8, 170
John Powel, 55, 500, 700, 10, 400
Elijah Church, 40, 500, 700, 8, 225
Oden Spear,-, -, -, 5, 200
William Tugman, 40, 360, 700, 10, 250
James Tugman, 40, 200, 300, 10, 200
Thomas Kindell, 40, 110, 500, 10, 260
Martin Shores, 20, 40, 250, 8, 150
Edmond Dunn, 100, 300, 1250, 10, 350

Yancey County, North Carolina
1850 Agricultural Census

The University of North Carolina at Chapel Hill filmed the 1850 agricultural census for Yancey County from originals at the North Carolina State Department of Archives and History under a grant from the National Science Foundation in 1961.

Columns 1, 2, 3, 4, 5, and 13 represent the following information on the census:
1. Name of Owner, Agent or Manager of Farm
2. Acres of Improved Land
3. Acres of Unimproved Land
4. Cash Value of the Farm
5. Value of Farming Implements and Machinery
13. Value of Livestock

Milton P. Penland, 60, 60, 1000, 75, 1890
Joseph Shepherd, 200, 6540, 5000, 50, 1650
John W. McElroy, 17, 110, 1800, 300, 650
Ezekiel H. Honeycutt, 50, 100, 400, 17, 112
John B. Woodfin, 2, -, 500, 6, 72
William J. Lewis, 12, 105, 400, 10, 130
Martin C. Shuford, 25, 475, 300, 10, 20
Samuel Flemming, 200, 4000, 5000, 25, 4500
Samuel Austin Sr., -, -, 100, 12, 95
Joshua Williams, 10, 2, 1000, 5, 925
William Biggs, -, -, -, 5, 12
Tabitha E. Vanstory, 1, -, 200, -, 0
James E. Boone, 50, 50, 1000, 20, 8
Samuel J. Westall, 4, -, 1500, -, -
William Johnson, 1, -, 450, -, -
John Ryland, 6, -, 700, -, 80
John W. Garland, 153, 867, 3750, 200, 1110
Barton Briggs, 25, 102, 500, 15, 300
James Willis Sr., -, -, -, 5, 30
Thomas Calloway, 10, 90, 200, 2, 10
James M. Ray, 100, 100, 900, 10, 154
William Edge, 20, 300, 400, 3, 208
John R. Brinkly, -, -, -, -, 7
James Greenlee, 88, 218, 2500, -, 152
John Thomason, 50, 50, 600, 2, -
Sibba Hensley, -, -, -, 21
Thomas Wilson, 8, 163, 150, 5, 28
Enos Boone, -, -, -, 8, -
Isaac M. Broyles, -, -, -, 4, 560
Amos L. Ray, 40, 60, 100, 10, 10
Aaron B. Dodgion, 12, 70, 325, 10, 30
William B. McMahan, 30, 970, 1000, 8, 336
Thomas Wheeler, -, -, -, 5, 35
Nathan Ray, 25, 100, 600, 10, 302
Garret D. Ray, 30, 100, 500, 10, 254
Charles McPeeters, 60, 519, 1000, 20, 425
William Calloway, 1, 49, 25, 5, 50
Archibald McMahan, 12, 125, 250, 5, -
Blanchy Hensley, -, -, -, -, 10
Jesse Ray, 125, 1350, 3200, 30, 1500
William Hall, 10, 40, 300, 5, 65, 441
Nathan Boone, 30, 120, 800, 10, 300
John McMahan, 16, 135, 450, 5, 100

Archibale McMahan, -, -, -, 5, 95
Edmond McMahan, 50, 200, 600, 10, 12
John J. Arrowood, 20, 96, 226, 10, 53
John C. Ray, 16, 250, 600, 6, 150
Samuel McPeeters, 30, 11, 250, 20, 60
Benjamin Riddle, 65, 300, 2000, 25, 316
James Allen, -, -, -, -, 26
William Riddle, -, -, -, -, 26
Hyram Ray, 45, 1000, 2500, 20, 357
John Hutchens, 25, 75, 300, 8, 90
John Rowland, 75, 225, 600, 20, 284
Clemuel Arrowood, -, 50, 50, 5, 35
John Allen, 5, 45, 50, 5, 12
Adnisam Allen, 100, 100, 400, 15
James Riddle, 30, 120, 550, 12, 258
Nathan Duncan, -, -, -, -, 4
Nathan O. Allen, -, -, -, 10, 27
Leander Ray, 50, 200, 1500, 30, 400
Daniel W. Burleson, 35, 140, 400, 10, 150
Stephen McMahan, 50, 100, 350, 4, 325
John G. McMahan, 75, 175, 600, 3, 15
Joseph Creasmore, -, -, -, 40, 45
Absalom Penland, 4, 196, 2000, 100, 350
Abigah Wilson, 25, 75, 500, 5, 133
William R. Harris, 40, 460, 1200, 10, 100
James McMahan, -, -, -, 5, 30
Mary McMahan, 20, 120, 400, 10, 10
Josiah Young, 100, 250, 1000, 30, 160
Alfred Silver, 25, 55, 200, 25, 25
Clarissa Boone, -, -, -, 4, 16
Edward Wilson, 23, 177, 500, 20, 195
John Gaddis, -, -, -, -, 14
Salvadore Poer, 13, -, 200, 10, 25
Green B. Silver, 100, 172, 1500, 30, 1010
Seth Young, 100, 400, 1000, 25, 480
Thomas Silver, 40, 185, 600, 25, 321
George Wilson, 10, 50, 100, 12, 48
Thomas Robeson, -, -, -, 20, 70
David Smith, -, -, -, 50, 230
Wesley Young, 100, 1325, 1300, 50, 450
Alexander Brinkly, 4, 196, 150, -, 24
Joseph Y. Black, -, -, -, -, 25
Logan H. Dillinger, 100, 3300, 3000, 75, 850
William Hutchens, 25, 75, 300, 10, 250
David Carroway, 30, 60, 200, 10,
John P. Young, 35, 300, 600, 20, 300
Silas McCurry, 4, 14, 100, 5, 16
Thomas Young, 100, 400, 1700, 25, 562
John Swann, -, -, -, 5, 50
William Silver, 6, 94, 600, 10, 75
Edward Wilson, 20, 80, 150, 5, 16
James Calloway, -, -, -, 15
Thomas Gibbs, 80, 750, 2000, 60, 528
Jesse Bailey, 75, 725, 1500, 60, 755
James Gibbs, 40, 260, 400, 10, 313
Duncan A. Biggs, -, -, -, 10, 113
David Ballew, 75, 1100, 800, 20, 400
James McDowell, 100, 1400, 3000, 120, 65
Jacob Sourr, -, -, -, -, 18
Elizabeth Mashburn, -, -, -, -, 10
William B. Westall, 25, 50, 700, 10, 84
James Haney, 20, 1230, 275, 5, 95
John Simmons, 6, 95, 150, 5, 150
Phillip Burnett, 40, 3535, 3000, 5, 1375
Drury L. Simmons, 10, 340, 400, 10, 783
John M. Burgin, -, -, -, 3, 20
James Bradshaw, 20, 230, 500, 10, 131

William Bradshaw, 40, 760, 2000, 25, 475
Stephen Ballew, 35, 65, 300, 20, 264
John Robeson, 50, 1643, 750, 50, 365
William Hall, 20, 67, 250, 20, 117
Pleasant A. Thomason, -, -, -, -, -
John Griffith, 100, 310, 3000, 150, 331
Thomas Tipton, 35, 130, 150, 3, 54
William C. Thomason, 10, 15, 25, 5, 21
Josiah Rogers, -, -, -, -, 12
Edmond Thomason, 18, 50, 100, 5, 2
John Brinkly, 33, 77, 600, 15, 234
James W. Patterson, 25, 280, 600, 15, 200
Zachary Smith, -, -, -, -, 20
Matthew Smith, 20, 100, 400, 5, 41
William C. Ledford, -, -, -, 5, 15
Ananias D. Higgins, 1, 6, 250, -, 20
William Wilson, 25, 75, 200, 8, 221
Thomas Snipes, 30, 20, 100, 6, 361
Eli A. Warlick, -, -, -, 160, 75
Henry Rowland Sr., 50, 320, 1800, 200, 1600
John B. Buchanan, 15, 310, 1100, 10, 40
Barbary Taylor, 40, 30, 500, -, 1
Moses T. Ayres, 40, 210, 600, 25, 139
Elijah Laws, 15, 45, 100, 10, 86
William Laws, -, -, -, 10, 12
Pleasant A. Thomason, -, -, -, 5, 47
William S. Turleyfill, 60, 470, 1000, 210, 865
Maximilian Harris, 20, 80, 100, 10, 100
Thomas Henderson, -, -, -, -, 12
George Robeson, 40, 210, 400, 8, 150
John Boone, 40, 260, 300, 10, 454
Elijah Hunter, 35, 1285, 1000, 6, 75
Malcolm McCurry, 8, 22, 50, 8, 98
Berry C. Calloway, 12, 38, 100, 5, 2
Charles Robeson, 15, 85, 200, 3, 131
Alfred J. Keith, 125, 322, 2000, 150, 600
Allen Bryant, 6, 194, 500, 5, 60
John Tipton, 30, 70, 500, 5, 100
Samuel Honeycutt, 75, 150, 300, 20, 146
John Edwards, 60, 90, 500, 10, 70
John Byrd, 50, 50, 125, 8, 178
Thomas Baker, 100, 150, 2500, 150, 555
John W. Angling, -, 200, 147, 10, 200
Isaiah Biddix, 10, 90, 200, 15, 343
Uriah Bennet, 20, 65, 200, 15, 82
Docter Williams, 50, 100, 500, 8, 338
James Edwards, 8, 42, 300, 8, 37
John Edwards, 8, 92, 150, 8, 50
John Presley, 100, 150, 1000, 15, 406
Edward Bailey, 80, 138, 550, 150, 225
Moses Evans, 100, 400, 1500, 105, 775
Hosea Higgins, 7, 43, 100, 10, 76
John Griffith, 15, 60, 300, 8, 40
Henderson Honeycutt, 25, 125, 800, 10, 460
Nancy Briggs, -, -, -, -, 110
Howell M. Briggs, 25, 75, 225, 10, 177
Lewis Briggs, 100, 400, 1500, 20, 375
Harvey J. Briggs,-, -, -, 7, 233
Charles Byrd, 70, 330, 800, 25, 642
Vincent Honeycutt, 40, 110, 400, 20, 488
Henry Rowland Jr., 50, 100, 800, 10, 293
John Bailey, 20, 80, 300, 8, 183
Ansel Bailey, 30, 30, 300, 8, 253
Susannah Morrow, 18, 12, 125, -, -
Solomon C. Wilhite, 26, 74, 300, 8, 47
Meshach Laws, 40, 93, 400, 5, 112

Elisha Honeycutt, 40, 85, 350, 10, 251
William Phillips, 18, 57, 300, -, 35
Wade Hampton, 25, 615, 640, 10, 470
Jehu R. Patterson, 30, 70, 400, 10, 93
John J. Evans, 25, 185, 546, 10, 216
Elwood Manis, -, -, -, 2, 20
George Byrd, 45, 260, 500, 10, 285
George W. Hensley, 24, 276, 1000, -, 15
Nathan Deyton, 15, 35, 200, 7, 162
James McCurry, 26, 44, 300, 12, 117
Thomas Deyton, 12, 88, 150, 10, 160
James L. McCurry, 45, 115, 400, 12, 150
William Byrd Sr., 50, 25, 275, 25, 660
William Byrd Jr., 20, 169, 300, -, -
Samuel D. Byrd, 37, 98, 400, 75, 143
Harvey Bailey, -, -, -, 15, 126
Wade Hampton, -, -, -, -, 45
Malcolm McCurry, 30, 55, 500, 10, 100
Davis P. Tipton, 13, 52, 200, 7, 59
Robert Patterson, 40, 160, 800, 10, 250
Mary Tipton, -, -, -, -, 21
Elendor Tipton, -, -, -, -, 56
William B. Patterson, 15, 65, 300, 10, 140
Austin P. Jones, 21, 29, 200, 10, 12
George Byrd Jr., 14, 36, 300, 10, 50
Thomas Bryant Jr., 20, 40, 150, 5, 16
Allen Bryant Jr., 13, 37, 50, 6, 60
Zephaniah McCurry, 17, 33, 70, 10, 165
William E. McCurry, 15, 85, 200, 5, 25
Malcolm McCurry, 100, 180, 1000, 15, 320
Andrew J. McCurry, 35, 140, 500, 15, 315
Eldridge McCurry, -, -, -, 5, 15
Peter Honeycutt, 125, 75, 1000, 40, 277
Swinfield Howell,-, -, -, 10, 119
Samson Honeycutt, 70, 50, 400, 40, 160
David S. Hampton, 75, 325, 800, 55, 310
Charles Tipton, 13, 27, 250, 8, 25
John Thongburg, 30, 85, 400, 8, 77
Henderson Tipton, 16, 23, 200, 5, 98
Jacob Tipton, 65, 6, 600, 10, 352
Moses Peterson, 40, 95, 200, 160, 460
William A. Peterson, 5, 35, 100, -, -
John Bailey, 8, 42, 125, 10, 92
John M. Peterson, 40, 90, 200, 10, 251
Sidney S. Peterson, 25, 25, 150, 5, 133
Sarah Tipton, 50, 250, 275, 45, 350
Stephen M. Bailey, 15, 35, 150, 5, 36
Reubin McKenny, 20, 180, 400, 5, 142
Robert _. Baker, 10, 40, 25, 10, 315
William R. Bennet, 15, 85, 300, 15, 326
William Bennet, 10, 190, 350, 15, 278
John E. Pate, 20, 180, 350, 3, 27
David Tipton, 35, 190, 475, 5,100
Ansel Bailey, 30, 20, 125, 10, 164
Moses Honeycutt, 7, 43, 55, 3, 60
Dobson Deyton, 40, 86, 400, 10, 150
Samuel Tipton, 8, 17, 70, 5, 8
Alfred Ledford, 30, 160, 600, 7, 30
Joseph Tipton Jr., 75, 75, 500, 15, 160
John Ledford, 200, 500, 1000, 50, 375
Samuel B. Ledford, 50, 50, 500, 10, 22
Volentine Tipton, -, -, -, 5, 12
John Laws, 10, 20, 50, 5, 148
Joel Laws, 9, 32, 100, 5, 15
Aaron Odom, 18, 27, 100, 5, 120
Sarah Bennet, 45, 55, 300, 8, 151
Len Deyton, 4, 26, 50, 4, 50
William Ledford, 3, 11, 500, -, 35

Joseph Tucker, 90, 90, 300, 10, 80
Nancy McGimprey, 6, 24, 60, 5, 20
Phillip Wilhite, 30, 78, 200, 10, 68
William A. Howell, 7, 43, 100, 50, 175
Elizabeth Deyton, 40, 55, 150, 10, 229
Elizabeth Laws, 20, 30, 200, 5, 53
John Carroll, 14, 31, 100, 5, 50
Alfred Hampton, 60, 140, 1500, 10, 325
Margaret Bailey, 50, 421, 1000, 20, 379
Nathaniel Bailey, 4, 26, 100, 10, 220
Jeremiah Hughs Sr., 30, 170, 400, 10, 230
John Hughs, -, -, -, 7, 43
Noah Leatherman, 16, 39, 200, 10, 130
Jeremiah Hughs Jr., 20, 80, 200, 5, 177
Jeremiah Ayres, 16, 34, 100, 5, 33
William Hughs, 10, 40, 150, 4, 10
Larken Laws, -, -, -, -, -
William Fox, -, -, -, 3, 44
John Randolph, 25, 100, 400, 20, 131
John Edwards, 10, 40, 150, 2, 20
Andrew Leatherman, 30, 70, 200, 5, 50
David Renfro, 50,-, 200, 30, 130
William Randolph, 98, 140, 640, 25, 265
Charles Slagle, 18, 27, 100, 5, 85
John Bennet, 40, 120, 300,-, 45
Hazy Miller, -, -, -, -, 20
Thomas Randolph, 45, 55, 300, 20, 109
James Bailey, 10, 60, 250, 6, 130
William Bennet, 55, 94, 600, 10, 150
Stephen M. Randolph, -, -, -, 5, 82
George Edwards, 16, 24, 100, 5, 105
Wilson Webb, 25, 75, 250, 5, 125
Hyram Bailey, 25, 155, 300, 15, 300
John W. Street, 20, 80, 100, 4, 160
Rial Ramsey, 15, 85, 150, 5, 60

John C. Tipton, 30, 270, 600, 6, 60
William Bennet, 15, 85, 200, 8, 225
Anna Ramsey, 30, 120, 200, 3, 77
Joseph Whitson, 12, 38, 150, 4, 40
Wiley Ramsey, 12, 13, 100, 5, 53
Martha Hughs, 35, 140, 400, 10, 118
Daniel Phillips, 2, 98, 200, 3, 25
Elendor Foster, 25, 25, 300, 10, 20
Andrew Miller, 30, 70, 200, 10, 143
Solomon Peterson, 20, 180, 200, 5, 158
Isaac Whitson, 15, 35, 200, 5, 125
James Whitson, 10, 40, 100, 3, 33
Peter Peterson, 40, 135, 400, 15, 325
Benjamon Cooper, 8, 42, 100, 5, 85
John G.E. Cooper, 20, 80, 200, 8, 225
Thomas W. Baker, -, -, -, 3, 195
David Baker, -, 100, 100, 8, 361
George W. Hileman, -, -, -, 3, 103
Davenport Baker, 8, 42, 100, 5, 93
John Bennet, 25, 45, 300, 5, 135
Daniel Hedrick, 20, 70, 200, 5, 150
Thomas Bryant, -, -, -, 4, 103
Rickolas Adkins, 18, 32, 150, 5, 166
Kendrick Ledford, 13, 37, 150, 3, 60
Joseph Hughs, 9, 91, 150, 2, 75
Richard Bennet, 15, 45, 200, 5, 220
William Adkins, 30, 85, 1000, 15, 417
Abraham Whitson, 14, 21, 200, 5, 133
James H. Whitson, 18, 47, 250, 5, 114
Cornelius R. Byrd, 120, 319, 1975, 25, 52
James B. Laws, -, -, -, 4, 215
David Bryant, 30, 170, 700, 4, 100
John Proffitt, 25, 100, 300, 12,140
Jackson Hensley, 24, 51, 400, 10, 100
Wallace Hensley, 10, 40, 100, 10, 175
James Higgins, 50, 225, 300, 100, 338

Uriah Honeycutt, 40, 160, 525, 10, 120
Wiley Tipton, 25, 25, 200, 5, 147
John Whitson, -, 50, 25, 3, 80
John Lewis, 7, 28, 100, 7, 137
William Hughs, 2, 48, 25, 8, 56
Albert Robeson, -, -, -, 5, 13
John W. Peck, 20, 180, 300, 5, 232
Israel Robeson, -, 50, 75, 4, 60
Julius Whitson, 6, 44, 100, -, 57
Jackson Tipton, 12, 38, 150, 5, 50
John Tipton, 13, 37, 100, 10, 85
Leonard Wallis, 20, 30, 225, 5, 50
Julius Bennet, 2, 98, 50, 2, 65
Lazarus S. Phillips, 50, 150, 500, 65, 438
John Edwards, 100, 195, 1300, 200, 692
Tilmon Williams, 30, 120, 600, 6, 75
Christopher Edwards, 59, 241, 600, 15, 150
John Bradford, 6, 44, 300, 4, 85
George Randolph, 3, 97, 175, 4, 65
Edmond Edwards, 20, 30, 250, 10, 208
Matthew Lewis, 20, 105, 300, 10, 136
Howell W. Briggs, 6, 44, 150, 3, 50
William Bradford, 30, 70, 400, 5, 108
Pleasant A. Thomason, 70, 570, 1600, 10, 116
David Robeson, 50, 265, 400, 20, 300
William Robeson, -, -, -, 100, 262
George Robeson, 40, 384, 700, 11, 368
Thomas Wilson, 80, 918, 1300, 75, 512
Samuel Randolph, 13, 87, 500, 5, 104
William Deyton, 40, 316, 1000, 50, 340
Jobe Thomas, 34, 278, 600, 15, 414
Josiah Woody, 50, 250, 433, 100, 200
Basil L. Deyton, 125, 200, 1600, 10, 100
John Rector, 40, 270, 550, 30, 80
Frederick Slagle,-, -, -, 5, 7
Joseph Callaham, -, -, -, -, 114
John Thomas, 40, 160, 500, 15, 458
Aaron Thomas Sr., 50, -, 150, 10, 252
Thomas Thomas, -, -, -, -, 3
Aaron Thomas Jr., 8, 22, 50, 5, 74
Henry Thomas, 14, 84, 250, 10, 18
William Randolph, 5, 95, 500, 5, 110
William Forbes, 50, 100, 400, 10, 450
Thompson Johnson, 9, 391, 450, 5, 241
John Woody, 40, 210, 500, 20, 400
Blake Phillips, 8, 142, 300, 5, 127
Albert G. Slagle, -, -, -, 10, 150
John Riddle, 91, 205, 1300, 50, 681
Nathan Riddle, -, -, -, -, 78
Lewis Cook, 65, 275, 400, 50, 390
James Renfro, 1, 49, 50, -, 27
William Renfro, 25, 50, 250, 5, 35
James Black, 14, 166, 500, 5, 40
Aaron Wright, 30, 45, 200, 15, 250
Jonathan Burleson, 30, 300, 400, 8, 81
Mary Burleson, 30, 70, 300, 8, 100
John Arrowood Sr., 7, 188, 300, 15, 250
John Arrowood Jr., 50, 80, 300, -, -
McCurry Ledford, 6, 94, 100, 3, 27
Thomas Burleson, 40, 40, 200, 12, 75
Hosea Griffith, 1, 29, 75, 7, 175
Aaron Burleson, 40, 110, 1500, 75, 300
Jackson Stewart, 100, 500, 1200, 75, 580
David Hileman, 1, 199, 300, 8, -
Thomas J. Sprouce, -, -, -, -, 63
Henry Grinstaff, 15, 35, 150, 5, 140
Wilson McKinney, 20, 80, 300, 5,105
Isaac L. Webb, 15, 85, 200, 8, -

Jacob B. Slagle, 40, 60, 500, 10, 218
David Slagle, 47, 200, 500, 10, 200
John McKinney, 5, 95, 25, 5, 150
Clemon Pitman, 5, 161, 1000, 15, 250
Joel Gouge, 50, 150, 400, 10, 409
Joseph B. Slagle, 1, 56, 25, -, 4
Tilmon McBrayer, 16, 85, 200, 5, 24
Nancy Ledford, 15, 35, 50, 10, -
Samuel McKinney, 35, 65, 100, 10, 267
Reubin McKinney, 20, 30, 250, 15, 348
William McD. Garland, 20, 96, 100, 5, 95
Robert Gouge, 6, 95, 200, -, 2
Moses Dicky, 35, 53, 300, 10, 40
James Gouge, -, -, -, 4, 147
John Gouge, 50, 150, 1000, 10, 291
Sarah Webb, 25, 125, 400, 10, 25
Charles McKinny, 50, 155, 600, 80, 330
John Willis, 25, 25, 100, 10, 131
Jane Deyton, -, -, -, -, 18
Henry Willis, 25, 125, 200, 12, 118
William Bailey, 20, 80, 400, 15, 222
William Devenport, 50, 200, 500, 75, 290
James Collis, 20, 155, 300, 10, 36
Elizabeth Bailey, 50, 150, 500, 12, 157
Jacob Davis, -, -, -, 5, 167
John Davis, 30, 170, 500, 25, 265
Isaac Grinstaff, 70, 152, 600, 100, 375
Shadrach Green, -, -, -, -, 70
Anna Green, 60, 163, 500, 5, 100
Thomas Green, 10, 40, 125, 3, 70
Adolphus Green, -, -, -, -, 36
Allen Davis, 50, 150, 550, 4, 60
William Gouge, 65, 135, 150, 5, 167
David D. Baker, 50, 515, 1500, 30, 382
Dorothy D. Baker, -, 300 600, 60, 95
Reubin McKinny, 25, 575, 1200, 30, 171

Thomas McKinny, 20, 30, 100, 5, 176
William McKinny, 20, 131, 200, 5, 95
Charles McKinny, 6, 44, 100, 1, 67
John McKinny, 12, 48, 100, 7, 162
William B. Buchanan, 15, 15, 50, 5, 143
Hugh Ledford, 20, 80, 200, 5, 311
John Hopper, 10, 90, 200, 15, 23
William Buchanan, 50, 119, 300, 20, 267
Thomas Green, 30, 70, 200, 8, 190
Phillip H. Wilson, 50, 228, 400, 10, 340
James W. Wilson, 25, 225, 300, 10, 134
John V. Buchanan, 15, 45, 175, 5, 35
Prudence Ledford, 25, 75, 250, -, 88
Elias Ledford, 15, 35, 50, 5, 157
James Buchanan, 15, 35, 75, 10, 114
William Buchanan, 3, 97, 300, 5, 25
Samuel McKinny, 100, 240, 500, 75, 428
William W. Buchanan, 14, 86, 175, 5, 72
Benjamin Henline, 100, 300, 900, 50, 192
Lindsly Ledford, 15, 35, 300, 4, 96
Josiah Baker, 50, 50, 575, 75, 403
Eli Buchanan, -, -, -, 5, 63
Merrit Buchanan, -, -, -, 10, 83
George Buchanan, 100, 450, 1400, 100, 196
Allen Buchanan, -, -, -, 10, 163
Amos Ledford, 50, 70, 400, 5, 183
Bios Ledford, 35, 77, 400, 10, 368
Wrightstil McC. Loving, 60, 340, 1550, 20, 10
Reubin Young, 100, 500, 1550, 100, 1000
William Young, 40, 160, 600, 10, 323
Moses Young, 25, 225, 400, 10, 348
Green B. W. Young, 26, 415, 950, 10, 555

William B. Buchanan, 20, 180, 200, 20, 100
Stephen Buchanan,-, 100, 5, 5, 200
John Buchanan, 40, 110, 300, 50, 397
James Buchanan, 20, 20, 200, 12, 220
Isaac A. Pearson,-, -, -, -, 400
Clement Buchanan, 50, 129, 600, 60, 325
Reubin Pitman, 15, 85, 300, 10, 97
Joseph Green, 50, 150, 700, 30, 200
James Green, 20, 190, 600, 4, 131
John Green,-, -, -, 54, 175
Joseph Green, -, -, -, 5, 70
Shadrach Green, 50, 360, 800, 100, 445
William A. Wilson, 20, 100, 200, 100, 137
Joseph Green, 20, 130, 200, 5, 137
Joseph Buchanan, 40, 47, 300, 20, 471
John Ellis, 40, 175, 450, 10, 80
Arthur J. Buchanan, 50, 455, 800, 150, 625
Benjamin Hopson, -, -, -, 3, 83
Jeremiah Hughs, 40, 533, 400, 15, 513
John Wiggins, 5, 195, 300, 1, -
Charles Burleson, 30, 520, 600, 60, 390
Robert Pitman, 50, 550, 500, 150, 509
James Burleson, 20, 130, 500, 10, 171
Aaron Buchanan, 10, 90, 130, 5, 95
Henry Woody, 30, 70, 100, 15, 325
Russell Burleson, 15, 75, 160, 5, 85
William Burleson, 30, 130, 200, 130, 427
Wilson Burleson, 40, 310, 300, 20, 375
Thomas Sorrells, -, -, -, 5, 74
Thomas Burleson, 60, 560, 1500, 200, 625
Timothy Burress, -, -, -, 3, 12

John W. Wilson, 118, 7552, 2500, 80, 4200
Arthur Erwin, 100, 7566, 2500, 100, 727
Henry Griffin, 100, 7566, 2500, 6, 88
William McGee, 100, 7566, 2500, 5, 171
William S. Justice, 100, 7566, 2500, 5, 60
Cornelius Weatherman, 100, 7566, 2500, 40, 209
Joseph Pyatt, 40, 310, 400, 15, 471
Lodwick Oakes, 50, 350, 1500, 15, 340
Jackson Ingram, -, -, -, 10, 178
Thomas Cantrell, -, -, -, 8, 100
Nancy Burleson, 8, 92, 100, 5, 91
Walter McCurry, 20, 153, 125, -, 42
Andrew Davis, 6, 287, 200, 2, 24
James H. Wiseman, 20, 130, 400, 8, 109
Rebecca Roberts, -, -, -, 2, 25
John C. Keener, 50, 150, 800, 10, 205
Alexander Wiseman, 20, 30, 100, 10, 165
Bedford Wiseman, 60, 20, 477, 250, 486
John W. Wiseman, 60, 90, 400, 20, 360
Daniel Ollis, 15, 85, 100, 5, 7
William Wiseman, 30, 146, 625, 50, 365
John Ollis, 6, 94, 100, 15, 180
William Davis, 200, 500, 1200, 150, 564
Len Houston, -, -, -, 5, 119
John Linkafelt, 12, 188, 50, 5, 10
Samuel Carpenter, 30, 899, 1000, 25, 168
Leander Pyatt, 30, 220, 250, 10, 126
Jacob Carpenter, -, -, -, 20, 200
Len Carpenter, 100, 100, 500, 75, 314
Thomas Gilbert, 40, 60, 250, 20, 120

William Carpenter, 25, 175, 200, 10, 222
Joseph F. Dillinger, 15, 35, 50, 16, 110
Samuel Huskins, 65, 161, 175, 15, 104
John M. English, 25, 50, 200, 8, 150
David J. English, 20, 80, 110, 6, 220
Benjamin Wise, 15, 335, 250, 5, 125
John Maybray, 10, 290, 500, 7, 84
Josiah Mace, -, -, -, 15, 55
Alexander Wiseman, 75, 435, 1300, 200, 942
Boston Ollis, 35, 30, 100, 15, 138
John Ollis, -, -, -, 5, 80
Daniel English, 70, 430, 700, 110, 389
William C. English, 25, 105, 200, 25, 140
John Jackson, 30, 80, 300, 10, 325
Elendor Goldenmoney, 9, 41, 65, 5, 40
Flemmon Vance, 40, 110, 200, 25, 125
David Hicks, 6, 44, 100, -, 70
Alburtus D. Childs, 250, 350, 4000, 250, 1050
John Singleton, -, -, -, -, 30
Josiah Wiseman, 75, 401, 1100, 200, 920
Jesse Loving (Loring), 25, 275, 300, 10, 102
James Gaddy, 25, 185, 200, 5, 120
Jesse Mathes, 40, 60, 150, 10, 160
William Mathes, 4, 45, 60, 4, 13
Lewis Vance, 10, 215, 312, 10, 30
Leonard M. Gurley, 25, 228, 400, 20, 218
Eliza Gilbert, 30, 270, 300, -, 109
John Mathes, 2, 78, 100, 2, 15
Elizabeth Stevely, -, -, -, -, 17
Gabriel Jackson, 25, 25, 200, 5, 155
Joel H. Jackson, 8, -, 25, 5, 165
Sarah Hopson, 1, -, -, -, 65
Reubin Smith, 17, 70, 200, 8, 103
Francis Biddix, -, -, -, -, 50
Jane Carver, -, -, -, -, 10
Alexander Lesenberry, 20, 80, 100, 10, 60
Henry McKinney, 25, 255, 300, 5, 74
David & Jonas Deavenport, 50, 342, 950, 150, 534
William Bailey, 9, 135, 250, 4, 50
Tilmon Blalock, 40, 460, 500, 20, 520
David Blalock, 46, 99, 250, 5, 250
Emisly B. Cox, 8, 17, 25, 10, -
John Freeman Sr. & Jr., 30, 120, 200, 10, 138
Thomas Vance, 30, 110, 200, 15, 175
John Smith, 15, 35, 150, 4, 50
Benjamin Gilbert, 15, 35, 125, 5, 186
Martin D. Wiseman, 40, 185, 200, 50, 387
Jesse Blalock, 40, 182, 275, 100, 500
William Penly, 30, 70, 150, 20, 75
Steward Lowery, 8, 42, 200, 3, 20
Christopher Rathbone, 12, 63, 100, 10, 83
John Biddix, 20, 5, 25, 2, 30
William Carver, 25, 75, 100, 3, 68
William Phillips, 6, 44, 50, 5, 5
Samuel Phillips, 25, 125, 200, 5, 125
George W. Mace, 16, 300, 500, 7, 35
James Patton, 2, 48, 75, 5, 30
William Dickson, 100, 300, 1500, 225, 776
Jacob Holefield, 40, 210, 500, 60, 632
Jesse W. Dickson, -, 175, 400, -, 220
James & Charles Lowery, 40, 173, 600, 70, 196
Alexander Lowery, -, -, -, -, 110
James Washburn(Mashburn), 30, 320, 700, 150, 682
Lazarus H. Phillips, 50, 250, 600, 96, 396
Phillip Washburn, 6, 219, 175, 15, 56

William L. Phillips, 10, 40,100, 15, 126
Henry McCall, 15, 451, 675, 4, 60
Leander Biddix, 15, 451, 675, 15, 67
Basil Elkins, 30, 1668, 3000, 15, 25
William W. Wacarter(Macarter), 6, 460, 675, 10, 35
Isaac Washburn, 40, 400, 500, 20, 366
David Byrd, 50, 200, 700, 20, 253
James J. Dickson, 40, 60, 300, 15, 90
Daniel Holefield, 30, 70, 300, 5, 246
Levi Cursawn, 10, 90, 200, 5, 45
George Wacarter, 45, 845, 800, 25, 167
Isaac N. Byrd, 14, 11,100, 10, 398
Joseph Hopson, 25, 115, 300, 100, 100
Newson Mace, 50, 350, 600, 10, 340
Wiley Mace, 10, 25, 150, -, -
Temperance Buchanan, 10, 40, 100, 30, 20
Jesse Biddix, 10, 80, 40, 10, 55
Kimble McHone, 40, 85, 250, 180, 194
Thomas M. Sparks, 25, 1525, 1000, 20, 527
John Cursawn, 20, 30, 50, 5, 55
Frances Rose, 15, 85, 100, 15, -
Jeremiah Sparks, 20, 244, 200, 12, 142
Joseph Murphy, -, 50, 30, 15, 13
William & Joseph Ellis, 25, 55, 500, 40, 250
Robert N. Penland, 10, 656, 334, 275, 926
Joseph A. Buchanan, 25, 65, 200, 100, 262
James Bailey, 40, 320, 400, 100, 420
Joshua Bailey, 40, 360, 500, 60, 240
Lewis Buchanan, 40, 290, 300, 50, 442
Isaac Cox, 50, 2150, 2500, 250, 646
Isaac McFalls, 25, 25, 100, 3, 54
Hector McNeal, 30, 20, 100, 25, 104
David Cox, 40, 775, 1500, 200, 767

Abner Jervis, 50, 125, 800, 15 275
Wilson Edwards, 4, 91, 200, 10, 105
William Anglin Sr., 40, 118, 300, 25, 275
Berry R. Hensley, 35, 115, 500, 10, 220
James W. Proffitt, 30, 120, 700, 30, 208
William W. Proffitt, 30, 120, 500, -, 188
James C. Proffitt, 10, 90, 250, -, 243
David Proffitt, 100, 535, 3000, 220, 2295
George W. Butler, 100, 80, 1200, 15, 60
Isaac Whitson,-, -, -, 2, 60
James W. Ayres, 75, 1675, 1200, 40, 145
Joseph Tipton Sr., 30, 150, 300, 50, 215
James B. McMahan, 30, 90, 300, 10, 230
George Young, 250, 1875, 2500, 230, 942
Martha Howell, 40, 460, 500, 10, 63
William O. Wilson, 30, 70, 300, 25, 185
John Howell, 15, 135, 200, 10, 82
Daniel Tolly, 25, 320, 600, 10, 117
John Tolly, -, -, -, 5, 30
Jacob Silver, 100, 240, 500, 20, 561
Joseph Tolly, 20, 80, 250, 30, 114
Thomas Howell, 40, 110, 200, 30, 348
James Howell, 20, 80, 200, 32, 141
Levi Chandler, 20, 80, 200, 20, 110
Hannah Willis,-, -, -, -, 16
Henry Silver, 15, 85, 150, 7, 127
John Gouge, 20, 180, 500, 10, 140
Simeon Green, 40, 460, 1000, 30, 200
Moses Pitman, 30, 220, 250, 20, 210
Josiah Pitman, 15, 10, 40, 15,-
Abarilla Pitman, 20, 30, 100, 10, 85
Robert Pitman, 25, 95, 200, 30, 150

Blackstone Stewart, 30, 70, 200, 20, 50
Noah Ledford, 25, 200, 250, 30, 173
Washington Troutman, 25, 275, 300, 125, 335
Wilson Sparks, 30, 700, 200, 10, 300
Wilburn Norman, 30, 270, 300, 40, 250
Joel Gouge, -, -, -, 4, 100
Henry Norman, 100, 350, 1500, 130, 460
Aaron Pitman, 15, 175, 300, 10, 156
John Burleson, 30, 170, 300, 15, 282
Harden Sparks, 9, 116, 300, 5, 150
Matthew Sparks, 50, 425, 300, 70, 392
Stephen M. Collis, 25, 150, 500, 35, 280
Joseph Willis,-, -, -, 10, 33
Arthur Green, 20, 105, 250, 8, 66
John Jarrett, 50, 616, 334, 15, 54
James Sparks, 15, 651, 334, 10, 90
Patterson Young, 20, 180, 1000, 50, 220
Thomas Buchanan, 20, 656, 334, 20, 156
James Connolly, 25, 100, 300, 20, 180
Thomas Willis, 15,135, 250, 20, 47
David Willis, -, -, -, 10, 51
Joseph Stewart, 40, 240, 500, 5, 25
Thomas Green, 12, 68, 200, 4, 16
Henry Grinstaff, 20, 200, 300, 10, 134
Curtis Ledford, 10, 40, 30, 5, 16
Joseph G. Thomas, 20, 155, 300, 40, 95
Isaac Grinstaff, 15, 135, 150, 8, 36
David Willis, 50, 130, 300, 20, 150
Joseph Grindstaff, 5, 145, 100, 30, 186
Aaron Grindstaff, 6, 144, 75, 20, 62
Frances Tolly, 20, 30, 75, 10, 113
Isam Tolly, 7, 43, 75, 5, 26
James M. Hicks, 6, 95, 100, 15, -
Isaac Howard, 45, 100, 275, 30, 42
James Willis, 15, 285, 550, 10, 76
Raburn Beaver, 8, 87, 100, 11, 25
Thomas J. Thomason, -, -, -, 5, -
Ervin Ray & H. McCracken, 40, 135, 800, 15, 135
Landen Hughs, 50, 266, 600, 10, 407
Ambrose & Agnus Cox, 25, 75, 300, 4, 80
Hodge R. Garland, 52, 871, 2400, 50, 705
William Stephens, 40, 90, 700, 5, 93
Gutridge Garland, 15, 356, 1000, 40, 220
Davis Garland, 30, 45,500, -, 15
Samuel Baker, 60, 125, 700, 40 590
Hampton C. Garland, 10, 115, 400, 15, 163
Samson D. Cox, 10, 215, 400, 40, 40
Thomas Street, 10, 75, 250, 7, 125
Joseph Forbes, 20, 30, 200, 10, 144
William Barnet, 30, 735, 1000, 50, 275
Chrisenberry Garland, 7, 108, 350, 5, 115
John Barnet, 12, 148, 400, 75, 45
William Garland, 40, 60, 400, 40, 325
Stephen Garland, 50, 993, 1500, 15, 485
Alfred Briggs, 15, 35,100, 20, 25
David & W. Garland, 35, 65, 600, 50, 548
John McKinny, 50, 220, 500, 25, 151
Simeon Barnet, 15, 35, 100, 10, 80
William Robertson, 50, 250, 400, 20, 144
Elisha Garland, 50, 50, 500, 15, 400
Gray Briggs, 100, 1135, 1600, 150, 1418
John L. Briggs, 20, 145, 400, 40, 90
Jonathan Burleson, 50, 250, 1000, 40, 640
John Miller, 30, 120, 300, 6, 150
George Miller, 1, 69, 50, -, 5
Thomas Miller, 20, 90, 250, 25, 100
James Herrill, 40, 210, 1000, 10, 278

Thomas Gardner, 15, 55, 300, 10, 85
Swinfield Stanely, 30, 255, 500, 200, 490
Nathan Renfro, 12, 38, 300, 20, 75
William D. Phillips, 30, 232, 400, 35, 291
John Forbes, 8, 142, 150, 20, 180
Charles Hughs, 25, 375, 800, 10, 538
Rickolas Stanely, 50, 50, 500, 55, 240
Alexander Garland, 20, 80, 200, 4, 65
George W. Dean, -, -, -, 10, -
John Buchanan, 15, 49, 150, 70, 582
John Hopson, 12, 428, 700, 20, 625
George W. Gardner, -, -, -, 6, 100
Benoni Hopson, 35, 165, 400, 16, 111
Elijah Parker, 40, 460, 1000, 50, 15
Jackson Short, 6, 77, 357, 20, 175
Leonard Buchanan, 50, 89, 357, 10, 252
John Hughs, 30, 109, 357, 20, 370
Even Hughs, 40, 100, 357, 50, 446
Jason Hughs, 15, 125, 357, 10, 195
Hallon Ross, 15, 385, 600, 10, 10
Ann Henson, 15, 125, 357, 10, -
Leuleton Freeman, 30, 109, 357, 40, 470
Wilson Young, 30, 113, 800, 25, 517
David Hughs, 10, 40, 200, 5, 10
George C. Hopson, 15, 85, 200, 10, 160
Stephen E. Tolly, 4, 96, 100, 25, 36
Ebenezer McT. Prichard, 30, 270, 400, 20, 1
Jonathan Burleson, 17, 84, 400, 15, 375
Henry Street, 16, 101, 350, 6, 108
Jesse J. Herrill, 50, 650, 2000, 80, 350
John Prewit, 30, 70, 200, 30, 180
Thomas Street St., 30, 70, 200, 15, 180
William J. Street, 15, 44, 200, 5, 130
William Herrill, 60, 416, 700, 30, 420
Elizabeth Street, 8, 52, 300, 5, 20
Elijah Campbell, -, 250, 250, 25, 50
Obadiah Butler, 50, 150, 300, 20, 30
Peter Street, 30, 95, 400, 8, 122
Elizabeth Street, 8, 42, 150, -, -
James Barnet, 1, 49, 150, 5, 90
James M. Barnet, 20, 55, 250, 7, 70
William Street Sr., 20, 35, 300, 20, 215
Ezekiel Burchfield, 3, 22, 65, 2, -
John Burchfield, 8, 332, 340, 50, 35
Charles Hill Jr., -, -, -, 4, 60
Rachel McCoy, 5, 45, 500, -, 20
Thomas B. Campbell, 5, 95, 100, 5, 25
William Hill, 3, 117, 150, 25, 163
Sarah Taylor, -, -, -, -, 105
Spencer Barnet, 4, 95, 100, 5, 38
Wiley Blevins, 20, 30, 250, 25, 167
William Street, 5, 95, 200, 18, 50
Mary Hughs, -, -, -, 50
Mary Honeycutt, 10, 90, 150, 15, 260
Charles Hughs, 100, 310, 1000, 15, 313
Nathan Honeycutt, 40, 400, 1000, 25, 420
John Street, 5, 22, 80, 5, 38
Charles Hill Sr., 100, 700, 2000, 125, 287
Samuel Herrill, 8, 42, 100, 5, 75
John Brooks, 15, 75, 200, 3, -
William Hutchins, 30, 170, 300, 15, 60
Charles Garland, 25, 450, 256, 20, 562
Joshua Earl, 15, 85, 400, 10, 20
William Garland, 20, 130, 200, 32, 500
Charles Burleson, 12, 83, 400, 25, 168
Joseph Buchanan, 25, 150, 300, 20, 128
David Barnet, 15, 30, 200, 20, 80

Joseph Standly, 10, 15, 100, 22, 85
George Hopson, 40, 110, 600, 20, 100
Hulson Byrd, 20, 80, 300, 30, 118
William Herrill, 25, 5, 500, 10, 60
Hugh Herrill, 20, 230, 400, 15, 112
Solomon Evans, 10, 20, 100, -, 32
Henry Masters, 100, 1251, 1700, 150, 52
John Herrill, 12, 230, 300, 50, 114
Joseph Bowman, 50, 200, 750, 50, 375
William Whitson, 3, 47, 150, 10, 185
George Miller, 12, 138, 100, 3, 50
Hyram Peterson, 40, 460, 500, 300, 225
William Edwards, 60, 40, 300, 20, 275
Edward Woody, -, -, -, 30, 170
Wyatt Woody, 40, 135, 600, 70, 175
Ephraim Phillips, 15, 135, 400, 10, 100
Samuel C. Phillips, 25, 361, 300, 150, 375
Silas Stephens, 50, 140, 400, 50, 215
Elijah W. Arrowood, 8, 32, 60, 12, 85
James Arrowood, 45, 55, 250, 25, 375
William Odom, 40, 153, 300, 10, 117
Joshua Stephens,-, -, -, 30, 165
Jonathan Tipton, 10, 90, 200, 25, 113
John Whitson, 35, 61, 500, 4, 57
Jason B. Masters, 50, 310, 300, 50, 214
Julius S. Garland, 20, 80, 350, 10, 163
Lazarus Phillips, 50, 110, 1000, 15, 263
Solomon Wright, 40, 100, 400, 2, 90
James P. Arrowood, -, 48, 50, 5, -
Isaac Stephens, 25, 175, 200, 8, 110
James Bailey, 75, 164, 1000, 100, 1024
Joseph Allen Sr., 30, 100, 500, 10, 116
Benjamin J. Moss, -, -, -, 75, 13
Zephaniah Horton Sr., 100, 200, 2400, 140, 1146
Thomas Gardner, 200, 2300, 1600, 100, 850
George D. Wilson, 50, 325, 800, 87, 500
Robert B. Phillips, 7, 43, 100, 9, 20
Edward Wilson, 150, 210, 2200, 500, 931
Benjamin B. Whittington, 30, 270, 1200, -, 185
James J. Gardner, 50, 135, 650, 50, 765
James B. Hensley, 40, 53, 300, 25, -
Robert McIntosh, 40, 222, 450, 50, 167
Joseph P. Allen, -, -, -, 10, 3
Henry Ray, 115, 1085, 6020, 100, 1179
Benjamin W. Cox, -, -, -, 63, 23
Margaret Angel, -, 15, 7, -, 30
James Radford, 25, 65, 600, 25, 270
Thomas Radford, 15, 65, 375, 10, 203
Margaret King, 10, 15, 100, 10, 65
James Harris, -, -, -, 5, 75
Jesse Radford Jr., 30, 130, 500, 5, 38
Russel C. Beaver, 60, 40, 300, 6, 90
Bartley Arrowood, 4, 90, 200, -, 62
Elizabeth Bailey, 3, 62, 50,-, -
Swinfield Wright, 200, 300, 700, 4, 12
James M. Proffitt, 20, 72, 200, 25, 266
Samuel King, 8, 142, 119, 4, 33
William Profffitt, 40, 84, 400, 20, 389
Merideth Phillips, 60, 92, 600, 8, 13
Stephen Parker, 35, 140, 300, 10, 434
Wyatt Robeson, -, -, -, 20, 35
Thomas Pate, 1, 49, 25, 2, 12

John Higgins Jr., 100, 100, 500, 42, 310
John Higgins Sr., 24, -, 100, 10, 30
Massey Higgins, 5, 45, 200, 5, 52
William Silver, 25, 25, 200, 25, 35
Andrew McIntosh, -, -, -, 20, 166
Stephen Edwards, 50, 100, 500, 30, 466
George Phillips, 40, 210, 300, 34, 160
Willis Phillips,-, -, -, 5, 115
Wesley Phillips, 15, 85, 200, 35, 207
Enos Hensley, 20, 30, 150, 10, 135
Henry Hensley Sr., 30, 20, 250, 10, 20
Henry Hensley Jr., -, 40, 100, -, 9
David Shelton, 20, 30, 300, 10, 5
George Pate, 10, 40, 100, 20, 35
Mary Williams, 12, 38, 150, 8, 58
William Cooper, 3, 97, 100, 5, 30
John Williams, -, 100, 200, -, 120
Mary Cooper, -, -, -, 5, 15
Silas A. Hensley, 30, 250, 400, 50, 308
Fulden Hensley, 30, 220, 500, 40, 500
Daniel Holloway, 4, 46, 50, 30, 90
Thomas Wilson, 20, 30, 200, 7, 102
James Reynolds, 3, 47, 150, 20, 65
Daniel Fender, 40, 310, 500, 15, 461
Banister Hensley, 12, 108, 150, 6, 55
Wiley Fender, -, -, -, 3, 155
Isam Fender, 354, 390, 425, 12, -
Mary Watts, 40, 485, 1000, 10, 3
William Billins, 50, 25, 175, 2, 1
Lewis Taylor, 10, 40, 100, 15, 55
Susannah Wilson, 20, 30, 170, 8, 310
Thomas Edwards, 18, 42, 300, 15, 278
Hezekiah Lewis, 45, 194, 800, 95, 237
William Wilson, 16, 134, 250, 5, 110
William Angel, -, -, -, 10, 35
George E. Wilson, 25, 142, 500, 40, 265
William Wilson Sr., 50, 340, 1500, 50, 821
Lorenzo King, 17, 59, 220, 5, 50
Samuel L. Wilson, 47, 193, 2180, 300, 821
William Ray Jr., 15, 135, 500, 25, 185
William H. Hensley, -, -, -, 5, 10
Solomon M. Ray, 50, 117, 1000, 40, 817
William M. Hensley, 36, 270, 500, 10, 226
Morris McIntosh, 18, 94, 300, 50, 160
William B. Hensley, 7, 93, 100, 30, 70
Elias Hensley, 10, 90, 200, 10, 50
Jesse Dodd, -, -, -, 5, 5
John Angel, -, -, -, 5, 21
Zephaniah Horton Jr., 40, 160, 600, 20, 300
Garret D. Bailey, 20, 140, 350, 10, 53
William Shelton, 30, 137, 300, 65, 370
Robert Hair, -, -, -, 6, 80
Presley Blankenship, 25, 145, 300, 15, 352
Charles Hensley, 100, 380, 800, 50, 424
John George, 50, 250, 300, 200, 500
Joshua Gosnell, -, -, -, 12, 80
Charles Gosnell, 25, 30, 100, 15, 87
William E. Piercy, 50, 50, 1000, 40, 247
Samuel Austin Jr., -, 250, 200, 4, 11
Simeon Chandler, 20, 148, 200, 20, 165
Thomas Tweed, 30, 70, 250, 35, 230
Gabriel Sams, -, -, -, 8, 45
John Maney, 40, 10, 300, 30, 250
Julius Roberson, 50, 200, 250, 10, 193
Martin B. Maney, 40, 360, 300, 30, 646

John Wheeler, 90, 2285, 5000, 15, 455
John McIntosh, 14, 186, 500, 15, 181
Joseph Pitman, 100, 566, 334, 300, 1550
Gutridge Garland, 80, 80, 800, 30, 405
Obadiah Edwards, 35, 177, 300, 10, 250
Alfred Jones, 10, 116, 400, 20, 140
Barnet Blankinship, 70, 180, 800, 16, 300
William J. Norton, 30, 170, 250, 25, 205
Warren Sams, 40, 60, 300, 100, 135
James Mitchell, 14, 40, 150, 30, 90
John Mitchell, 50, 219, 600, 20, 120
Charles Baker, 60, 240, 800, 150, 557
William H. Thomas, 80, 228, 1050, 35, 272
Samuel Byrd Sr., 60, 180, 1000, 200, 912
Gabriel G. Coats, 42, 558, 1500, 150, 1020
William Furgerson, -, -, -, -, -
James Angel, -, -, -, 10, 123
Lawrence Hensley, 15, 139, 300, 20, 88
John B. Gardner, 40, 350, 700, 30, 194
Young Allen, 35, 200, 500, 30, 302
James Rowland, -, -, -, 20, 315
Samuel Robeson, -, -, -, 8, 145
George Rowland, 50, 300, 1200, 150, 642
Carter Styles, 97, 403, 1200, 4, 28
Henry Styles, -, -, -, 5, 9
Jeremiah Boone, 20, 80, 400, 10, 178
George W. Boone, -, -, -, 2, 16
Naomi Boone, - ;-, -, -, -
Malcolm Horton, 10, 65, 1000, 17, 75
Edmond McMahan,-, -, -, 100, 315
David McCanles, 30, 20, 400, 30, 152

Joseph B. Ray, 30, 150, 1400, 10, 284
William Franklin, 10, 35, 200, 4, 36
Hyram Metcalf, 20, 200, 500, 7, 60
Jesse Radford Sr., 80, 195, 725, 184, 387
Jesse Hensley, 35, 15, 150, 25, 45
William B. Banks, -, -, -, 15, 128
William H. Hensley, -, -, -, -, -
Grandison Shepherd, 20, 80, 200, 10, 232
William Gardner, 50, 104, 800, 50, 260
William & A. Roberts, 70, 230, 1300, 200, 420
John McElroy, 15, 230, 500, 70, 226
Marcus L. Penland, 16, 59, 300, 15, 45
Nathan Horton, 41, 100, 1000, 70, 283
Berry Hensley, 20, 42, 130, 20, 128
Robert M. Holcombe, 20, 30, 250, 5, 78
Israel J. Shepherd, 25, 75, 200, 25, 325
Henry H. Holcombe, 40, 60, 400, 15, 78
Andrew J. Grigory, -, -, -, 14, -
Dorothy Shepherd, 50, 400, 1000, 10, 330
Ephraim Piercy, 200, 300, 3000, 250, 1528
William Wilson, 59, 400, 2000, 150, 565
James Elkins, 8, 42, 150, 6, 110
John Wilson, 25, 125, 550, 20, 245
Arnold T. Allen, -, 100, 100, 20, 53
Paul Wilson, 40, 60, 150, 4, 226
John O. Blankinship, -, -, -, 20, 74
Andrew J. Riddle, 25, 75, 200, 6, 40
Pleasant Blankinship, 32, 168, 725, 25, 193
Manson Elkins, 40, 115, 500, 25, 135
William Roberson, 8, 92, 250, 8, 122

John Hensley, 25, 130, 1000, 100, 100
James Wilson, 120, 580, 5000, 150, 1700
William Ray, 100, 390, 2400, 285, 1500
Enoch England, 3, 72, 500, 15, 16
Sidney E. McIntosh, -, -, -, 8, 12
John Allen, 30, 150, 500, 5, 200
Robert S. Allen, -, 50, 50, -, 2
Andrew Banks, 40, 53, 400, 25, 425
David C. Banks, -, 50, 140, 5, 93
Samuel B. Banks, 15, 85, 300, 5, 125
Robert Austin, 50, 100, 400, 5, 141
Robert B. Austin, -, -, -, 5, 10
Mitchell A. Wilson, -, -, -, -, 175
John Wilson, 50, 100, 500, 50, 350
Sophia Allen, -, -, -, -, 50
Samuel Wilson, -, -, -, 10, 125
William Anglin, 4, 66, 200, -, 40
Kindred Phipps, 15, 35, 100, 15, 60
Jacob Phipps, 30, 20, 200, 10, 150
Jeremiah B. Sams, 25, 25, 200, 25, 75
Garret Briggs, 50, 250, 1800, 15, 661
James R. Buckner, 15, 85, 200, 25, 247
John Buckner, 30, 70, 220, 100, 382
Josiah Robeson, 20, 180, 320, 5, 210
William Briggs, 25, 235, 500, 8, 75
William Rice, 23, 127, 500, 30, 175
Jehu B. Banks, 10, 90, 250, 10, 305
Alexander Blankenship, 6, 135, 300, 30, 255
Micajah Blankinship, 75, 258, 2000, 12, 105
Joseph Holcombe, 5, 45, 100, 5, 80
Thomas Reid, 20, 90, 200, 2, 234
Jordan McVay, 40, 160, 300, 2, 2
Francis White, 20, 30, 200, 12, 75
Thomas Smith, -, -, -, 20, 176
John G. Roberts, 35, 315, 500, 15, 264
William Crane, 30, 65, 300, 3, 113
Isaac Brigman, 100, 300, 1700, 15, 431

James Codey, 15, 185, 700, 15, 192
Amos Cox, 6, 44, 100, 14, 30
John Codey, 25, 75, 1000, 25, 10
John McCoy, 20, 460, 500, 10, 22
Lewis Crane, 15, 110, 250, 15, 115
John Roberts, 100, 550, 1500, 125, 829
Leander J. Cross,-, -, -, -, 10
Jacob Jarrett, 5, 55, 100, 50, 135
Jesse Rice, 35, 65, 200, 8, 168
John F. Jarrett, -, -, -, -, 8
Esom W. Holefield, -, 50, 50, 4, 4
John Odell, 22, 103, 300, 30, 180
Lewis Arrington, 7, 93, 100, 5, 38
Elijah Griffith, -, -, -, 10, 15
Joseph Rice, 65, 235, 1000, 40, 519
Jeremiah Martin, -, -, -, -, 30
John Callaham, 60, 40, 500, 5, 83
Alexander Griffin Sr., 10, 40, 100, 10, 112
Alexander Griffin Jr., -, -, -, 10, 10
Teter Norton, 20, 80, 200, 10, 106
Martin Gosnell, 7, 43, 25, 4, 2
Russell Franklin, -, -, -, -, 150
John Chansler, -, -, -, -, 16
Lorenzo D. Roberts, 40, 110, 250, 50, 144
John Chandler Sr., 15, 35, 300, 20, 206
Hannah Gunter, 3, 62, 65, -, -
Andrew Chandler, 25, 140, 200, 50, 329
John Griffey, 15, 85, 100, 6, 30
Henry Grooms, 8, 92, 100, 8, 100
John Wallen, 20, 80, 150, 4, 250
James Roberts, -, -, -, 156, 30
John Landers, 40, 110, 800, 25, 163
Edward Landers, 10, 100, 100, 20, -
John Crane, 100, 75, 800, -, 40
Solomon Chansler, 30, 131, 300, 3, 150
Barnet Landers, 3, 47, 100, 4, 10
Drury Norton, 50, 350, 500, 25, 125
David Norton, 20, 130, 100, 15, 125
Charles Gunter, -, -, -, 22, 20
Oliver Cook, 75, 275, 700, 60, 160

Wiley Gosnell, 25, 25, 100, 10, 6
George Stanton, 12, 148, 300, 5, 182
William Gentry, 40, 211, 500, 60, 89
Gentry George, 10, 55, 150, 5, 72
James Shelton, -, -, -, -, -
William Shelton, 15, 35, 100, 20, 16
James Norton, -, -, -, -, 10
Reubin Tweed, 25, 263, 250, 25, 236
David Norton, 20, 80, 300, 5, 98
David Metcalf, 25, 225, 500, 10, 195
Roderick Shelton, -, 50, 50, 12, 34
Hickman M. Hensley, 20, 30, 150, 15, 112
William Davis, 9, 41, 150, 10, 133
George Shelton, -, -, -, -, 22
Roderick Shelton, 35, 215, 500, 4, 6
Thomas Wallen, 100, 375, 2000, 100, 530
William Runnions, 40, 110, 300, 20, 551
John Banks, 4, 46, 100, 5, 40
Absalom Holland, 5, 70, 75, 5, 30
Neely Tweed, 25, 1075, 550, 50, 219
James Tweed, 50, 600, 1400, 100, 530
John H. Sams, -, -, -, -, 78
Amos Hensley, 20, 180, 600, 5, 60
James Shelton, -, -, -, 3, 53
James Shelton, 11, 89, 100, 5, 20
William McCoy, -, 200, 200, 3, -
Sifus Shelton, 20, 60, 100, 3,-
John Johnson, 20, 130, 150, 25, 300
Isaac Shelton, 7, 43, 100, 6, 68
John Shelton, -, -, -, 15, 85
Famy Metcalf, -, -, -, -, 10
Clark Chansley, 7, 75, 82, 75, 90
Alexander Shelton, 8, 72, 80, 30, 200
David Shelton, 40, 172, 1000, 30, 280
Beverly Hensley, 8, 92, 100, 20, 110
William Landers, 25, 225, 450, 10, 150
Hockley Norton, 20, 130, 150, 15, 167
George Franklin, 50, 50, 1000, 100, 325

Unice Riddle, -, -, -, -, 40
Solomon Stanton, 30, 170, 600, 100, 200
John Chansley, 15, 117, 132, 10, 166
George Hensley, 20, 50, 100, 25, 175
William King, -, -, -, 10, 10
Roderick Shelton, 20, 133, 225, 15, 175
LeRoy Presley, -, -, -, -, -
Martin Shelton, 15, 35, 100, 40, 221
Joseph Payne, 50, 590, 1000, 75, 255
Hezekiah Franklin, -, -, -, 5, 65
Nancy Franklin, -, -, -, 10, 50
Peter Presley, 1, 49, 100, 2, 25
Benjamin Waddle, 14, 86, 150, 4, 91
David Franklin, 25, 82, 500, 50, 242
Stephen Wallen, -, -, -, 30, 248
Jehu Reid, 25, 419, 800, 15, 330
David Shelton, 3, 47, 100, 10, 70
John Franklin, 20, 80, 300, 10, 175
Joseph Callaham, -, -, -, 10, 57
William Goldsmith, 22, 128, 600, 5, 81
Thomas B. Lloyd, 2, 198, 100, 5, 152
Thomas Ramsey, 15, 85, 150, 5, 100
Azariah Thompson, 20, 30, 100, 5, 411
John Thompson, 20, 30, 200, 10, 275
Henry Ramsey, 8, 42, 100, 5, 18
Isaac Rice, -, 40, 200, -, 25
Elisha Wallen, 40, 20, 300, 20, 155
Joseph Wallen, 6, 44, 100, 25, 155
Moses Roberts, 40, 1060, 600, 7, 369
William H. Runnions, 30, 170, 350, 10, 358
William Ramsey, 200, 4800, 2800, 400, 725
Stephen Holt, 25, 275, 300, 25, 347
Joseph Gentry, -, -, -, 2, -
Andrew J. Ramsey, -, -, -, 25, 228
Garret Peek, -, -, -, 4, 113
Lewis Peek, 25, 45, 250, 7, 83
Leonard West, 100, 325, 1500, 150, 690
Jackson West, 40, 633, 700, 20, 205

Thomas Austin, -, -, -, -, -
John Wallen, 20, 80, 100, 20, 47
William Arrington, 25, 25, 200, 20, 50
James Arrington, 8, 42, 150, 20, 107
Joseph Arrington, 20, 30, 300, 5, 8
Rebecca Clarke, 60, 140, 800, 25, 392
Amos B. Ray, 20, 30, 50, 20, 25
William Peek, 100, 300, 1000, 75, 350
Jesse W. Anderson, 100, 400, 1500, 20, 447
Ephraim Elders, 60, 145, 400, 17, 94
Gabriel Codey, 8, 67, 150, 4, 156
Joseph L. Ray, 100, 1400, 4300, 200, 555
Mary Codey, -, -, -, -, 33
James Ray, 125, 890, 2400, 35, 453
Elizabeth McLean, 40, 100, 400, 35, 453
Samuel Ray, 15, 85, 300, 20, 96
Stephen Ray, 20, 80, 300, 25, 124
Jesse Lewis, 25, 75, 300, 25, 15
John W. Coats, 25, 575, 1000, 5, 125
Charles Rich, -, -, -, 25, 15
Mary Gillispie, 25, 155, 180, 6, 134
Silas Clarke, 15, 55, 150, 10, 70
Berry Lewis, 10, 65, 150, 6, 100
Abner Holcombe, 50, 260, 800, 25, 470
William Davis, 20, 55, 200, 4, 52
James A. Crowder, 8, 48, 150, 3, 30
John McFalls, 7, 343, 200, 5, 50
Joseph L. Rice, 35, 165, 500, 18, 320
Anna Peek, 75, 350, 1000, 50, 445
John Smith, 16, 134, 300, 6, 60
Jeremiah Bradley, 13, 37, 150, 35, 175
John Ramsey, 50, 170, 500, 200, 800
Edward Ramsey, 15, 85, 300, 5, 256
John Ramsey & Co., 800, 3450, 1500, -, -
John Sams, 5, 95, 100, 10, 80
Reubin J. Sams, 15, 135, 500, 10, 217

Enoch Parris, 30, 120, 600, 30, 224
Green H. Reese, -, -, -, 5, 21
Hyram Peek, 40, 286, 600, 167, 500
Hezekiah Buckner, -, -, -, 10, 20
Levi Bailey, 100, 600, 3000, 180, 538
Edward Carter, 120, 380, 3000, 150, 1258
Merrit B. McHone, -, -, -, 5, 40
Jacob C. Holefield, -, -, -, -, 15
Elijah D. Penly, -, -, -, -, 30
Isaac Holifield, -, -, -, 5, 30
William Keith, 115, 135, 1200, 25, 705
John Keith, 50, 152, 1000, 30, 685
Obadiah Ramsey, 35, 165, 300, 2, 61
Sarah Cole, -, -, -, 5, 22
William Howard, 80, 620, 2000, 8, 161
Joseph Scott, 82, 318, 1200, 150, 494
George W. & M. Whittemore, 30, 75, 400, 30, 100
Jabez H. Jervis, 50, 55, 500, 10, 180
Pinckney Anderson, 100, 142, 1200, 150, 659
Garret Franks, 1, 99, 400, 10, 200
Ransom P. Merrill, 50, 140, 1000, 50, 595
Mary Penly, -, -, -, -, 18
Willmoth Ball, 12, 38, 200, 50, 26
Moses J. Honeycutt, -, -, -, 25, 55
Margaret Carter, 100, 200, 3000, 100, 440
Saban(Laban) Gillis, -, -, -, 25, 105
Isom D. Woodard, 75, 366, 500, 125, 873
John F. Franks, 2, 248, 300, 5, 108
Henry Franks, 75, 125, 1200, 10, 57
Isaac M. Bradley, -, -, -, 15, 15
Joshua Young, 100, 544, 2500, 50, 915
Ansel George, 55, 295, 1800, 60, 290
Joshua McHone, 30, 60, 200, 5, 12
Rezi Jervis, 100, 153, 900, 15, 606

William Penly, 40 195, 1000, 5, 120
John Woodard, 50, 350, 1600, 100, 360
Abner Ponder, 50, 100, 300, 15, 233
Edward Carter Sr., 60, 190, 1350, 40, 318
Stephen Carter, 113, 137, 800, 30, 50
Thomas Ramsey, 25, 175, 400, 4, 206
John P. Sams, 30, 20, 200, 15, 120
James Callaham, 30, 20, 200, 5, 30
Robert Ponder, 50, 200, 600, 15, 271
Allen Buckner, -, -, -, 5, 1342
Mary Norton, 25, 75, 400, 2, 92
Solomon Oliver, 50, 50, 300, 9, 236
James Penly, 10, 90, 200, 5, 27
Wiley C. Jervis, 35, 65, 350, 15, 132
May Jervis, 40, 160, 500, 40, 250
John Brown, -, -, -, 3, 80
James Ramsey, 115, 90, 600, 25, 1293
John W. Chandler, 8, 8, 25, -, 157
Joseph Chansler, 30, 70, 250, 5, 246
Edward Griffin, -, -, -, 15, 25
Ellsberry Holcombe, 10, 290, 300, 10, 158
Benjamin Woodard, 40, 60, 300, 25, 128
Montraville Woodard, 30, 120, 250, 20, 47
George B. Webb, 50, 150, 600, 25, 81
Elizabeth E. Carter, 150, 317, 4000, 75, 569
John P. Young, 100, 350, 1000, 25, 389
John G. Briggs, 30, 90, 800, 10, 125
Robert B. Crawford, 40, 310, 500, 16, 241
Levi Metcalf, -, -, -, 5, 178
James Metcalf, 70, 300, 500, 20, 303
Docter H. Buckner, 15, 115, 225, 5, 190
Jason C. Briggs, 50, 150, 1500, 180, 495
Moses Waldrope, 25, 64, 300, 90, 325
John Rice, 100, 900, 2000, 300, 960
Thomas Ballard, 10, 590, 300, 4, 70
Larken Chandler, 40, 150, 500, 25, 309
Martin Chandler, 40, 260, 425, 30, 331
John Radford, 50, 175, 600, 40, 234
Berry Langford, -, -, -, 5, 12
Ezekiel Chandler, 30, 54, 375, 50, 100
Josiah Norton, -, -, -, 25, 118
John Ponder, 50, 515, 1000, 5, 188
May Ponder, -, -, -, 5, 110
William K. Hensley, 15, 60, 125, 10, 68
Joseph Furgerson, -, -, -, 5, 100
Green B. Chansler, 50, 50, 350, 20, 339
Berry Duck, 175, 625, 2200, 300, 1331
Wilson Briggs, 25, 55, 800, 8, 202
James Radford, 50, 350, 700, 25, 334
Setta Vannass, -, -, -, 5, 15
James Waldrope, 30, 120, 500, 5, 68
Mary Rice, 30, 170, 1000, 5, 33
Henry L. McLean, 5, 95, 306, 4, 125
George W. Briggs, 30, 170, 600, 7, 114
James A. Rice, 40, 160, 800, 14, 100
Thomas W. Ray, 60, 226, 1450, 100, 483
John W. Holcombe, 35, 40, 300, 10, 45
Levi Gillis, 20, 63, 200, -, -
Nathan Anderson, 100, 400, 1000, 100, 450
Charles Lowery, -, -, -, -, 2
John Anderson, 40, 160, 800, 6, 368
John J. Maxey, 40, 330, 700, 50, 550
John Davis, 30, 170, 350, 7, 99
Henry M. Holcombe, 11, 89, 300, 5, 207
Frances Anderson, 100, 395, 2050, 40, 675

James Bradley, -, -, -, 5, 32
Thomas Barrett, 40, 160, 500, 7, 150
John A. Arrowood, -, -, -, 3, 150
John Anders, 10, 490, 400, 30, 32
May Brigman, 15, 85, 1000, 30, 177
Frances Banks, 10, 90, 150, 5, 30
Timothy Lovet, 3, 72, 100, 11, 35
Jackson Ray, 50, 450, 1000, 20, 231
Garret D. Gardner, 50, 450, 1000, 10, 240
Henry R. Buckner, -, -, -, 15, 15
Stephen Hamline, -, -, -, 15, 216
Absalom Metcalf, 17, 33, 200, -, 25
Jacob Metcalf, 71, 1141, 1500, 25, 600
James Metcalf, 37, 213, 500, 25, 355
Nathan M. Anderson, 40, 160, 700, 10, 282
Thomas S. Keith, -, -, -, 17, 20
William B. Anderson, 50, 450, 800, 15, 267
George W. Anderson, 40, 60, 500, 20, 267
John Ray, 50, 600, 1200, 13, 251
Hezekiah A. B. Ray, 50, 550, 1200, 15, 350
Joseph T. Chandler, 40, 60, 500, 25, 85
Samuel Bradford, 15, 15, 200, 10, 186
John W. Taylor, 10, 40, 100, 5, 35
Andrew J. Phipps, 35, 25, 162, 10, 272
Nathaniel Allen, -, -, -, -, 15
Susannah Boone, -, -, -, -, -
Edward Wilson, 50, 150, 300, 5, 285
George Wilson, 12, 18, 50, 4, 15
Martha Young, -, -, -, -, 40
John Hensley, -, -, -, 43, 178
Calvin Edney, 20, 255, 400, 10, 270
William M. Proffitt, 30, 120, 1000, 150, 100
James Ray, 230, 1486, 3355, 100, 1818
Elkanan Griffith, 50, 199,700, 50, 225
Richard Sorrells, 15, 135, 100, 3, 40
James A. Wartherman, 20, 280, 200, 5, 3
James Carver, 14, 111, 125, 25, 80
James Bailey, 6, 656, 334, 1, 21
Mitchell A. Roberson, 25, 25, 100, 60, 248
Sarah Woody, 30, 220, 300, 10, 90
John Phillips, 35, 215, 300, 10, 107
Jonathan Banks, -, 100, 100, 4, 96

Index

Abernathy, 66
Absher, 112, 115-116, 121-122, 125
Abshier, 121-123
Acock, 76, 80
Acre, 73
Adams, 2-4, 14-15, 20-24, 33, 40, 48-49, 53, 55-57, 60-61, 65, 86, 93, 111-112, 117, 120-122, 126, 128, 131
Adden, 37
Adison, 58
Adkins, 130, 137
Adridge, 9
Aeren, 18
Aggele, 100
Aikins, 82
Ainsley, 87
Airs, 85-86
Albody, 15-16
Aldridge, 96
Alexander, 28-30, 88-90, 111-112, 117, 120, 122
Alford, 54, 67, 70
Alfred, 84
Allen, 6-7, 19, 24, 32, 36, 57, 50, 63, 65, 75-76, 85-88, 94, 96, 111, 119-120, 134, 145, 147-148, 152
Allgood, 10-11, 22-23
Allison, 127, 131
Almon, 58
Alsbrook, 43
Alston, 66, 76, 79-80, 82
Alvery, 9
Ambrose, 83, 88-90
Anders, 152
Anderson, 43, 70, 100, 115, 124-127, 129, 150-152
Andres, 130
Andrews, 49, 61, 64, 75
Angel, 1, 6, 21, 145-147
Anglin, 142, 148
Angling, 135
Ansbour, 120
Anthony, 8, 15

Archer, 78
Ares, 127
Armfield, 25, 34
Armistead, 89-90
Armstrong, 7-9, 17, 19, 26, 29, 84-85, 125
Armsworthy, 20
Armus, 122
Arnold, 2, 9, 20, 70, 83, 90
Arrington, 80, 148, 150
Arrowood, 134, 138, 145, 152
Artis, 105
Ashburn, 15-16, 19
Ashcraft, 35
Ashe, 80
Ashley, 4, 8-9
Askew, 76
Atcock, 27
Atkerson, 67
Atkins, 50, 54
Austain, 32
Austil, 10
Austill, 4
Austin, 30, 32, 41-42, 44-45, 48-49, 80, 133, 146, 148, 150
Avens, 51
Avera, 68
Avery, 48
Axom, 11
Axsum, 15
Aycock, 101-105
Ayres, 16, 135, 137, 142
Babb, 53
Babbet, 27
Babbit, 55
Baby, 55
Badger, 86
Badgett, 15
Baggerly, 126
Baggley, 4
Bagwell, 61-62
Bailey, 63, 65-66, 134-137, 139, 141-142, 145-146, 150, 152
Baily, 21, 59

Baird, 93, 95-96
Baithcock, 79
Baity, 11
Baker, 7, 22, 33-35, 42-43, 46, 49, 51, 70, 81, 92, 104, 110, 135-137, 139, 143, 147
Balentine, 49
Baley, 125
Ball, 5, 75, 113, 117-118, 150
Ballard, 151
Ballew, 134-135
Balthrop, 78
Banes, 67, 86
Banks, 60, 147-149, 152
Banner, 17, 96
Barber, 4, 8, 60-61, 86
Barby, 55-56
Barden, 99, 103, 105
Barfield, 50, 108-109
Barham, 66-67
Barker, 13, 51-53, 126-127
Barker_lle, 82
Barlow, 20, 57
Barmean, 41
Barna, 21
Barnes, 84, 99, 103-106, 130
Barnet, 124, 143-144
Barney, 30
Barns, 114
Barr, 38
Barrett, 35, 152
Bartlett, 77
Bartley, 13
Bartow, 127
Barwick, 110
Bashears, 115
Basnight, 27-28, 89-90
Bass, 41, 44-45, 104-105, 107
Batch, 109
Bateman, 28-29, 83, 85-88, 90
Bates, 3
Battle, 66
Baucom, 31, 63
Baucum, 31, 54-55
Baugas, 120-123, 131
Baugh, 63

Baughs, 131
Baugus, 112, 117
Baukum, 54
Beard, 107
Beasley, 61, 78, 85
Beasly, 56
Beason, 16, 23
Beaty, 129
Beaver, 143, 145
Beavers, 59
Beck, 57-58
Beckett, 42
Beckwith, 51
Becomb, 75
Becton, 108
Bedingfield, 69
Bedningfield, 69
Beggus, 42
Belk, 33, 37, 43, 45-47
Bell, 7, 40, 54, 70, 78, 118, 124
Bells, 54
Bellue, 32
Belton, 17, 25
Belvin, 59
Bembridge, 85
Bemer, 12-13, 18
Benbo, 7
Benbow, 6
Benham, 9
Bennet, 31, 52, 135-138
Bennett, 36, 44, 76, 80
Bently, 116
Benton, 35, 37, 41, 45
Bentson, 33
Berdue, 127
Best, 73, 99-100, 103, 106, 108
Betts, 49
Bibb, 37
Bicket, 36
Bicknold, 118
Biddix, 135, 141-142
Biding, 6
Biggars, 43
Biggs, 88-89, 133-134
Billings, 111-112, 117-118, 120-121, 123, 125

Billins, 146
Billops, 87
Bingam, 125
Bingham, 93, 95, 113, 129
Bingman, 24
Binkley, 4-5
Bird, 55, 57, 116, 118, 121, 126
Bishop, 128, 131
Bitting, 19
Bivens, 36, 39, 44
Black, 20, 42, 134, 138
Blackburn, 92, 112, 118, 123, 126, 131
Blackman, 8
Blair, 38, 93
Blake, 54-57, 69
Blakney, 43
Blalock, 141
Blankenship, 146, 148
Blankinship, 147-148
Bledsoe, 12, 15, 60, 71
Blevens, 144
Blevin, 13
Blevins, 122
Blinson, 61
Blount, 84-85
Blunt, 33
Blythe, 40
Bobbitt, 75, 78-79, 82
Bodwin, 88
Boley, 47
Bolin, 129
Bolton, 67
Bond, 22
Booker, 18, 50, 52
Boone, 133-135, 147, 152
Boothe, 52, 56
Boother, 123
Boss, 42
Boston, 86
Boswell, 99, 104-105
Bottom, 75
Bouchelle, 117
Boughton, 2
Boulden, 45
Bovender, 6, 21-23

Bowden, 74, 110
Bowdon, 75
Bowen, 86
Bower, 53, 95
Bowers, 114, 126
Bowles, 15, 17
Bowls, 16
Bowman, 145
Bown, 58
Bowson, 45
Boyd, 79, 82
Boyet, 100
Boylan, 71
Boyle, 89
Boyt, 39
Boyte, 102
Bozman, 89
Bradbury, 98, 101
Bradford, 138, 152
Bradley, 150, 152
Bradly, 58
Bradshaw, 134-135
Brame, 78
Bran, 20
Branch, 36, 51-52
Brandle, 1, 15
Brandon, 11
Branham, 61
Brannock, 13
Branom, 10
Brantly, 45
Branton, 59
Brassfield, 58
Braswell, 44, 105
Braughton, 62-63
Bray, 12, 15-17
Breadlove, 94
Breadwell, 53
Brekell, 76
Brewer, 32, 66, 96, 126
Briant, 1-4, 25
Brickhouse, 26-29
Bridges, 73
Brigaman, 30, 47
Briggele, 100
Briggs, 133, 135, 138, 143, 148, 151

Bright, 51
Brigman, 38, 148, 152
Brinegar, 3, 122
Brinkley, 16
Brinkly, 133-135
Britt, 62, 103, 107-108
Brittain, 10
Broadwell, 59, 69
Brock, 132
Brodie, 79
Brogden, 59
Brogdon, 107-108
Brome, 118
Brooks, 4, 31-32, 60, 64, 66, 112-113, 119, 121-122, 144
Broom, 36-37, 41-42, 44, 46
Broone, 31
Brotherton, 126, 131
Brower, 17
Brown, 1-4, 6, 8-10, 15, 21-23, 36, 49-50, 52, 59, 63, 68-69, 75, 80, 82, 84, 86, 88, 91-92, 97, 107, 112-122, 126-127, 129-132, 151
Browning, 66
Browon, 112, 121
Broyhill, 128-129
Broyles, 133
Bruce, 21
Bruitt, 122
Brumbalow, 35
Bryan, 87, 102, 105, 110, 117, 120, 122
Bryant, 13-14, 62, 92, 135-137
Bucham, 123
Buchana, 140
Buchanan, 74-75, 135, 139, 142-144
Buckhanan, 120
Buckhanon, 96
Buckner, 148, 150-152
Budd, 109
Buffaloe, 54
Buffalows, 63-64
Bullard, 4, 31
Bullin, 17
Bullis, 117, 125
Bullison, 113

Bullock, 74-75, 87
Bunch, 69-71
Bunn, 70-71, 98
Burch, 3, 14-15
Burcham, 123
Burchett, 5, 74-75, 120, 122, 128
Burchfield, 144
Burge, 12
Burgess, 7, 56, 80
Burgin, 134
Burgis, 113
Burleson, 40, 134, 138, 140, 143-144
Burnett, 39, 44, 134
Burress, 140
Burrough, 82
Burroughs, 73
Burrows, 74-75
Burrus, 16
Burruss, 12
Burson, 107
Burt, 51, 80
Burton, 113
Burwell, 74
Busbee, 61, 63
Bushop, 94, 119
Buss, 103
Busstle, 119
Butcher, 12, 15
Butler, 142, 144
Buttery, 117-118
Byman, 106
Byram, 37, 74
Byrd, 135-137, 142, 145, 147
Byrom, 42
Byroom, 43
Cable, 94
Cahoon, 87, 90
Cain, 2, 24
Caisey, 100, 109-110
Calaham, 20
Calhoun, 88, 90
Call, 119
Callaham, 138, 148-149, 151
Calloway, 1, 3, 13, 15, 119, 125, 133-135
Caloway, 1

Calton, 1
Calvert, 79
Calyear, 99
Camer, 33
Cameron, 58, 101
Campbell, 7, 21, 48, 75, 144
Canada, 78
Canady, 53, 57
Cannon, 97
Canter, 16, 92, 124-125, 127
Canton, 30
Cantrell, 140
Capps, 81, 110
Caps, 74
Caraway, 45, 96, 109
Carlton, 3, 23, 94, 125, 130
Carpenter, 13, 32, 45, 54, 56, 58, 71, 96, 140-141
Carr, 6
Carrel, 94-95
Carrender, 4
Carringer, 4
Carrol, 93
Carroll, 62, 74, 79, 137
Carroway, 134
Carry, 115
Carsey, 107, 109-110
Carson, 88
Carter, 3-5, 9, 18, 22-24, 77-79, 81, 111-112, 123, 150-151
Carton, 33
Cartwright, 2
Carver, 111, 141, 152
Case, 92
Casey, 4, 7
Cash, 7
Cass, 115, 117
Castevens, 1, 10
Castle, 94
Castleberry, 53-54
Castlebery, 53
Castor, 11
Caudle, 112, 115, 120, 122-124
Causey, 109
Cave, 13
Cayson, 35

Chainey, 39
Chamberlin, 10
Chambers, 9, 114, 118
Chamblee, 70-71
Champon, 49
Chandler, 142, 146, 148, 151-152
Chaney, 31, 38, 42
Chansler, 148, 151
Chansley, 149
Chapell, 129
Chaplin, 29
Chapman, 20, 40
Chappel, 4, 9, 55, 64
Chathan, 115
Chaves, 37
Chavis, 48, 60
Cheavs, 43
Cheek, 8, 58, 73, 81, 125
Cheeks, 9
Cheny, 33
Cherry, 33, 87
Chesson, 83-84, 86-87, 89
Chestnut, 109
Chick, 76
Childers, 119-121
Childes, 17
Childress, 25
Childs, 141
Chin, 11
Choplin, 6
Christman, 18, 76
Church, 94, 113, 115, 117, 121, 125-126, 129-132
Cissle, 10
Claghorn, 84
Clanson, 92
Clanton, 81, 128
Clants, 43
Clark, 34, 37, 73, 75, 82, 93, 96
Clarke, 70, 150
Clary, 15, 122
Clauts, 43-44
Clayton, 29
Claywell, 10
Cleavland, 116
Clements, 50, 54, 58

Clifton, 67, 88-89
Clingman, 10
Clouts, 40, 43
Coats, 147, 150
Cobb, 107
Cochran, 112, 123, 128
Cockerham, 2, 14-15, 18
Cockerman, 13
Codey, 148, 150
Coe, 6, 17
Coffee, 96-97, 113
Cogdell, 108
Cohoon, 26-27, 29
Colbert, 2
Cole, 69, 77-78, 150
Coleman, 77-78, 105, 114, 118
Colemon, 105
Coley, 106
Colley, 32
Collins, 4, 8, 10, 17, 35, 41, 50-52, 61, 71, 75, 77, 83, 87, 89
Collis, 139, 143
Color, 19
Colvard, 129
Colvert, 4, 33
Combes, 28
Combs, 19, 113, 117, 119-120, 123-124, 128
Comer, 11
Comstock, 83
Conden, 34
Conder, 38
Connely, 123
Connolly, 143
Conrad, 5, 10
Cook, 9, 22, 24-25, 32-33, 82, 91-92, 97, 113, 119, 138, 148
Cooke, 55, 66, 69
Cooker, 93
Cooly, 57
Coombs, 106
Cooper, 16, 21, 26-27, 29, 58, 63, 65, 68, 94, 111, 128, 130, 137, 146
Coor, 101-102
Coounts, 99
Cope, 57

Copeland, 12, 15-16, 48, 61, 99
Copland, 43
Copley, 7
Cordell, 2
Cordle, 2, 21
Cornels, 95
Corprew, 85
Corroon, 27-28
Corss, 148
Corthorn, 76-77
Cosgrove, 28
Cosley, 33
Cothran, 111, 121, 125
Cothron, 74
Cotteral, 97
Cotton, 71
Council, 55, 91-92, 96
Cove, 12
Cowles, 20, 125
Cox, 18-19, 90, 101, 103, 107, 141-143, 145, 148
Cozart, 59
Crabb, 120-121
Crabtree, 58
Craddock, 83, 85, 88
Craft, 7, 87
Craig, 33-35
Craine, 40
Crane, 129, 131, 148
Cranfield, 11
Crankfield, 11
Crawford, 33, 63, 107, 151
Crawley, 49
Creach, 63
Creasmore, 134
Creed, 5, 12, 15, 18, 123
Creekmore, 9
Crenshaw, 34, 66
Creson, 5-6
Crews, 9
Critcher, 91
Critchfield, 15
Crocke, 104
Crocker, 53, 66
Croford, 43
Crommell, 2

Crook, 37
Cross, 85
Crouch, 123
Crouse, 122, 125
Crow, 34, 108
Crowder, 48, 50, 54, 60, 150
Crowell, 34, 36, 38-39
Crows, 117
Crumpler, 122
Cry, 32
Cryer, 40
Crysal, 127
Crysel, 119
Crysle, 127
Culver, 111
Cumbo, 20
Curlee, 32, 41-42, 47
Curry, 111, 116
Cursawn, 142
Curtis, 77, 93, 126, 131
Cuthberson, 40
Cuthbertson, 42, 44
Dackery, 119
Dains, 98
Daley, 74
Dan__, 128
Danathan, 18
Dancy, 112, 115, 128
Daniel, 22-23, 58-59, 74-75, 96, 100, 103-106, 108
Danner, 11, 93
Dantor, 82
Darden, 99, 103
Darnell, 14, 77, 121, 123
Dasten, 43
Daston, 74
Daubor, 82
Davenport, 27, 29, 83-90, 92
Davis, 1-3, 5, 7, 11, 13, 18, 22, 25, 33-34, 38, 45-47, 52, 65-66, 73-74, 77, 80-82, 86, 88-89, 91-93, 97-98, 100, 102-105, 107, 110, 115, 124-125, 128-129, 131, 139-140, 149-151
Dawkins, 43
Day, 8-10, 97, 111, 118
Deals, 107

Dean, 144
Deason, 35
Deavenport, 141
Debnaur, 68-69
Deck, 25, 43, 45, 47
Deens, 106
Dees, 98
Deese, 35
Delany, 33
Demsy, 93
Denney, 7, 9
Denning, 107-108
Dennis, 51
Denny, 19, 119
Denton, 12
Devenport, 139
Devial, 124
Devina, 79
Deyton, 136-139
Dick, 25
Dickens, 13
Dickerson, 10, 20, 40, 47, 73, 99, 124
Dickons, 13
Dickson, 87, 141-142
Dicky, 139
Dillan, 113
Dillard, 129
Dilliard, 57
Dillinger, 96, 134, 141
Dillon, 31, 90
Dimmit, 120
Dinkin, 95, 125
Dinkins, 6, 24
Dishman, 116, 119
Dixon, 11, 24, 130
Dobbin, 79
Dobbins, 1, 4, 9, 22
Dobson, 17
Dodd, 146
Dodge, 21
Dodgion, 133
Dodson, 93
Dollahite, 17
Dolton, 20
Donnel, 20

Dorum, 67
Doss, 4, 18
Doster, 31, 43
Doster, 46-47
Douglas, 13-14, 86
Douglass, 23, 123
Douthet, 7
Dowd, 53
Dowel, 116
Downing, 84
Doxx, 16
Dozier, 22
Draffin, 36
Drake, 73, 75, 78
Draper, 17
Draughn, 12, 16, 19
Driver, 8, 51
Dry, 32
Duck, 94, 151
Duckett, 87
Duggar, 93, 95
Duggas, 95
Duke, 73, 76-77
Dula, 115, 117, 130
Dulen, 44
Dumegar, 12
Dumes, 17
Dumiegan, 12
Dunbar, 26
Duncan, 74, 78, 124, 134
Dunkin, 47, 127
Dunman, 24
Dunn, 40, 46, 64, 66-68, 71, 110, 132
Dupree, 51, 62-63
Durden, 49
Durham, 8, 108, 111, 116, 119, 124, 128, 130
Durkell, 123
Duvell, 123
Dyer, 117
Dyre, 95
Eamery, 60
Earp, 59, 64, 69
Earl, 144
Eason, 35-37
Eastep, 130
Eastes, 57
Eastus, 97
Eatman, 54
Eaton, 79, 81-82
Eddings, 68
Edelmon, 24
Edge, 133
Edgerton, 82, 98-99
Edmondson, 105, 113
Edmonson, 99, 101-103, 105-106
Edmunds, 78
Edney, 152
Edwards, 4, 10, 13, 16, 32, 50, 54-56, 68, 73, 82, 101, 106, 110, 120, 135, 137-138, 142, 145-147
Egerton, 77
Eggers, 92, 94
Elders, 150
Eldridge, 1
Elis, 68
Elkins, 142, 147
Elledge, 112, 121
Ellege, 112
Ellen, 60-61, 65, 129
Eller, 34, 113, 117, 128, 130-131
Ellice, 99
Ellington, 75
Elliot, 109
Elliott, 35, 46
Ellis, 17, 68, 70, 77, 96, 112, 117, 120-122, 131, 140, 142
Elloba, 43
Elmore, 8, 100, 103
Elrod, 91, 93
Emery, 55, 65
England, 148
English, 141
Ennis, 50
Eperson, 7
Epps, 110
Errpe, 130
Ervin, 96
Erving, 114
Erwin, 140
Estes, 57, 59

Etheridge, 70
Ethridge, 29
Evans, 6, 8, 16, 49, 58, 73, 76, 78-79, 113, 135-136, 145
Everett, 84-86, 107
Ewing, 46
Exum, 103, 105
Fagan, 84-85
Faim, 74
Fair, 11
Fairchild, 91
Fairchilds, 130-131
Faircloth, 3
Faison, 67-68, 70
Falkner, 75
Fanner, 95
Farecloth, 100
Fargurson, 117
Farington, 8
Farlon, 43
Farmer, 38
Farrell, 103, 106
Farrington, 3, 22
Farris, 20
Farriss, 20
Farthing, 92, 94
Faulcar, 82
Faulk, 35
Fedder, 128
Feild, 76
Feilds, 18, 102
Felts, 7-9, 78, 113-114
Fender, 146
Fendleson, 101
Ferrel, 56-60
Ferrell, 67, 70
Ferrill, 67, 70
Fetts, 113-114
Fields, 123
Finch, 55, 73
Fincher, 30, 40
Finley, 117, 119
Finly, 115
Finney, 8
Fish, 49
Fisher, 34

Fitts, 82
Fitzmorris, 86
Flath, 65
Flecher, 58
Fleming, 3, 6-717, 21-22, 73-74, 76, 81
Flemming, 64, 67, 133
Fletcher, 5, 21, 94, 113, 115-116
Flin, 4, 6
Flinn, 6
Flipping, 19
Flowers, 36, 109
Foard, 38-39, 114
Fonce, 130
Foot, 11, 78
Forbes, 28, 138, 143-144
Ford, 92, 95
Fordam, 73
Forde, 55
Forehand, 106
Forester, 127
Forhand, 106
Forkner, 24-25
Forrester, 116
Fort, 62-65
Fortner, 73, 75
Foster, 71, 75, 96-97, 115, 117, 125, 129-131, 137
Found, 34
Fowler, 31, 38-39, 69-71
Fox, 97, 127, 130, 137
Franklin, 13-14, 18, 49, 96, 147-149
Franks, 49-50, 150
Fraseuer, 100
Frazier, 64, 84, 126, 129
Freeman, 8, 12, 39, 51, 58-59, 67-68, 70, 85, 89, 141, 144
Fugett, 123
Fulcher, 85
Fuld, 102
Fulds, 110
Fulgham, 98
Fulk, 18-19
Fuller, 53
Fulton, 17
Fults, 12

Fuqua, 49
Furgerson, 114, 130, 147, 151
Furgurson, 117, 119, 123, 130
Furguson, 126, 129
Furlaugh, 83, 88-90
Furlough, 90
Futral, 108
Gabard, 11
Gadbury, 21
Gaddis, 52, 134
Gaddy, 141
Galaspy, 25
Galby, 120
Gale, 80
Gallaspy, 12
Gallean, 12
Gallian, 13
Gallop, 83
Gambill, 111-112, 117-118, 121, 131
Game, 100-101
Gammon, 19
Gardner, 44, 46, 49, 52, 78, 102, 105, 144-145, 147, 152
Garland, 133, 139, 143-145, 147
Garley, 45
Garner, 11, 106
Garrett, 85, 88
Garris, 120
Garriss, 100-102
Garrot, 73
Gary, 47
Gates, 12
Gaylord, 84, 86
Gennet, 108
Gentle, 127
Gentry, 7, 12-14, 111, 118, 121, 123, 128, 149
George, 56, 146, 149-150
Gerkins, 86-87
German, 126, 129
Gester, 6
Gethings, 43
Gibbons, 19
Gibbs, 73, 127, 134
Gibson, 37, 41, 51
Gilbert, 140-141

Gilbreath, 124
Giles, 88
Gill, 57, 59, 65-66, 78
Gillam, 113, 120, 129
Gillaspy, 12, 15
Gilliam, 19
Gillis, 150-151
Gillispie, 150
Gillmer, 93
Gilpin, 25
Gilreath, 127-128, 131
Ginnet, 107-108
Ginnett, 105
Gipson, 28
Girley, 32
Givens, 33
Glass, 111, 115-116
Glen, 94
Glenn, 5, 19, 46, 58
Godfrey, 2, 27, 29-30, 32, 35, 40
Godwin, 32, 45, 49
Goff, 2, 6, 11, 20
Goforth, 2, 124-125, 131
Goings, 112
Goldenmoney, 141
Golding, 12, 14, 18
Goldsmith, 149
Gooch, 58-59
Goodman, 90
Goodwin, 52, 54-55, 60
Gorden, 19, 35, 37, 41
Gordon, 12, 19127
Gorlet, 83
Gorman, 43, 114
Gosnell, 146, 148-149
Goss, 8
Gouge, 139, 142-143
Gover, 50
Gower, 60, 62
Gowler, 31
Graddy, 109-110
Grady, 59
Gragg, 92-94
Gramwell, 111
Grant, 2, 99-100
Grantham, 107-108

Graves, 15
Gray, 25, 113, 115-116, 118, 120, 130
Greear, 9
Green, 8, 36, 45, 56, 62, 68, 71, 74, 79, 86, 91, 93-94, 96-97102, 118, 120, 139-140, 142-143
Greene, 32
Greenlee, 133
Greenwood, 2, 14-15, 17, 116
Greer, 31, 92-93, 96, 116, 120, 124, 128-130
Gregory, 49, 69, 114, 116, 118, 131
Grene, 45
Grier, 36
Griffen, 71
Griffey, 148
Griffin, 17, 19, 31-32, 35-39, 41-42, 44-47, 66, 86-87, 115, 140, 148, 151
Griffis, 49, 62
Griffith, 135, 138, 148, 152
Grigory, 147
Grimes, 117, 121
Grindstaff, 143
Grinstaff, 138-139, 143
Grinton, 113
Grissum 57
Griswold, 106, 109
Grooms, 148
Gross, 1-2, 4, 8, 10-11, 20, 23
Grune, 32
Guinn, 45
Gulley, 49
Gully, 59
Gunter, 52, 148
Gurganus, 86
Gurley, 37, 101, 106, 141
Guye, 37
Guynn, 14, 18
Gwyn, 94, 96, 119, 123
Hacket, 85
Hackett, 125
Hadley, 22, 104
Hagaman, 93-94
Hagler, 43-45, 115
Hagood, 77

Hail, 5
Haines, 15
Hair, 11, 23, 146
Haithcock, 7981
Hale, 107
Hales, 98
Haley, 43
Haliburton, 58
Hall, 6, 11, 24-25, 47, 54, 58, 75, 80, 112, 115-119, 121-122, 126, 129, 133, 135
Hallaway, 115
Haller, 99
Halter, 99
Ham, 99-100, 106
Hamby, 9, 94, 126-130
Hamilton, 44, 46, 48, 102, 118
Hamlen, 17
Hamlet, 80, 97
Hamlin, 17
Hamline, 152
Hammock, 18
Hampton, 10, 23, 89, 91, 95, 113-114, 116, 120, 127, 136-137
Hancock, 6
Handley, 102
Handy, 122, 126, 130
Hanes, 3, 20
Haney, 134
Hankel, 126
Hanks, 112
Hannoh, 30
Hardcastle, 58
Hardin, 11, 93, 96,
Hardison, 90
Hardy, 80
Hare, 74, 90
Harget, 44
Hargett, 38-39, 41
Harkey, 33, 38
Harkness, 34
Harlly, 92
Harman, 95
Harmon, 34, 95
Harper, 66
Harrard, 55

Harrell, 36, 108
Harris, 3-4, 7, 10, 16, 29, 31, 34, 41-43, 58, 66, 73-76, 78-82, 91, 109, 114, 117, 123-125, 137-128, 134-135, 145
Harrison, 34, 50, 65-66, 84-86, 92, 97
Harriss, 13-14, 19, 59, 71
Hart, 36
Hartis, 40
Hartley, 93-95
Hartly, 94, 97
Hartrave, 7
Hartsfeld, 66
Hartzog, 128
Harvel, 8, 11
Hase, 92, 95
Hassel, 28, 84-85, 87-90
Hassell, 26-27
Hassle, 26, 84
Hastey, 32
Hastings, 101
Haston, 75
Hasty, 35-36
Hately, 93, 95
Hathaway, 29
Hatton, 97
Hauser, 11, 19-20
Havender, 126
Hawkins, 76, 79, 82, 121
Hawks, 13, 77-78, 123
Hawlie, 45
Hayden, 36
Haymore, 25
Haynes, 18, 124
Hayns, 124
Hays, 10, 31, 33, 58, 73, 93, 96, 100, 103-104, 116, 122, 124, 126-127, 129, 131-132
Haywood, 38, 61, 71
Head, 7, 42
Heath, 33
Hedgpeth, 58
Hedrick, 137
Hellams, 31, 39
Helms, 30-38, 41-47

Helton, 3, 23, 43
Hemby, 34, 38
Hemsley, 76
Henderson, 74, 118-119, 123-124, 135
Hendren, 119
Hendren, 119, 125, 131
Hendrick, 77
Hendricks, 4, 9
Hendrix, 95, 113, 118-119, 125, 131
Henline, 139
Henly, 65
Henning, 5
Hensley, 133, 136-137, 142, 145-149, 151-152
Henson, 95, 100, 144
Herald, 116, 121, 131
Heren, 18
Herndon, 55
Herrald, 112, 115
Herrill, 143-145
Herring, 100, 107, 109-110
Hester, 67
Hiatt, 42
Hicherson, 123
Hick, 78
Hickman, 18
Hicks, 10, 57, 60, 63, 66, 70-71, 73-74, 77, 80, 95-96, 116, 141, 143
Hier, 96
Higgins, 117, 120, 131, 135, 137,146
High, 56, 71
Hight, 73
Hileman, 137-138
Hill, 19-20, 24, 56-58, 66-67, 69, 102-103, 107-108, 110, 120, 144
Hilliard, 74-75
Hilyard, 94
Hincher, 127
Hines, 71, 99, 101, 110
Hinshaw, 2, 21
Hinson, 32, 42
Hinton, 63, 66, 71, 114
Hix, 125-126, 128
Hobbs, 69
Hobbson, 22

Hobby, 61
Hobson, 5, 21-23
Hodge, 68 71, 92
Hodges, 12-13, 67, 91-94, 97
Hogwood, 68
Holaway, 112
Holbrooks, 112, 117, 121-122, 131
Holcomb, 2-4, 8, 10, 23-24
Holcombe, 147-148, 150-151
Holden, 9, 46
Holder, 56, 69, 91, 117
Holding, 66
Holefield, 141-142, 148, 150
Holeman, 92, 131
Holesclaw, 93
Holeyfield, 16-17
Holifield, 150
Holinsworth, 24
Holland, 40, 49-51, 119, 149
Hollaway, 122
Holleman, 71
Holley, 45
Holliday, 26, 84
Holliman, 25
Hollinsworth, 24
Hollis, 89
Hollomon, 104, 107-108
Hollon, 104
Hollow, 104
Holloway, 65, 146
Hollowell, 101, 105-106, 109
Holly, 42, 47
Holmes, 28, 32, 107, 109
Holoman, 3, 9, 51-53
Holoway, 58-59
Hogan, 58
Holseclaw, 96
Holsey, 26
Holt, 52, 101, 113, 126, 149
Holton, 70
Holtsclaw, 96
Holyfield, 15
Honeycut, 37, 118
Honeycutt, 61, 63, 65, 69, 133, 135-136, 138, 144, 150
Hood, 33, 71, 108

Hooks, 38, 98-100, 104, 109
Hooper, 78, 81
Hoots, 11, 20, 111
Hopkins, 70, 87
Hopper, 139
Hopson, 55-56 140-142, 144-145
Horn, 36, 43, 47, 103
Horris, 30
Horton, 7, 38, 43, 54, 63, 68-70, 91, 93, 97, 125, 127, 145-147
Hoskins, 28
Hott, 113
Hough, 2, 20
House, 34, 55-57, 67-68
Houser, 5, 11, 19-20, 22
Houston, 30, 34, 36-37, 40, 92, 140
Howard, 8, 20, 30, 33, 40, 48, 64, 82, 107, 118, 124-125, 143, 150
Howdad, 48
Howel, 9, 52-53
Howell, 98-99, 101-102, 106-107, 125, 136-137, 142
Howerton, 20
Howie, 30-31, 40
Howman, 10
Hoyl, 73
Hubbard, 119
Hubble, 84
Hubbord, 124, 127-128
Hudgings, 81
Hudgins, 77
Hudson, 1, 37, 53, 55
Hudspeth, 1, 4, 10
Huff, 2, 12
Huffman, 23, 124, 126
Hufman, 125
Hughes, 109
Hughs, 24, 76, 137-138, 140, 143-144
Hundley, 35
Hunicutt, 49
Hunt, 118
Hunter, 5, 9, 19-20, 24, 49-50, 52, 59, 64, 76, 135
Hunting, 10
Huntley, 41

Hurst, 110
Hurt, 1, 14, 22
Huske, 59
Huskins, 141
Hutchens, 7, 10-11, 20-22, 24, 134
Hutchings, 62, 71
Hutchins, 6, 21, 144
Hutchison, 125, 131
Hutson, 131
Hyatt, 16
Imegan, 108
Ingold, 111
Ingram, 39, 101, 140
Inman, 25
Inscore, 115
Irby, 31, 37, 43, 47
Ireland, 3
Irvin, 22
Isaac, 95-96
Isaacs, 13-14, 92-94
Ivey, 33, 52, 64, 100
Ivy, 33, 64
Izzell, 40
Jackson, 7, 17, 19, 24, 42, 57-59, 86-87, 1441
James, 30, 44-46, 77, 96, 119, 129, 131
Jarman, 35
Jarret, 5
Jarrett, 143, 148
Jarvis, 12, 17, 28-29, 114, 116
Jefferson, 7
Jeffrys, 64
Jenkes, 78
Jenkins, 10-11, 31-32, 38, 43, 77, 80, 99, 126
Jenning, 113
Jennings, 112, 114, 118, 122
Jernigan, 108
Jerome, 31, 42
Jervis, 142, 150-151
Jessop, 22
Jessup, 24
Jester, 21
Jethro, 86, 89
Jewell, 60

Jinings, 1
Jinkins, 10, 113
Jinks, 52-53
Johns, 63
Johnson, 2, 4-5, 7-10, 12-13, 16, 18, 21, 25, 27, 61-63, 71, 73, 77, 79-80, 82, 85, 87, 94, 96, 102, 111-112, 114, 116-119 120-121, 123-124, 128, 133, 138, 149
Johnston, 89, 101-102
Joiner, 5, 7, 107
Joines, 115, 121-122, 125, 127
Joins, 115, 120
Jones, 1-2, 8, 12, 15-16, 18, 27, 48-51, 53-55, 57-62, 64-71, 75-76, 82, 92, 99, 101-102, 104-105, 112, 126, 129, 136, 147
Jonston, 48-49, 52, 55-56
Joplin, 65
Jordan, 35, 43, 49, 53, 61, 63, 67, 70, 76
Jorden, 75, 103, 108
Journey, 16
Judd, 51
Judkins, 81
Justice, 64, 77, 140
Kane, 54
Kath, 65
Kear, 6
Kearney, 75, 79, 81-82
Keen, 36
Keener, 140
Keeton, 95
Keith, 54, 57, 65, 135, 150, 152
Keker, 43, 45
Kelby, 116
Keller, 117
Kelley, 86
Kelly, 4, 17, 61, 67-68, 109
Kemp, 118
Kenady, 3
Keneday, 112, 120
Kenedy, 14
Kennedy, 100-101, 107
Kerr, 6
Kersey, 74

166

Keton, 11
Key, 15-17
Keys, 3
Keziah, 34, 38, 41
Kidd, 18
Kilby, 122, 128-129
Kimbro, 20
Kindell, 132
King, 11, 19, 35, 40, 42, 48, 54-61, 67-68, 77-78, 80, 108-109, 145-146, 149
Kirby, 13
Kirk, 7
Kittle, 6
Kiziah, 39
Knight, 64
Knowles, 84, 87
Knox, 104
Kornegay, 109-110
Krowe, 14, 19
Ladd, 7
Laffoon, 12, 65
Laintings, 81
Lake, 78
Lakey, 4-5
Lamb, 90, 103-104
Lambert, 25
Lamkins, 81
Lamy, 97
Lancaster, 80-81, 106
Land, 129-130
Landers, 148-149
Lands, 93-94
Landsdown, 125
Lane, 19, 102, 106, 115, 129
Lanes, 37
Laney, 37, 40, 42, 46
Langford, 75
Langley, 83
Langston, 50, 98-99, 102, 106
Lansen, 44
Lany, 30
Laraton, 123
Larris, 84
Lashly, 51
Lasiter, 49

Lassiter, 11, 64, 68
Laster, 19
Lasty, 37
Latham, 85-86, 89
Laurence, 52-53
Lawriting, 76
Laws, 65, 113-114, 123-128, 132, 135-137
Lawson, 30
Leak, 17
Leaman, 6
Leary, 85, 87-88
Leatherman, 137
Ledford, 135-139, 143
Lee, 45, 54-55, 59, 67, 69-70, 87, 89, 121, 123
Leggett, 84-85
Leigh, 28
Lemay, 71
Lemmond, 42
Lemmonds, 40
Lemond, 38
Lenderman, 126
Leonard, 35
Leopard, 69
Lepsford, 127
Lesenberry, 141
Leslie, 50
Letliff, 12
Lewellen, 35
Lewis, 3, 7, 12, 14, 25-26, 29, 34, 53, 61-62, 79, 84-85, 87, 89, 92-93, 95, 97, 99, 102, 104, 107, 109, 115-116, 118-119, 124, 128, 133, 138, 146, 150
Lifford, 96
Ligon, 64, 66
Liles, 35
Linbach, 127
Linch, 4, 6, 51, 53, 101
Lincoln, 36
Lindley, 7, 108
Lindsay, 90
Lindsey, 7, 10
Link, 41
Linkafelt, 140

Linn, 58
Linville, 20, 24
Lisle, 64
Lisles, 70
Lisse, 96
Litchfield, 27
Little, 31, 42, 44-45, 47, 65, 79-80
Liverman, 89
Livermore, 26-27, 29
Livington, 130
Lloyd, 149
Lockhart, 43
Locklear, 66
Locklier, 48, 57
Loftin, 110
Logan, 4-5, 21
Lomack, 129
Long, 2-3, 10, 23, 38, 40, 42-44, 83, 85, 88-90, 121-122
Longbottom, 9
Lopps, 131
Loring, 141
Lorrance, 115
Lothariss, 39
Lourance, 93
Love, 12, 44-45, 95, 124-125
Lovelace, 124
Lovell, 16, 19
Lovet, 152
Loving, 139, 141
Low, 13
Lowe, 56
Lowery, 39, 141, 151
Lowrey, 65
Lowrie, 35, 41, 47
Lowry, 124
Lowtharpe, 47
Loyd, 73
Lssarger, 17
Lucas, 87, 103
Luckabill, 92
Luffman, 12
Lunsford, 114
Luntaford, 94
Lusk, 92
Luter, 55

Lynn, 21, 56, 58
Lyon, 111, 117, 122-124, 126
Lyons, 56
Lyttle, 36
Maberry, 114
Mabry, 7475, 79, 114
Mabury, 7
Macarter, 142
Mace, 141-142
Mackey, 21-22
Mackie, 23
Macklin, 48
Maddox, 46
Madison, 118
Maginnis, 125
Magnum, 57
Mahaffee, 7
Mahathy, 117
Maidnard, 53
Main, 92
Mainard, 22, 53-55
Mainer, 54
Maison, 89
Mallard, 109
Malone, 71
Maney, 146
Mangum, 57, 65-66
Manis, 136
Mankins, 12
Manly, 71, 108-109
Mann, 28, 53
Manner, 98
Manus, 47
Marcome, 55
Marcum, 54, 56
Marcus, 39, 56
Mariner, 86-87
Marion, 12, 16, 18-19
Markum, 56, 58
Marler, 6
Marley, 130
Marlow, 119, 124-125
Marly, 125
Marning, 105
Marriner, 85
Marrion, 19

Marriott, 70
Marsh, 13-15, 35-36, 41, 121
Marshal, 59
Marshall, 14-15, 17, 75, 80
Marshman, 69-70
Martian, 77
Martin, 2, 5-6, 9-10, 18-20, 22-24, 40, 58-59, 76, 82, 105, 108-109, 113, 118-120, 127, 148
Mase, 97
Mash, 32, 129
Mashburn, 134, 141
Mason, 28
Mass_, 35
Massey, 30, 33, 38, 40, 70-71, 108
Massingill, 61
Mast, 93, 95-97
Masters, 145
Mastin, 111, 114, 129
Matheews, 6
Mathes, 141
Mathews, 6, 8, 20, 40, 124
Mathis, 116
Maton, 56, 58
Matthews, 5, 50
Mattison, 8
Mattox, 99
Maxey, 151
Maxwell, 14, 38
May, 11, 45, 59
Mayberry, 65
Maybray, 141
Mayfield, 77
Mayo, 103
McBrayer, 139
McBride, 1, 3, 20, 41, 45, 93, 111, 113-114, 116, 120
McCabe, 29, 87, 90
McCain, 33-34
McCalister, 28
McCall, 36, 38, 142
McCallen, 108
McCan, 111
McCanles, 97, 147
McCann, 123
McCarter, 16

McCary, 114
McCauley, 47
McClain, 95
McClary, 89
McClees, 27-28
McClere, 96
McCollom, 39
McCollum, 16, 23, 36
McCorkle, 33, 37-38
McCourmon, 46
McCoursman, 33
McCoy, 37, 144, 148-149
McCracken, 143
McCrae, 29
McCrary, 117
McCraw, 17-18
McCroy, 39
McCullers, 48, 60
McCurry, 134-136, 140
McDade, 64
McDaniel, 111, 116, 128
McDowell, 134
McElroy, 133, 147
McFalls, 142, 150
McGee, 55-56, 126-127, 140
McGeen, 17
McGill, 20
McGimprey, 137
McGlemry, 115, 128-129
McGrady, 112
McGraw, 17
McGuire, 3, 93
McHone, 142, 150
McIntosh, 145-148
McItver, 33
McKenne, 107, 110
McKenny, 136
McKibbon, 40
McKiney, 16
McKinney, 18, 138-139, 141
McKinny, 18, 139, 143
McLaughlin, 33, 36
McLean, 37, 126, 150-151
McMahan, 133-134, 142, 147
McManus, 33, 44
McMastins, 123

McMickle, 12-14
McNeal, 112-113, 115, 119, 126-129, 131, 142
McNeely, 33, 117
McNight, 24
McPeeters, 133-134
McQuirt, 40
McRadey, 112
McRamey, 17
McRamy, 17
McRary, 112, 123
McVay, 148
McWiter, 46
Mead, 64
Meadows, 126
Meazel, 84
Medlin, 31, 37, 39, 41, 48, 57-58, 69, 100
Meekins, 28
Melton, 11, 43
Menttry, 130
Merideth, 54
Merit, 53
Mermon, 14
Merrill, 150
Merryman, 113
Mervin, 100
Messer, 61
Messick, 8-9
Metcalf, 147, 149, 151-152
Mexxic, 7
Mica, 19
Michael, 6, 20
Michel, 82
Mickel, 123
Midkey, 25
Midyett, 28
Mike
Mikel, 44, 116
Milam, 82
Miller, 4-5, 11, 20, 31, 33-34, 85, 91-92, 95-96, 111, 115, 121, 129, 137, 143, 145
Milles, 117
Mills, 7, 23, 41, 43, 52-53
Millsap, 20

Millsaps, 131
Mims, 52
Minish, 2
Minshur, 105
Mintin, 113
Minton, 25, 113, 115, 125-128
Mires, 11, 22, 24
Mitchael, 6
Mitchel, 8, 24, 53, 91, 94-95
Mitchell, 67-69, 94, 98, 114-115, 119, 147
Mitchener, 62
Mond, 34
Money, 8-10, 114, 118
Montague, 71
Montgomery, 47, 82
Mooda, 131
Moody, 14, 47, 81, 93, 95-96
Moon, 105, 107
Mooney, 130
Moor, 60
Moore, 15, 17-19, 30, 32, 34-36, 38, 60, 81, 85-87, 107, 115, 118, 120, 124
Mooring, 53, 56
Mordecai, 64, 71
More, 15, 19
Morgan, 35, 53-54, 118-119, 127
Moring, 67
Moris, 100
Moritz, 91, 95
Morning, 105
Morplew, 96
Morris, 28, 30, 46-47, 54-56, 99, 125
Morrison, 4, 10, 30, 123
Morriss, 43, 48, 54
Morrow, 135
Mortly, 130
Mosaig, 53
Mosely, 14, 79
Moser, 41, 44, 46
Moses, 100
Mosingo, 102
Moss, 74, 84, 145
Motton, 20
Mourning, 68

Moxley, 2
MtGomery, 122
Muasy, 31
Muckelroy, 31
Muiga, 82
Mullens, 71
Muller, 30
Mullins, 64, 91
Mullis, 31-32, 36, 42, 44-47, 118
Mumford, 104
Munday, 91, 93
Munkers, 13
Murphey, 101
Murphy, 24, 142
Murrell, 65
Murry, 51
Muse, 38, 40, 43
Musgrave, 101
Musgrove, 99
Mushans, 78
Mustians, 78
Myatt, 49, 60-61
Myers, 118
Myres, 3, 6-7, 116
Myrick, 77-78
Nading, 11
Nale, 36
Name, 46
Nance, 32, 115
Napier, 124
Nash, 41, 51
Nations, 12
Natt, 120
Naylor, 9
Neall, 80
Needham, 25
Neele, 36
Neely, 33, 36
Neil, 65
Nelby, 115
Nelson, 33, 35
Nesbit, 34, 47
Newberry, 88-89
Newell, 34, 81, 109
Newman, 5, 74
Newsom, 47, 66, 102-105

Newson, 36, 103
Nicholls, 69, 88
Nichols, 1-2, 16, 57, 59
Nicholson, 4, 15, 77, 79-80, 82
Nickolds, 115, 125, 128-129
Nickoldson, 114
Night, 130
Nipper, 60, 65
Nix, 10, 21, 23
Nixon, 13, 15, 63
Norcom, 89
Norcott, 30, 38
Noris, 92
Normal, 5, 11
Norman, 3, 6-7, 9, 11-14, 21, 26, 29, 88-90, 113-114, 143
Norris, 91-93, 96, 109
Norriss, 50-51
North, 21
Northam, 101
Norton, 15, 147-149, 151
Norvell, 69
Norwood, 64, 81
Nowell, 62, 64, 69
Null, 19
Nunn, 110
O'Neil, 65
O'Rorke, 71
Oakes, 140
Oakly, 58
Oddle, 126
Odell, 148
Odom, 136, 145
Odum, 108
Oglesby, 13, 125
Olive, 52-53
Oliver, 49, 52-53, 83-85, 88, 127-128, 151
Ollis, 140-141
Oneal, 59
Ormon, 107
Ormond, 37
Orsborn, 40
Osborne, 41, 46, 87
Osburn, 124
Outlaws, 106

Overbee, 61
Overton, 29, 87, 90
Owen, 19, 25, 33
Owens, 28-29, 34, 88, 112, 121, 126
Pace, 63, 67-69
Page, 55-56, 60, 105
Pagett, 125
Paine, 18
Pair, 53
Palmer, 79
Pardue, 75-76
Parham, 59
Park, 23
Parker, 23, 27, 35, 42-43, 46, 63, 69, 78, 100, 107, 116, 118-119, 124, 129, 144-145
Parkes, 123
Parks, 100, 102-103, 113, 116-117, 120, 123, 127
Parlier, 117, 119, 127, 131
Parmore, 48
Parnal, 22
Parris, 150
Parrish, 60-61, 63, 69-70
Parson, 10
Parsons, 113, 126, 129-130
Partee, 117
Partilla, 78
Partin, 49, 52, 63
Parting, 49
Paschal, 21
Paschall, 75-78
Pasmore, 50
Passmore, 96
Pate, 99, 101-102, 106, 136, 145-146
Patillo, 74
Patrick, 27, 51, 84, 89, 121
Patson, 33
Patterson, 2-3, 5, 21, 25, 33, 76, 126, 135-136
Patton, 141
Paul, 34
Paxton, 33-34
Payne, 115, 129, 149
Peace, 49, 57, 67
Peacock, 98, 102

Peal, 102, 110
Pear, 69
Pearce, 66-68, 71, 87
Pearcy, 77
Pearsall, 110
Pearson, 51-52, 80, 98, 102-103, 116, 127, 140
Peck, 71, 138
Pecock, 102
Peddy, 51
Peek, 149-150
Peel, 25
Pegram, 82
Pell, 24
Pender, 89
Pendergras, 115
Pendergrass, 70, 73, 118
Pendleton, 57
Pendry, 1, 4, 23
Peniger, 37
Penland, 133-134, 142, 147
Penley, 97
Penly, 141, 150-151
Pennal, 113
Pennel, 91, 97
Pennington, 57, 94
Penny, 48, 52, 57-59, 61
Peny, 89
Peoples, 67
Pepkin, 108
Perdue, 14, 113-115, 120, 122, 125-127
Pericy, 96
Perisher, 26
Perkins, 98-99, 101-102, 104, 120
Perkinson, 77
Perphew, 94
Perry, 47, 53, 60, 64, 66, 68, 70, 96
Person, 82
Pertette, 23
Peterson, 136-137, 145
Pettiford, 18
Pettigrew, 29, 83, 88
Pettit, 4
Petty, 128
Pettyjohn, 8-9, 89

Phelps, 63, 83, 86-90
Phifer, 34, 41-43, 45, 47
Philip, 127
Philips, 4-7, 12, 21, 24, 31, 38, 42, 45, 111, 124, 126
Phillips, 14-15, 43, 69, 136-138, 141-142, 144-146, 152
Phillops, 14
Philmon, 37, 46
Phipps, 148, 152
Pierce, 85, 114, 128
Piercy, 146-147
Pierson, 21
Pigg, 35
Pike, 79, 98-99, 102
Pilchard, 24
Pilkinton, 94
Pinkley, 1
Pinnix, 3, 8-9
Pinyon, 44
Pipes, 116
Pipkin, 102, 108, 110
Pitchford, 75, 77, 81
Pitman, 81, 139-140, 142-143, 147
Pleasants, 55
Plummer, 74, 76
Plyler, 47
Poe, 14
Poer, 134
Poindexter, 5-7, 22
Polk, 31-32, 36, 42
Pollard, 54, 58
Ponder, 151
Poole, 61-63
Pope, 44, 48, 50, 59, 76, 99, 103-104, 106
Poplin, 10, 120
Porter, 30, 38, 119
Potter, 63, 92
Potts, 5-6, 40
Pounds, 35
Powel, 49, 132
Powell, 62, 66, 68, 77, 80-81
Powers, 55
Prather, 122
Praytor, 122

Preslar, 30-31, 41, 46
Presley, 36, 41, 47, 135, 149
Presly, 127, 130
Presnel, 93, 95
Pressan, 38
Pressley, 44
Pressnel, 93
Presson, 31, 44
Prevet, 104
Prewet, 10
Prewit, 144
Price, 39, 44, 69, 95, 98, 108-110, 125, 127
Prichard, 32, 76, 144
Pridgen, 108
Prim, 5
Pritchet, 27, 96
Privett, 70-71
Privit, 114, 130
Privitt, 114, 118, 120
Proffit, 131
Proffitt, 137, 142, 145, 152
Profit, 97
Prophet, 95
Prowt, 96
Pruit, 111-112, 118, 122
Puckett, 18
Pullen, 64, 68, 70
Pulley, 60
Purdew, 8
Purdue, 32
Purify, 66
Puryear, 10
Pussen, 45
Pusson, 1
Pyatt, 140
Pyran, 39
Queen, 115, 125, 131
Quincey, 73
Racock, 84
Radford, 106, 145, 147, 151
Ragan, 52, 91
Ragsdall, 113
Raiborn, 55
Raines, 66
Rains, 124

Ramey, 13
Ramsey, 45, 137, 149-151
Ramsour, 76
Rand, 60, 62
Randolf, 40
Randolph, 137-138
Rankins, 120
Rash, 113-114, 127
Rasse, 37
Rasy, 114
Rathbone, 141
Rawley, 18
Ray, 4, 8-10, 57, 59-60, 64-65, 70, 92,, 115, 126, 130, 133-134, 145-148, 150-152
Rayner, 71, 107
Rea, 87
Read, 77, 105
Reaner, 37
Reaves, 16, 121
Reavis, 11, 23, 73, 109, 112
Rector, 138
Red, 34
Reddick, 28
Reddish, 64
Redfern, 35
Reding, 111, 114-116, 120
Redwine, 30
Reece, 1-3, 14, 21-22
Reed, 16, 80-81
Reese, 7, 92, 150
Reeves, 16
Regan, 74
Reid, 28, 31, 131, 148-149
Renegar, 11
Renfro, 137-138, 144
Renolds, 16
Rese, 77
Revis, 113
Reynolds, 1, 113, 115, 117, 119, 146
Rhinehart, 10
Rhodes, 21, 28, 48, 50, 53, 69-70, 87, 108
Rice, 148-151
Rich, 56, 150
Richards, 68

Richardson, 33, 46-47, 51, 69, 79-80, 122
Richerson, 27
Richeson, 13
Riddle, 24-25, 124, 134, 138, 149
Ridegraft, 76
Ridley, 66
Rigg, 43
Riggan, 78-79, 81
Riggs, 12
Rigsby, 55, 58, 60
Rimer, 95
Rindle, 130
Ring, 16
Rise, 38
Rispass, 86
Ritch, 34, 37-38
Roads, 121, 131
Robbins, 97
Roberson, 73-74, 100, 146-147, 152
Roberts, 14, 17-18, 55, 111, 113-114, 117-118, 130, 140, 147-149
Robertson, 4, 54, 57, 64-66, 68-69, 79, 84, 86, 128, 143
Robeson, 134-135, 138, 145, 147-148
Robins, 15, 94, 97
Robinson, 34, 40, 75, 79-80, 129
Roby, 1, 11
Rochel, 59
Rochell, 56, 58, 65
Rodes, 34
Rodwell, 76, 78, 80-81
Roe, 88
Rogers, 34-35, 37, 40-41, 45, 47, 50, 55, 57-60, 63-66, 68, 106, 135
Roland, 41, 119
Role, 34
Rolin, 95
Rollen, 96
Rome, 30
Rominger, 94
Rone, 30, 41
Rooper, 122
Rope, 31, 37
Rora, 35

Rorke, 71
Rose, 9, 20, 78, 101, 103-104, 120, 131, 142
Ross, 30, 36-37, 41-42, 46-47, 54, 58-59, 144
Roughton, 7
Rouse, 30, 99, 102
Rousson, 127
Routon, 26
Roward, 34
Rowland, 48-49, 134-135, 147
Royal, 22-23
Rudd, 75, 80
Ruffin, 105
Runnions, 149
Rushing, 31, 35, 42, 45
Russel, 10, 21, 43
Russell, 38, 73, 77
Russle, 128-131
Rutledge, 10, 15
Rycraft, 56
Ryland, 133
Sabastin, 125-126
Sails, 8
Sainer, 127
Sales, 113, 116, 123
Sammons, 9
Samons, 8
Sams, 146-151
Samuel, 25
Sanderford, 67
Sanders, 28, 40, 95, 126
Sanderson, 28
Sapps, 131
Saraton, 123
Sasser, 99-101, 1-6
Sater, 63-64
Sauls, 50, 104-106
Saunders, 53
Sawhill, 115
Sawyer, 19, 26, 28, 85
Scarboro, 68-69
Scarbrough, 68
Scott, 19-20, 44, 49, 52, 55-56, 99, 102-103, 106, 150
Seals, 44, 55

Sears, 4, 52, 54
Seawell, 55, 63, 66
Sebastin, 112
Secrist, 37-38, 41
Segraves, 50-51, 128
Selkes, 31
Sennet, 87
Serple, 120
Settle, 82
Sexton, 13
Shading, 103
Shannon, 33
Shatly, 111, 115-116
Shaver, 8, 45
Shavis, 119
Shaw, 58, 60, 65
Sheak, 120
Shearen, 80
Shearer, 91-92
Sheck, 2-3
Sheeks, 22
Shelby, 38
Shell, 38, 79
Shelton, 19, 24-25, 146, 149
Shepard, 112, 117, 128
Shepherd, 116, 133, 147
Shermer, 11, 23
Sherrard, 99
Sherrin, 78-82
Sherron, 42
Shields, 21
Shintall, 17
Ship, 56, 59
Shipwash, 115-116
Shirin, 57
Shoe, 111
Shoemaker, 119, 130
Shoemate, 121
Shook, 95-96
Shore, 2, 5, 10-11, 116, 20
Shores, 8, 22, 24, 132
Short, 46, 74
Shoup, 93
Shuford, 133
Shugart, 2, 22, 24
Shull, 97

Shumate, 116, 121
Sigars, 35
Sikes, 26-27, 32, 39, 44-45
Silas, 30
Silcocks, 118-119
Silver, 134, 142, 146
Simmons, 17, 19, 24-25, 29, 94, 109, 114, 117, 123, 126, 134
Simms, 76, 103-105
Simpkins, 60
Simpson, 16, 30-32, 38-40, 42-43, 45, 84
Sims, 3
Simson, 125
Sinclair, 47
Sinclar, 46
Sinclor, 45
Sing, 49
Singleton, 102, 141
Sisk, 9
Sitterson, 85
Sizemore, 22, 96
Skiles, 85
Skilton, 75
Skinner, 82
Skittlethorp, 84-85
Slagle, 137-139
Sledge, 79
Sledges, 28
Sleight, 89
Slocumb, 107
Smith, 3, 13-14, 18, 27, 30-32, 34, 37, 41-44, 48-50, 56, 59-64, 66-67, 69, 71, 73-76, 77, 89, 93-94, 99, 101-104, 107-110, 112, 127-128, 131, 134-135, 141, 148, 150
Smitha, 119, 126, 128
Smithwick, 75
Smoot, 117, 123, 131
Smotherman, 6
Sneed, 64
Snell, 28, 84-85, 88, 90
Snellings, 60, 62
Snider, 96
Snipes, 135
Snow, 12, 15-16, 18, 20, 80

Solomon, 78
Sorrel, 55-57
Sorrells, 140, 152
Sorrells, 152
Sourr, 134
South, 92
Southall, 80
Southard, 14
Souther, 114-115, 119
Southerland, 75-76
Souts, 115
Spain, 60, 64
Spainhour, 19
Sparks, 4, 8-10, 112-113, 115, 118, 120-122, 125, 128, 142-143
Speaks, 127
Spear, 2, 5, 24, 132
Spears, 32, 57, 83, 95
Spease, 5
Speight, 49, 57
Spence, 49
Spencer, 2, 4, 6, 26-27, 84, 101, 115, 127
Spicer, 117-118, 122-123
Spillman, 5, 24
Spilman, 5
Sprinkle, 2, 5, 23, 115, 120, 125
Sprouse, 4, 138
Spruill, 28-29, 83-84, 87-90
St. Clair, 126
Stack, 35, 38
Stainback, 73
Stallings, 61, 64, 70, 76, 79, 81
Stallion, 23
Staly, 112, 116, 119, 129
Stamper, 117, 122, 128
Stanback, 75
Stancel, 34, 42
Stancil, 30, 34, 38
Standly, 145
Stanely, 144
Stanley, 15-16
Stanly, 17, 22, 58, 113, 119, 124
Stansberry, 92
Stansill, 104
Stanton, 101, 149

Starlin, 6
Starling, 107
Starlling, 98
Starnes, 34, 37, 42-43, 46-47
Starr, 90
Staten, 32
Staton, 18, 42, 45, 54
Steel, 15, 24, 39
Steele, 33
Steeley, 84, 86
Steelman, 11, 22-24, 88, 90, 118
Stegal, 31, 42
Stegall, 41-42, 44
Stephen, 48
Stephens, 34, 60-61, 143, 145
Stephenson, 49, 56
Stevely, 141
Stevens, 48-50, 52, 56
Stewart, 5, 12, 18, 32-33, 36, 38, 51-52, 138, 143
Stigall, 47
Still, 36, 40, 67
Stillman, 87
Stillwell, 34, 37-38
Stinson, 3, 49
Stock, 35
Stokes, 8-9, 48-49, 80, 130
Stone, 19, 55-56, 120, 125
Storie, 97
Stow, 12, 24
Street, 137, 143-144
Strickland, 32, 64, 68-70, 106
Stricklin, 101
Stroud, 127
Stuart, 5, 32
Stubbs, 85-86
Studd, 75
Stultz, 16
Sturdivant, 20, 62
Stutz, 99
Styles, 147
Su_der, 36
Sugg, 48, 52, 63
Suit, 58
Sullivan, 87
Sulman, 11

Summerlin, 107, 113, 128, 130
Summerville, 77
Suttle, 129
Sutton, 27, 29, 90, 200
Swaim, 2-4, 9, 22
Swain, 26-28, 83-84, 86-90
Swann, 33, 134
Swanner, 87
Sweset, 31
Swift, 85, 93-95, 129
Swink, 10
Swinson, 86
Tabam, 92
Tackinton, 27
Tadlock, 36, 107
Talley, 78
Tally, 77
Tankl, 79
Tapscott, 24
Tarkinton, 27, 29, 83, 87, 89
Tarlton, 43, 101
Tate, 5, 58, 65
Tatem, 83
Taunt, 68
Taylor, 6, 16, 24-25, 43, 49, 103, 105, 128, 135, 144, 146, 152
Tcker, 55
Teaster, 95
Tedder, 118, 129
Temples, 68
Tent, 42
Ternell, 43
Terrell, 43
Terrill, 65, 69
Tetterton, 85-86
Thanes, 45
Thomas, 32, 45, 47, 50, 60, 92, 99, 102, 116, 138, 143, 147
Thomason, 59, 133, 135, 138, 143
Thompson, 13-14, 35, 37, 40, 53, 56-57, 59-60, 65, 71, 79-80, 123, 149
Thomson, 99, 102-103, 105-106
Thongburg, 136
Thornburg, 116
Thornton, 6, 22, 24, 79-80, 116, 128
Threatt, 31, 38, 46

Thrower, 74
Tice, 96
Tilley, 17
Tilly, 14, 58-59
Tilton, 99
Timmons, 39
Tindal, 105
Tinsley, 113, 125
Tipton, 135-138, 142, 145
Todd, 23, 57, 69-70, 87, 92
Tolbert, 123
Tolly, 142-144
Tolson, 47
Tomalson, 104
Tomberlin, 31, 37, 39, 44
Tomerlin, 103-104
Tomlinson, 2, 104
Tompson, 38
Tooley, 87
Townsand, 92
Townsend, 91, 95-96
Toxey, 85
Transon, 126, 130
Travis, 83
Traywick, 45, 63
Treadaway, 44, 46
Tribbit, 129
Tribble, 128-129
Tribet, 92
Trice, 56
Triplet, 91-95
Triplett, 115-118, 126
Trivet, 95
Trivett, 94
Trivitt, 94
Troster, 75
Trott, 30
Troutman, 143
Truelove, 6
Truet, 26
Truisdale, 75
Trull, 44
Truman, 11, 111
Trutt, 36, 41
Tucker, 8, 15, 18, 23, 48, 69, 80, 118, 120, 137

Tugman, 92, 127, 132
Tulbot, 8
Tunstall, 75
Turleyfill, 135
Turnbull, 77
Turner, 20, 43, 49, 52, 61, 63, 75, 84-85
Tuton, 52
Tuttle, 17
Tweed, 146, 149
Twins, 18
Twitty, 36, 78
Uggele, 100
Underhill, 67, 69
Underwood, 30
Unthank, 122
Upchurch, 13, 52-54, 67, 69, 118
Usry, 36
Utley, 48-51
Utsman, 124
Vail, 84, 89
Vale, 98
Vance, 40, 96, 141
Vandigriff, 48, 60
Vaneaton, 9
Vanhoy, 8
Vanlandingham, 74
Vannass, 151
Vanoy, 112-113, 121-122, 126-127, 129-131
Vanstory, 133
Vaughan, 73, 79, 81
Vaughn, 12, 53
Vawter, 24
Venable, 12
Venerable, 16
Venson, 100
Vernum, 12
Verser, 81
Vesey, 84
Vestol, 1-3, 6, 10-11, 22-23
Vickers, 116
Vickus, 119, 122, 124
Vinson, 42, 106
Visserey, 32
Volivay, 84

Wacarter, 142
Wacarter, 142
Waddle, 23, 118, 121, 149
Wadkins, 36, 74, 119
Waggoner, 1, 3-4, 22
Wagoner, 2
Wait, 66
Waker, 130
Walden, 31, 35
Waldrope, 151
Walker, 12, 14-16, 21, 27, 37, 46, 63, 67, 69, 76-79, 84-85, 87, 89, 95, 113, 116-117, 120-122, 125, 130-131
Walkup, 33, 47
Wall, 16, 20, 66-68
Wallace, 40
Wallden, 43
Wallen, 148-150
Waller, 14
Wallice, 2, 117
Wallis, 138
Walls, 123-124, 126
Walsh, 113, 115, 126-127
Walters, 43
Walton, 60-62
Ward, 57, 59, 76, 95, 102, 109-110, 125
Warden, 19, 21-22
Wardens of the Poor, 78
Warlick, 135
Warren, 11, 55, 57, 114, 125
Wartherman, 152
Washburn, 141-142
Wason, 94
Wastington, 98
Waters, 85, 87, 114, 117, 119, 126, 130-131
Watkins, 64, 67-68
Watley, 127
Watress, 100
Watson, 51, 63, 76, 86-87, 94, 119, 126, 129, 131
Watters, 86-87
Watts, 58, 73, 127, 146
Waudle, 117
Waugh, 129

Weatherman, 10, 23, 140
Weathers, 54, 62-64, 68
Weatherspoon, 56
Weaver, 22, 40
Webb, 41, 46, 96, 127, 137-139, 151
Weddington, 40
Welborn, 8, 10, 130
Welborne, 14
Welch, 24, 50-52
Weldon, 77
Wellborn, 113, 116-117, 125, 130
Wellborne, 113
Wells, 9, 75, 86
Welsh, 131
Wenkler, 96
Wentz, 38
West, 9-10, 27, 81, 107, 149
Westall, 133-134
Westry, 73
Wetherman, 2, 23
Wetherspoon, 116
Wetly, 15
Wharton, 100
Wheeler, 50-51, 133, 147
Whitaker, 15-17, 19, 22-23, 48, 55, 59, 62, 66, 84
White, 3, 12, 15-16, 27, 71, 76-78, 85, 87, 113, 148
Whitehead, 3, 51, 53, 57
Whitfield, 110
Whitington, 115-116, 128
Whitley, 45, 61, 69, 100, 102, 111-112, 116-117, 121
Whitlock, 2, 7, 18
Whitly, 113, 115
Whitson, 137-138, 142, 145
Whitt, 128
Whittemore, 150
Whittington, 93, 113, 145
Wiatt, 54
Wiggins, 57, 67, 140
Wiggs, 98, 101
Wilbert, 48-49
Wilcockson, 119
Wilcox, 23
Wilcoxon, 128

Wilder, 49, 63, 69
Wilds, 11, 23
Wiles, 120-121
Wiley, 86
Wilhite, 135, 137
Wilkie, 117
Wilkins, 10, 81
Wilkinson, 85
Willard, 3, 10, 22, 24
Williams, 2, 5, 7, 13-14, 20-24, 31, 33, 38-39, 41, 44-45, 48, 52, 54-55, 60-61, 63, 68-69, 74-75, 79-82, 90, 99, 107, 110-111, 113-116, 119, 124-125, 131, 133, 135, 138, 146
Williamson, 34, 113, 123
Willie, 67
Willis, 126, 133, 139, 142-143
Wilmoth, 15
Wilson, 31, 34, 40, 49-50, 52-53, 57, 60, 76, 91-94, 97, 127, 133-135, 138-140, 142, 145-148, 152
Wimbly, 53
Wimbuby, 35
Wimms, 25
Winchester, 30, 32, 36-37, 39, 41
Windley, 85
Windsor, 7-8
Winebarger, 91, 97
Winfree, 65
Winfrey, 22
Wingler, 113
Winn, 109
Winotusk, 31
Winson, 104
Wise, 28, 96, 107, 141
Wiseman, 96, 140-141
Wishon, 11
Wist, 131
Wod, 51
Wolf, 30, 36-37, 40
Wolfe, 87
Wolff, 19
Woll, 14
Wolters, 43
Womack, 49

Womble, 50, 52, 71, 81
Wood, 8, 14, 16-17, 29, 49-51, 56, 111-112, 117, 120
Woodard, 43, 48, 53, 103, 105, 150-151
Woodfin, 133
Woodhouse, 3
Woodley, 29, 83, 85, 87-88
Woodruff, 1, 4, 9, 14-15, 120
Woodward, 47
Woody, 112, 138, 140, 145, 152
Wooten, 6, 11, 23, 100, 106
Worday, 118
Worley, 101
Worrell, 104, 106
Worrick, 108
Worten, 125
Worth, 17, 25
Wortham, 75-76, 78
Wright, 14, 47, 74, 78, 119, 125, 128-129, 138, 145
Wteuthbutson, 31
Wyatt, 112-113, 121, 128-129
Wyitt, 115, 129
Wynn, 65, 90
Wynne, 27
Wysong, 9
Wytcher, 14
Yale, 127
Yandle, 38
Yandles, 37
Yarborough, 22, 33, 37, 42
Yates, 51, 53-55, 128-130, 132
Yeargin, 65
Yearly, 59
Yeates, 120
Yelton, 95
Yelventon, 98, 105-106
Yokely, 118
York, 3, 6, 10, 17, 21, 46, 111
Young, 18, 53-54, 60-61, 67, 84, 134, 139, 142-144, 150-152
Younger, 131
Zachery, 18, 23

Other Heritage Books by Linda L. Green:

1890 Union Veterans Census: Special Enumeration Schedules Enumerating Union Veterans and Widows of the Civil War. Missouri Counties: Bollinger, Butler, Cape Girardeau, Carter, Dunklin, Iron, Madison, Mississippi, New Madrid, Oregon, Pemiscot, Petty, Reynolds, Ripley, St. Francois, St. Genevieve, Scott, Shannon, Stoddard, Washington, and Wayne

Alabama 1850 Agricultural and Manufacturing Census: Volume 1 for Dale, Dallas, Dekalb, Fayette, Franklin, Greene, Hancock, and Henry Counties

Alabama 1850 Agricultural and Manufacturing Census: Volume 2 for Jackson, Jefferson, Lawrence, Limestone, Lowndes, Macon, Madison, and Marengo Counties

Alabama 1860 Agricultural and Manufacturing Census: Volume 1 for Dekalb, Fayette, Franklin, Greene, Henry, Jackson, Jefferson, Lawrence, Lauderdale, and Limestone Counties

Alabama 1860 Agricultural and Manufacturing Census: Volume 2 for Lowndes, Madison, Marengo, Marion, Marshall, Macon, Mobile, Montgomery, Monroe, and Morgan Counties

Delaware 1850-1860 Agricultural Census, Volume 1

Delaware 1870-1880 Agricultural Census, Volume 2

Delaware Mortality Schedules, 1850-1880; Delaware Insanity Schedule, 1880 Only

Dunklin County, Missouri Marriage Records: Volume 1, 1903-1916

Dunklin County, Missouri Marriage Records: Volume 2, 1916-1927

Florida 1850 Agricultural Census

Florida 1860 Agricultural Census

Georgia 1860 Agricultural Census: Volume 1 Comprises the Counties of Appling, Baker, Baldwin, Banks, Berrien, Bibb, Brooks, Bryan, Bullock, Burke, Butts, Calhoun, Camden, Campbell, Carroll, Cass, Catoosa, Chatham, Charlton, Chattahooche, Chattooga, and Cherokee

Georgia 1860 Agricultural Census: Volume 2 Comprises the Counties of Clark, Clay, Clayton, Clinch, Cobb, Colquitt, Coffee, Columbia, Coweta, Crawford, Dade, Dawson, Decatur, Dekalb, Dooly, Dougherty, Early, Echols, Effingham, Elbert, Emanuel, Fannin, and Fayette

Kentucky 1850 Agricultural Census for Letcher, Lewis, Lincoln, Livingston, Logan, McCracken, Madison, Marion, Marshall, Mason, Meade, Mercer, Monroe, Montgomery, Morgan, Muhlenburg, and Nelson Counties

Kentucky 1860 Agricultural Census: Volume 1 for Floyd, Franklin, Fulton, Gallatin, Garrard, Grant, Graves, Grayson, Green, Greenup, Hancock, Hardin, and Harlin Counties

Kentucky 1860 Agricultural Census: Volume 2 for Harrison, Hart, Henderson, Henry, Hickman, Hopkins, Jackson, Jefferson, Jessamine, Johnson, Morgan, Muhlenburg, Nelson, and Nicholas Counties

Kentucky 1860 Agricultural Census: Volume 3 for Kenton, Knox, Larue, Laurel, Lawrence, Letcher, Lewis, Lincoln, Livingston, Logan, Lyon, and Madison

Kentucky 1860 Agricultural Census: Volume 4 for Mason, Marion, Magoffin, McCracken, McLean, Marshall, Meade, Mercer, Metcalfe, Monroe and Montgomery Counties

Louisiana 1860 Agricultural Census: Volume 1 Covers Parishes: Ascension, Assumption, Avoyelles, East Baton Rouge, West Baton Rouge, Boosier, Caddo, Calcasieu, Caldwell, Carroll, Catahoula, Clairborne, Concordia, Desoto, East Feliciana, West Feliciana, Franklin, Iberville, Jackson, Jefferson, Lafayette, Lafourche, Livingston, and Madison

Louisiana 1860 Agricultural Census: Volume 2

Maryland 1860 Agricultural Census: Volumes 1 and 2

Mississippi 1860 Agricultural Census: Volume 1 Comprises the Following Counties: Lowndes, Madison, Marion, Marshall, Monroe, Neshoba, Newton, Noxubee, Oktibbeha, Panola, Perry, Pike, and Pontotoc

Mississippi 1860 Agricultural Census: Volume 2 Comprises the Following Counties: Rankin, Scott, Simpson, Smith, Tallahatchie, Tippah, Tishomingo, Tunica, Warren, Wayne, Winston, Yalobusha, and Yazoo

Montgomery County, Tennessee 1850 Agricultural Census

New Madrid County, Missouri Marriage Records, 1899-1924

North Carolina 1850 Agricultural Census: Volumes 1-4

Pemiscot County, Missouri Marriage Records, January 26, 1898 to September 20, 1912: Volume 1

Pemiscot County, Missouri Marriage Records, November 1, 1911 to December 6, 1922: Volume 2

South Carolina 1860 Agricultural Census: Volumes 1-3

Tennessee 1850 Agricultural Census for Robertson, Rutherford, Scott, Sevier, Shelby and Smith Counties: Volume 2

Tennessee 1860 Agricultural Census: Volumes 1 and 2

Texas 1850 Agricultural Census, Volume 1: Anderson through Hunt Counties

Texas 1850 Agricultural Census, Volume 2: Jackson through Williamson Counties

Virginia 1850 Agricultural Census, Volumes 1-5

Virginia 1860 Agricultural Census, Volumes 1 and 2

West Virginia 1850 Agricultural Census, Volumes 1 and 2

West Virginia 1860 Agricultural Census, Volume 1-4

www.ingramcontent.com/pod-product-compliance
Lightning Source LLC
Chambersburg PA
CBHW082121230426
43671CB00015B/2765